U0740015

高等院校理工类规划教材

大 学 生 通 识 教 育

Fundamentals of Thermal Science

热 学 基 础

朱 华 编著

ZHEJIANG UNIVERSITY PRESS

浙江大學出版社

图书在版编目(CIP)数据

热学基础 / 朱华编著. —杭州：浙江大学出版社,2009.3(2012.1重印)

ISBN 978-7-308-06568-9

Ⅰ.热… Ⅱ.朱… Ⅲ.热学－高等学校－教材 Ⅳ.O551

中国版本图书馆 CIP 数据核字(2009)第 017989 号

内容简介

本书是大学生通识教育教材,适用于理工农医和社科经管各类专业的大学生学习,也可为其他读者阅读参考。本书主要介绍热学的基本概念、基本原理、基本过程、基本分析计算方法、常用热力设备和装置等,同时介绍了相关热学发展历程、常见热门问题讨论、热学测量基本技术以及热学计算工具软件等,各章还附有一定量的例题、思考题和练习题。本书内容简明扼要、通俗易懂,着眼于将知识熏陶与素质培养相结合、科学教育与人文教育相结合,以扩大学生的眼界、丰富知识、启发思维、培养工程设计和创新能力。

热 学 基 础

朱　华　编著

责任编辑　杜希武

封面设计　俞亚彤

出版发行　浙江大学出版社

（杭州天目山路 148 号　邮政编码 310028）

（E-mail:zupress@mail. hz. zj. cn）

（网址:http://www. zjupress. com

　　　　http://www. press. zju. edu. cn）

电话:0571—88925592,88273066(传真)

排　　版　浙江时代出版服务有限公司

印　　刷　浙江云广印务有限公司

开　　本　787mm×1092mm　1/16

印　　张　14.5

字　　数　352 千字

版 印 次　2009 年 3 月第 1 版　2012 年 1 月第 2 次印刷

书　　号　ISBN 978-7-308-06568-9

定　　价　25.00 元

前　言

　　热学起源于人类对冷、热现象本质的探究,是研究自然界中物质与冷热有关的性质及与冷热相联系的各种规律的科学。热学的研究和发展是人类文明进步的一大动力。我们的衣食住行,从电力、电子、汽车、空调、环境、气象到农林牧副渔,再到航空航天无不与热科学紧密相关,所以热学基础是一门将科学教育与人文教育、自然科学与社会科学、基础性与普适性完美结合的课程,将热学基础作为通识课程是恰当的和有益的。

　　19世纪初,美国博德学院的帕卡德(A. S. Parkard)教授将通识教育与大学教育联系在一起,称之为"普通教育"或"通才教育"等,以避免学科过于分化、专业过于细密对学生造成的不利影响,为学生提供均衡的视野和平衡的心智,使学生具备远大眼光、通融识见、博雅精神和优美情感,达到构筑完整知识架构、训练判断和思维能力、发掘学习和创造潜力的目的。对通识教育至今还没有一个公认的、精确的表述,所以在编写本书的同时,也是编者不断探究通识教育的理念和目标的过程,这个过程历时两年有余,是漫长和艰苦的,期间几易其稿,多次向大量来自人文社科经管工农医众多专业的学生授课,体会了内容抉择取舍的痛苦和构筑建造的快乐,也研读了大量的教育、科学和哲学著作,包括蔡元培先生的教育论著等,以求能编写出一部合格的通识课教材。在这个过程中编者逐渐认识到通识教育犹如建筑房屋的地基,学生学习的知识越基础,接受新知识、解决新问题的能力和创新意识就越强,给予学生准确的、一般性知识以及学科理念和科学发展的美感尤为重要。人类的文明与日俱进,但科学的真理与科学的价值观永存。

　　在本书的编写过程中,首先要感谢出版社杜希武编辑,对我的迟迟不能交稿十分宽容和耐心,感谢我的学生庄博、谈金军和徐章禄在第八章的内容编译和书中部分习题整理和答案解答方面提供的帮助,还要感谢学校、学院和教研室同事、老师以及家人在本书编写中给予的大力支持和帮助!

　　由于编者水平有限,书中错误和不妥之处在所难免,敬请读者不吝赐教。

朱　华

2008 年 12 月于浙大求是园

目　　录

第一章 概 述

热学这一门科学起源于人类对于热与冷现象本质的追求。由于在有史以前人类已经发明了火,我们可以想象到,追求热与冷现象的本质的企图可能是人类最初对自然界法则的追求之一。

——王竹溪:《热力学》

我们热切地想知道自己从哪里来到何处去,但唯一可观察的只有身处的这个环境。这就是为什么我们如此急切地竭尽全力去寻求答案。这就是科学、学问和知识,这就是人类所有精神追求的真正源泉。对我们所置身的时空环境,我们总是尽可能想知道更多。当努力寻找答案时,我们乐在其中,并且发现它引人入胜……

——薛定谔:《自然与古希腊》

1.1 什么是热学

1.1.1 研究内容

热现象是自然界与科学领域中最普遍的现象。人们对于"热"和"冷"现象本质的探究引起了热学研究的发展,也引发了人类文明的进步。热学是研究自然界中物质与冷热有关的性质及与冷热相联系的各种规律的科学。

热学的基本内容可以分为两大部分:

(1)研究热能和其他形式能量之间相互转换的规律

又称为热力学,分为理论热力学、化学热力学和工程热力学,分别研究热力学的一般基础理论、热力学原理在化学过程中的应用以及热能和机械能之间相互转换的规律。

(2)研究由温差引起的热传递的规律

又称为传热学。凡是有温度差的地方,热量自发地从高温物体传向低温物体,或从物体的高温部分传向低温部分。由于自然界和生产技术中处处存在着温差,所以研究和应用热量传递规律对科学技术发展和生活水平提高具有重要意义。

1

1.1.2 产生和发展

远古时代,当我们的祖先终于直立起身体,抬起头,向着天空睁大眼睛,用双手托起一朵晶莹冰冷的雪花,看着它倏地消失在指缝中;或者在烈日下停住匆匆的脚步,擦一把汗,眯起双眼眺望远处,看到龟裂的大地边缘蒸腾起迷雾般的光影,茫然中忽然闪出一丝讶异的念头:这到底是怎样的一个世界?我们可以改变它吗?尽管人类从刀耕火种的漫漫洪荒岁月发展到日新月异的蒸汽机时代,进而到达"千里江陵一日还"的电气时代,直至疾步跨入被誉为"知识爆炸"、"世界无边界"的网络数字信息时代,这个问题仍然紧锁在人类的心头,成为一个永恒的谜题。

我们的祖先在四季更替、昼夜变换、风霜雨雪、炎热酷暑中认识到了冷热的区别,观察到了物体受冷和受热后的变化,这种关于冷热的相关知识逐渐被应用到生活和生产实践中。

古代东汉王充在《论衡·寒温》中说:"夫近水则寒,近火则温,远则渐微。何者?气之所加,远近有差也。"《吕氏春秋·察今》中写道:"见瓶水之冰而知天下之寒。"《淮南子·说山训》中讲:"睹瓶中之冰而知天下之寒暑。"《淮南子·天文训》说:"积阳之热气生火,火气之精者为日;积阴之寒气为水,水气之精者为月。"……

《诗经·国风》中有提到:"二之日凿冰冲冲,三之日纳于凌阴。"《周礼》中写:"凌人,掌冰。……"就是描述利用冰窖储藏天然冰用于降温防腐和安排专人负责储冰之事;《关尹子·七釜》中甚至提到夏季制冰术:"人之力可以夺天地造化者,如冬起雷,夏造冰。"唐《意林》引用《淮南万毕术》注曰:"取沸汤置瓮中,密以新缣,沈(井)中三日成冰。"宋代苏轼的《物类相感志·总论》中也记载:"夏月热汤入井成冰。"明末方以智在《物理小识》中说:"万毕术有凝水石作冰法,陈眉公言以水晶煮水,入井得冰。智按其理,不必凝水石与水晶也。凡瓶水煮之极沸即坠入井底则六月亦能成冰。"尽管现代人对这种古代夏季造冰技术的可行性颇为怀疑,但这些说法也从侧面反映了一直以来人类对掌控自然、改造自然所作的大量努力。

在美国华盛顿的一栋建筑物前面刻着这样一段文字:"火:一切发现中的最伟大的发现,使人类能够生存于不同的气候之中,造出很多的食品,并迫使自然的力量为他们工作。"韩非子的《五蠹》中也说:"民食果、蓏、蚌、蛤,腥臊恶臭而伤腹胃,民多疾病。有圣人作钻燧取火以化腥臊,而民悦之,使王天下,号之曰燧人氏。"《礼记内则疏》中有"晴则以金燧取火于日;阴则以木燧钻火也。"金燧又名阳燧,铜制的凹面镜,会聚太阳光在其焦点处可点燃火种。

战国时期,李冰在蜀地建设都江堰工程中,由于"崖峻阻险,不可穿凿,李冰乃积薪烧之。"这是用热胀冷缩原理开凿岩石,以降低施工难度。恩格斯在《反杜林论》中则说:"就世界性的解放作用而言,发明用火超过了蒸汽机,摩擦生火第一次使人支配了一种自然力,从而最终把人与动物界分开。"在《自然辩证法》中他进一步提到"甚至可以把这种发现看做人类历史的开端"。所以人类文明可以说起源于火的发明和利用,对火和热的本质的探索也成为人类早期认识世界、研究自然规律的一个首选目标。

1.2　研究方法

热学的研究对象是物质的热运动和与各种热现象有关的规律,而物质是由大量微观粒子(分子、原子)所组成的,尽管组成宏观物质的大量微观粒子热运动是随机的,如标准状态下 $1m^3$ 的空气中包含有 2.7×10^{25} 个分子,分子之间不断地进行着相互碰撞,每个分子平均每秒与其他分子发生几十亿次的碰撞,就单个分子而言,其运动速度的大小和方向是随机的和不断变化的,各个分子之间的动能也是不同的,但大量微观粒子的整体存在统计规律性,系统中的微观粒子数越多,其统计规律的正确度也越高。所以热学的研究方法可以分为宏观方法和微观方法两种。

1.2.1　宏观研究方法

热学的宏观研究方法是将物质视为连续体,对于研究对象(系统)的状态从整体上加以描述,利用几个可以直接测量的宏观物理量,如压力 p、体积 V、温度 T 等,来描述研究对象的状态和物性,通过观察和实验来研究总结热现象的规律,得出热现象的宏观理论。

在长期的生活劳动实践中,人们发现系统的某些物理量是可以通过测量直接得到的,各宏观物理量之间相互联系、相互制约,这些制约关系除了与物质的特性有关外,还必须遵守一些基本的热学规律,如热力学第一定律、第二定律等,这些基本定律构成了宏观研究方法的基础。

宏观研究方法的优点是可靠,它以大量观察和实验所得经验定律为依据,所以只要推论无误,则结论亦可靠。经验定律是大量经验(观察和实验)的归纳总结,其可靠性体现在至今未有反例。例如热力学就是热学的宏观理论,它从对大量热现象的直接观察和实验测量所得到的基本定律出发,应用逻辑推理和数学方法得到物质各种宏观特性之间的关系、宏观过程的发展方向和极限等结论。

爱因斯坦(A. Einstein,1879—1955)在 1949 年曾经评论说:"一个理论,如果它的前提越简单,而且能说明各种类型的问题越多,使用的范围越广,那么它给人的印象就越深刻。因此,经典热力学给我留下了深刻的印象。经典热力学是具有普遍内容的唯一的物理理论,我深信,在其基本概念适用的范围内是绝对不会被推翻的。"

宏观研究方法的缺点首先是所得出的规律不能说明其所以然,例如为什么会"守恒"? 为什么会有"方向性"? 等等;其次是宏观方法所得出的规律的应用有一定的局限,所谓上不能推广至茫茫宇宙,下不能深入至物质内部个别分子或原子的表现。例如热力学基本定律只适用于微观粒子数很多、能将物质作为连续体处理并处于平衡态下的宏观系统。

阿尔伯特·爱因斯坦
（Albert Einstein,
1879—1955)

1.2.2　微观研究方法

通过对宏观热现象加以微观描述和解释,对一个系统的状态用微观粒子运动状态,如用分子质量、速度、位置、能量等,这些不能直接测量的微观量来描述系统的宏观状态的方法,它将物质的宏观性质看作是由微观粒子热运动的统计平均值所决定,因此要运用气体分子论和统计力学进行研究。

由于一个看似稳态的、或者说不随时间变化的宏观状态,实际包含着大量的不断变化着的微观状态,例如 $1mm^3$ 的水中含有 3.35×10^{19} 个水分子,1mol 气体中包含了 6.023×10^{23} 个气体分子,在标准状况下一个空气分子平均每秒钟与其他分子碰撞约 10^9 次,其分子速度、方向、位置等瞬息万变,进行着永不休止的无规则运动,在容器的壁面上,每 $1cm^2$ 每秒钟经受约 10^{24} 次空气分子的碰撞,但经过大量分子运动的统计平均,从宏观上看,实际呈现出来的是一定的压力、温度等宏观状态参数。

单个分子的运动是无规则的,大量分子的整体却出现了规律性,分子在各方向运动的概率是相同的,没有哪个方向的运动占优势,这种规律性具有统计平均的意义,称为统计规律性。

微观研究方法的优点是能阐明热现象的本质,可说明"所以然"。但其缺点在于对分子微观结构作出的模型假设往往都是近似的,因此尽管运用了繁复的数学运算,所求得的结果由于模型的简化性和近似性而受到局限,而且往往不够精确,与实验不能完全符合,因此这种方法不可任意推广。

微观研究方法和宏观研究方法是描述同一物理现象的两种不同方法,因此互相之间有一定的内在联系,并不对立。由于宏观物体所发生的各种现象都是由它所包含的大量微观粒子运动的集体表现,因此宏观量是那些微观量的统计平均值。

1.3　热学的应用

我国古代劳动人们很早就知道利用热能,能够通过"钻木取火"使木材等燃料燃烧获取热量,懂得使用煤和石油,意大利人马克・波罗(Macro Polo,1254－1324)在他的《马克・波罗游记》中提到"中国的燃料不是木,也不是草,却是一种墨石头"。公元前 2 世纪我国古人就会用冰制成透镜聚焦取火,《问经堂丛书》记载了"削冰令圆,举以向日,以艾承其影,则火生"。在春秋战国已经知道用颜色来判断冶炼金属的加热温度,《考工记》中讲:"凡铸金之状,金(指铜)与锡,黑浊之气竭,黄白次之;黄白之气竭,青白次之;青白之气竭,青气次之。然后可铸也。"

在现代社会中,从汽车、火车、飞机的开动到电厂发电,从暖通空调到电脑、网络、手机的应用,从航天器、宇航服到蔬菜大棚,从器官冷冻保存到大气温室效应……都离不开热学原理,无一不是热学原理在各个实际领域中的应用。热学的应用领域及其与各学科的联系从表 1-1 所列举的热学与一些工科专业的关系中就可见一斑了。现代经济学、管理学、法学等也与热学产生了千丝万缕的联系,甚至纯文科的中文和新闻专业,撰笔的过程中也难免不涉猎到一些热现象和热技术,需要相应的热学知识作为基础才能客观准确地表达。

表 1-1 热学与工科各专业的关系

学科门类	有关的热现象或技术问题举例
1. 地矿	• 矿物与石油开采、储运、加工过程中的加热、冷却、分离和精制等过程; • 加热炉的热设计、改进、热回收等; • 矿物加工过程中所用各种换热设备的设计、开发及改进等。
2. 材料	• 金属熔化、凝固中的传热问题,板坯连铸中的传热问题; • 加热炉、熔化炉的设计; • 射流冲击冷却技术; • 陶瓷、玻璃等无机材料制造过程中的燃烧、干燥与冷却过程的控制与组织; • 塑料成型过程中的控制; • 单晶硅制造过程中的流动与传热问题。
3. 机械	• 铸造、焊接过程中金属的熔化、凝固传热问题; • 激光成型过程中的传热问题; • 高精度机械加工中热变形的控制与预测; • 塑料挤压过程中的热设计; • 机械电子器件中的热设计; • 汽车、拖拉机、车辆工程中热力发动机原理及设计; • 材料加工与处理过程中所用各类热力设备的设计。
4. 仪器仪表	• 精密设备与仪器中热变形与热应力的控制; • 热工计量测试仪器、仪表的设计开发(热线风速仪、光学高温计、红外成像技术、热流计等)。
5. 能源动力	• 工程热力学、传热学是该类专业所有方向的重要技术基础课程。
6. 电气信息	• 电子器件和微电子器件的有效冷却技术; • 电子器件及通讯材料(如光纤)制造过程中的流动和传热问题; • 流体力学、热力学及传热学的基本原理在生物医学工程中的应用; • 流体传动与控制中的流体力学问题; • 大规模集成电路制造过程中的传热问题(非傅里叶导热、微电子焊接、超细薄膜形成); • 低温冷冻在生物医学中的应用。
7. 土建	• 建筑物的散热与保温; • 太阳房与太阳能采暖设计; • 太阳能空调与制冷系统设计; • 建筑物的采暖、空调与通风; • 管网中的流动阻力与流量计算。
8. 航空航天	• 航空发动机的工作原理; • 燃气轮机叶片的有效冷却方法; • 航天器重返大气层时的冷却与绝热技术; • 发热体在太空中的散热技术; • 微重力下的各类传热传质现象; • 地面上微重力环境的模拟技术; • 热管用于控制航天器的表面温度。
9. 环境与安全	• 热污染及其对策; • 大气的污染与控制; • 火焰中可燃气体、毒性气体的扩散、对流及其控制; • 大气中的风云变幻、环流、风霜雨雪等现象均与热量传递过程有关。

续 表

学科门类	有关的热现象或技术问题举例
10. 化工制药	• "三传"是化工专业的重要技术基础课; • 各类炉窑(隧道窑、间隙式窑炉等)的设计与运行中的流动与传热问题; • 制药过程的操作,如蒸发、结晶、干燥、冷冻、加热、冷却等均涉及热量、质量的传递过程。
11. 交通运输	• 各类用于交通运输的热力发动机的基本原理; • 油、气储运中的加热、冷却、液化等操作; • 运用工程热力学、传热学知识指导轮机及其他交通工具的节能工程。
12. 海洋工程	• 船舶动力机械的工作原理与热设计; • 海水淡化过程中的传热传质问题; • 热现象在海洋运动与环流形成中的作用; • 海洋资源利用中的热力学及传热传质问题。
13. 轻工纺织食品	• 食品快速冷冻保鲜; • 纺织服装生产车间的环境控制与调节; • 食品制备过程中的传热传质问题; • 烟草等经济作物的干燥是一个复杂的传热传质问题。
14. 武器	• 火箭发动机燃烧室中的工作过程; • 枪炮的发射是一个复杂的气动、燃烧、传热过程,如现代枪炮炮筒温度的分布对射击精度有重要影响; • 新式武器的开发与热科学有密切关系,如高性能液体火箭炮、电热炮等; • 兵器新技术中的传热传质问题,如随行装药技术的开发; • 爆炸后冲击波的传播、生成气体的对流扩散是一个复杂的气动热力过程。
15. 工程力学	• 材料或构件中的热应力计算; • 气动力学中用到大量的热力学基本原理与定律。
16. 生物工程	• 发酵及微生物制药是一个复杂的包含传热传质的物理化学过程; • 生物系统生物化学过程的热影响; • 生物反应、生物过程的分子动力学研究。
17. 农机林业	• 农业动力机械的工作原理及热设计; • 土壤保护中的热、质传递问题; • 生物质能的转化、沼气利用等农业能源工程中的特殊热科学问题; • 森林防火技术中的传热问题; • 农、林产品加工制备过程的特殊传热传质问题(干燥、各向异性材料的导热、多孔介质中的传热等); • 农、林产品加工处理过程中的热交换设备。
18. 公安技术	• 红外探测技术在刑事科学技术中的应用; • 火焰产生与高温烟气传递过程中的热质交换现象; • 高层建筑火灾形成及火焰传递过程规律的研究。

摘自《热工课程在工科各专业人才培养中的地位及设置建议》,陶文铨、何雅玲、王秋旺,《面向21世纪的热工基础教学》,1999.11

1.4 热学简史

热学研究始于19世纪初,其发展简史如下:

1803年 发现红外线,确认了热辐射的存在。

1804年 法国物理学家傅里叶(J. B. J. Fourier)根据实验提出了导热基本定律——后

人称为"傅里叶定律",成为热学中导热研究领域的奠基人。

1807年　傅里叶提出了求解温度场微分方程的分离变量法和求解导热微分方程的无穷级数——傅里叶级数。

1822年　傅里叶发表了著名论著《热的解析理论》,成功地创建了热传导基础理论。

1823年　法国科学家纳维埃(M. Navier)提出了不可压缩流体的流动方程。

1824年　卡诺(N. L. S. Carnot)在研究提高蒸汽机效率的基础上提出了卡诺定律。

1842年　德国医生迈耶(J. R. Mayer)认为热是能量的一种形式,提出能量守恒的理论。

1845年　英国科学家斯托克司(G. G. Stokes)改进了纳维埃的流动方程,提出了纳维埃-斯托克司方程(Navier-Stokes 方程),成功建立了完整的流体流动方程。

1848年　开尔文(Lord Kelvin)提出了热力学第二定律的一种表述。

1850年　焦耳(James P. Joule)用不同的机械生热法测出了热功当量,能量守恒原理得到科学界的公认,热力学第一定律诞生。

1850年　克劳修斯(R. Clausius)提出了热力学第二定律的另一种表述,并以此为前提论证了卡诺定律,正式确立了热力学第二定律。

1859年　德国物理学家基尔霍夫(G. Kirchhoff)发表两篇论文,揭示出实际物体的热发射率与吸收率之间的关系。

1879年　斯蒂芬(J. Stefan)根据实验发现了黑体辐射力与绝对温度之间的四次方规律。

1881年　洛仑兹(L. Lorentz)得到了自然对流换热的理论解。

1885年　格雷兹(L. Gratz)提出圆管内热起始段的换热理论解。

1894年　玻耳兹曼(L. E. Boltzmann)从理论上证明了黑体辐射基本定律之一的四次方定律,后人称为斯蒂芬-玻耳兹曼定律。

1896年　维恩(Wien)推导出一个黑体辐射的光谱能量分布的半经验公式——维恩位移定律,在短波段与实验结果符合较好,而在长波段与实验不符。此后,瑞利(L. Rayleigh)又从理论上推出一个黑体辐射的光谱能量分布公式,并得到金斯(J. H. Jeans)的改进,后人称为瑞利-金斯公式,该公式在长波段与实验结果比较符合,而在短波段却与实验有很大的差距,人称"紫外灾难"。

1900年　普朗克(M. Planck)提出了"能量子假说",否定了经典物理学的连续性概念,认为物体发出或吸收辐射时,能量不是连续变化的,而是以"量子"的形式一份份发射或吸收的,后来的实验证明了普朗克公式在整个光谱段都适用。

1904年　德国科学家普朗特(L. Prandtl)提出流动边界层概念。

1904年　爱因斯坦(A. Einstein)提出的光量子理论得到了社会的公认,普朗克公式也被人们所承认。

1908年　普朗特的学生白拉修斯用边界层方程求得了外掠平板的理论解,并得到实验的证实,使普朗特的边界层理论得到公认和接受。

1910年　德国科学家努谢尔特(W. Nusselt)得到管内换热理论解。

1909年和1915年　努谢尔特发表两篇论文,对强制对流换热和自然对流换热的微分方程和边界条件进行量纲分析,获得了有关无量纲量之间的原则关系,开创了用量纲分析法研究对流换热问题的先河。

1910 年　努谢尔特得到管内换热理论解。

1912 年　能斯特(W. Nernst)针对低温现象提出了热力学第三定律。

1914 年　白金汉(E. Buckingham)提出量纲分析法。

1916 年　努谢尔特得到凝结换热理论解,成为凝结换热领域的经典作品。

1921 年　波尔豪森(E. Pohlhausen)在流动边界层概念的启发下,提出热边界层概念。

1924 年　基南提出可用能概念,在热能工程中得到广泛应用。

1925 年　普朗特提出求解紊流换热问题的二层紊流模型和普朗特比拟。

1930 年　福勒(R. H. Fowler)提出热力学第零定律。

1930 年　波尔豪森和施密特(E. Schmidt)、贝克曼(W. Beckmann)一起得到了竖壁附近空气自然对流的理论解。

1931 年　基尔皮切夫(M. B. Kirpiqieff)提出求解对流换热问题的相似理论。

1935 年　俄国科学家波略克借鉴了商务结算中的算法,提出计算物体间辐射换热的"净辐射法"。

1939 年　冯·卡门(Th. von Karman)提出求解紊流换热问题的三层紊流模型和卡门比拟。

1954 年　霍特尔(H. C. Hottel)提出"交换因子法"用于计算辐射换热问题,1967 年又对此加以改进。

1956 年　奥本海姆(A. K. Oppenheim)提出用"模拟网络法"来计算辐射换热问题。

1.5　常用计量单位

计量单位有国际单位制、工程单位制和英制。由于历史的原因,不同的国家采用不同的计量单位制。1960 年第十一届国际计量大会通过了国际单位制 SI,受到了包括中国在内的世界各国的认同和使用,1974 年的第十四届国际计量大会确定基本国际单位有七个,其中与热学相关的有四个:长度(m)、质量(kg)、时间(s)和温度(K),其他单位如力、压力、热量、功等均为导出单位,见表 1-2。我国于 1984 年颁布了法定计量单位,以国际单位制为基础。国际单位制与其他单位制的换算见附录 A 表 A1。常用物理常数见附录 A 表 A2。

表 1-2　SI 基本单位和导出单位

	量的名称	单位名称	单位符号	导出单位和基本单位的关系
SI 基 本 单 位	长度	米	m	
	质量	千克	kg	
	时间	秒	s	
	温度	开尔文	K	
	电流	安培	A	
	物质的量	摩尔	mol	
	发光强度	坎德拉	cd	

续　表

量的名称		单位名称	单位符号	导出单位和基本单位的关系
导 出 单 位	力	牛顿	N	$1N=1kg \cdot m/s^2$
	压力、应力	帕斯卡	Pa	$1Pa=1N/m^2$
	能量、功、热量	焦耳	J	$1J=1N \cdot m$
	功率、辐射能通量	瓦特	W	$1W=1J/s$
	速度		m/s	
	表面张力		N/m	$1N/m=1kg/s^2$
	热流密度		W/m^2	$1W/m^2=1kg/s^3$
	热容、熵		J/K	$1J/K=1m^2 \cdot kg/(s^2 \cdot K)$
	比热容、比熵		$J/(kg \cdot K)$	$1J/(kg \cdot K)=1m^2/(s^2 \cdot K)$
	比能、比焓		J/kg	$1J/kg=1m^2/s^2$
	摩尔容积		m^3/mol	
	摩尔热力学能、摩尔焓		J/mol	$1J/mol=1m^2 \cdot kg/(s^2 \cdot mol)$
	摩尔热容、摩尔熵		$J/(mol \cdot K)$	$1J/(mol \cdot K)=1m^2 \cdot kg/(s^2 \cdot K \cdot mol)$

思考题

1-1　什么是热学？热学基础的研究对象是什么？

1-2　什么是热学的宏观研究方法和微观研究方法？请比较它们的优缺点，并探讨一下两者的关系。

1-3　请举出 5 个与热学相关的日常生活现象。

1-4　与热学相关的基本国际单位有哪几个？它们的单位是什么？

1-5　联系实际，谈谈热学有哪些应用？

第二章　温度、热量和能量

用来描述热现象的最基本的概念是温度和热,在科学史上经过了非常长的时间才把这两种概念区别开来,但是一经辨别清楚,就使科学得到了飞速的发展。

——A. 爱因斯坦、L. 英费尔德:《物理学的进化》

如果说我比别人看得更远些,那是因为我站在了巨人的肩上。

——艾萨克·牛顿

2.1　温度和第零定律

2.1.1　热力学第零定律

1930 年,福勒(R. H. Fowler)提出了热力学第零定律:如果两个系统分别与处于确定状态的第三个系统达到热平衡,则这两个系统彼此也将处于热平衡。

换句话说,如图 2.1 所示,在不受外界影响的情况下,如在一个绝热环境中,如果系统 A 和系统 B 分别与系统 C 的同一状态处于热平衡,那么无论它们是否接触,我们都可以肯定系统 A 和系统 B 也必然处于热平衡。

尽管第零定律的正式提出比第一定律和第二定律推迟了差不多 80 多年,但实际上人们在对温度的认识和测量过程中早已经开始应用它了。

首先,热力学第零定律给出了温度的概念,即两个或多个系统处于同一热平衡状态时,它们必然具有某种共同的宏观性质——具有相同的系统温度;其次,它指出利用一种标准系统——温度计可以判别系统之间温度是否相同。所以,热力学第零定律为温度的测量提供了依据。人们可以采用标准温度计作为不同系统的共同标准,通过它与被测物体接触后达到热平衡时其内部物性的变化来显示出被测物体的温度值,或者比较互不接触的不同系统之间的温度差异,如图 2.2 所示,与被测系统 A 接触的测温系统 C 应远小于被测系统 A,这样温度计的介入不会引起系统 A 的温度的改变。

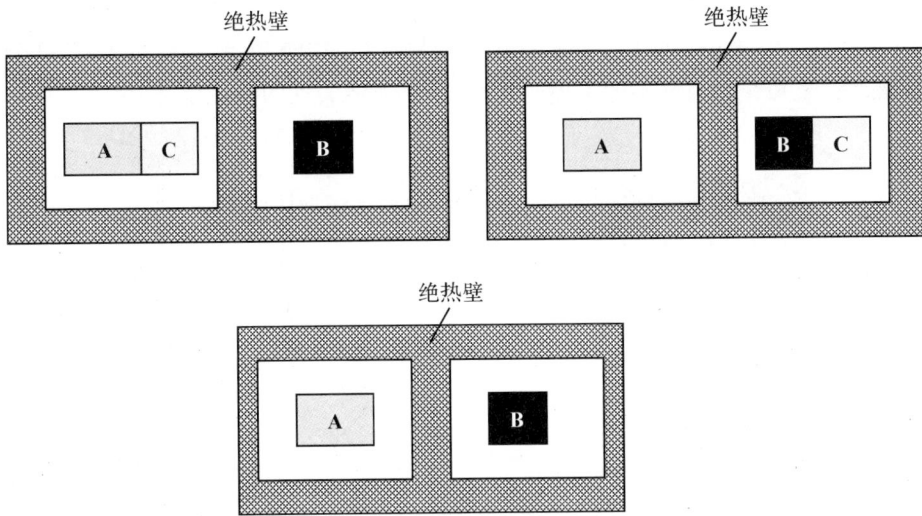

图 2.1　热力学第零定律

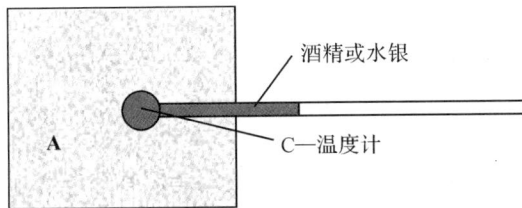

酒精或水银

C—温度计

图 2.2　温度计测温

2.1.2　温度的认识和测量

对温度的认识和测量经历了一个漫长的过程,由于温度不像长度一样可以有一个直接的参照物作为比对标准,所以很长时间人们对此都不甚了解。这种情况一直持续到 1593 年,意大利物理学家伽利略(1564—1642)在帕多瓦大学任教期间,利用空气受热膨胀的原理制成了一个指示"热度"的仪器(当时还没有创造出"温度"这个词),如图 2.3 左侧所示。这是最早的气体验温计,用于医疗中指示人体体温的高低,该仪器没有刻度和读数,水柱的高低与气泡内空气的温度和外界的大气压都有关,使用起来很不方便。后来法国医生让·雷伊(1582—1630)对其进行了改进,他将它倒转过来,在玻璃泡内注水,成为第一支液体温度计。到 17 世纪 50 年代,托斯卡纳大公费迪南二世在玻璃泡内注酒精并将其上端密封,消除了液体蒸发和大气压波动的影响。后来,1657 年伽利略的学生——佛罗伦萨西门图科学院的院士们沿玻璃管挂了一串小珠作为温度的标数,就形成了如图 2.3 右侧所示的仪器。1659 年,法国天文学家博里奥用水银代替酒精,制造出了第一个水银温度计,用于测量气温。

对于温度的分度和标定,起初是非常随意的,也是很不准确的。如 1611 年帕多瓦大学解剖学教授、伽利略的朋友桑托留斯用 110 等分表示雪冷和烛焰之间不同的冷热程度;西门图科学院院士用 80 或 40 个小珠刻度玻璃温度计,将冬季最冷的气温定为 11 度,夏季最热的气温定为 40 度,将冰的熔点定为 13.5 度;与伽利略同时代的威尼斯人则用圆周的分度法将温度计分成 360 度;1703 年牛顿用亚麻籽油自制温度计,他把雪的融点定为零度,人体温度定为 12 度;1703 年丹麦天文学家罗默采用水的沸点为 60 度、人的体温为 22.5 度分度酒精温度计,将冰、水和食盐混合物的温度(当时实验室所能实现的最低温度)定为零度。

伽利略·伽利雷
(Galileo Galilei,1564—1642)

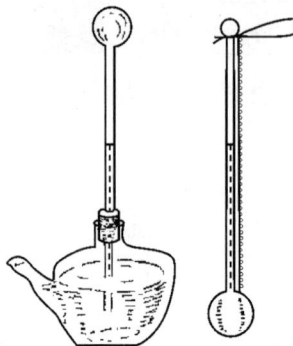

图 2.3 最早的热度计

至 1724 年,德国气象仪器制造商华伦海特(Daniel Gabriel Fahrenheit,1686—1736)受到罗默温度计的启发,着手自制玻璃温度计,在温度计精度和刻度方面经过了 16 年的研究,提出了华氏温标和华氏温度计,他将冰、水和氯化铵混合物的熔点定为 0 度,水的冰点定为 32 度,水沸点为 212 度,采用 ℉ 作为温度单位,这种温标沿用至今,现在人们用水的冰点和沸点作为标准点。后来,1731 年法国博物学家列奥米尔(1683—1757)发现酒精和水 4∶1 混合后膨胀系数很大,可将其体积变化 1/1000 的温度间隔作为温度单位,取冰的温度为 0 度、水的沸点为 80 度,称为列氏温标和列氏温度计,采用 °R 作为温度单位。1742 年瑞典天文学家摄尔修斯(Anders Celsius,1701—1744)采用百分刻度法把水的冰点和沸点之间等分为 100 刻度,为防止冰点以下出现负的温度值,他将冰点定为 100 度而水的沸点定为 0 度,后来其同事马丁·斯特雷默尔将其倒转变成现在的摄氏温标,采用 ℃ 作为温度单位。至此温度计的发展日趋完善,经验温标的确立使温度测量达到了一个较高的水平,极大地推动了热学实验的发展。

2.1.3 温 标

通常摄氏温度计的分度和标定是这样进行的:在标准状态下将冰水混合,放入温度计,待稳定后在温度计上留一刻痕,加热水至沸腾,在温度计上再加一刻痕,将两个刻痕之间百等分,就得到了摄氏温标(℃)。由此可见,经验温标利用了温度计中水银或酒精的热胀冷缩特性,但不同物质特性随温度变化的关系各不相同,有些与温度不成严格的线性关系,因此都不太准确。

为了获得不受介质特性影响的比较精确的温度计标准,我们定义理想气体温标。所谓理想气体是在各种压强下都严格遵守玻意耳定律的气体,即一定质量的气体在温度不变的情况下满足 $pV=$ 常数。根据理想气体的特性,使 $pV \propto T$,或者

$$\frac{T}{T_3} = \frac{pV}{p_3 V_3}$$

(2-1)

其中,T 为热力学温标(Thermodynamic temperature scale),单位为"开尔文",单位符号为

K,是由开尔文勋爵(即 W. Thomson,1824—1907)1848 年创立的一种不依赖任何实际测温介质的绝对温标。1K 等于水的三相点热力学温度的 1/273.16,1 个标准大气压下水的冰点和沸点,分别定为 273.15K 和 373.15K;p 为理想气体的压力,国际单位制中压力的单位是帕(Pa),$1Pa=1N/m^2$。由于帕(Pa)的单位过小,工程上常用千帕(kPa)或兆帕(MPa),$1kPa=10^3Pa$,$1MPa=10^6Pa$。工程计算中还采用巴(bar)作为单位,$1bar=10^5Pa=0.1MPa$。

热力学温标采用水的汽、液、固三相平衡共存的状态点——三相点为基准点。1954 年国际上规定水的三相点为标准温度的定点,即水、水蒸气和冰三相共存达到平衡时的温度,这个温度只有一个,为 273.16K,如图 2.4(a)所示。

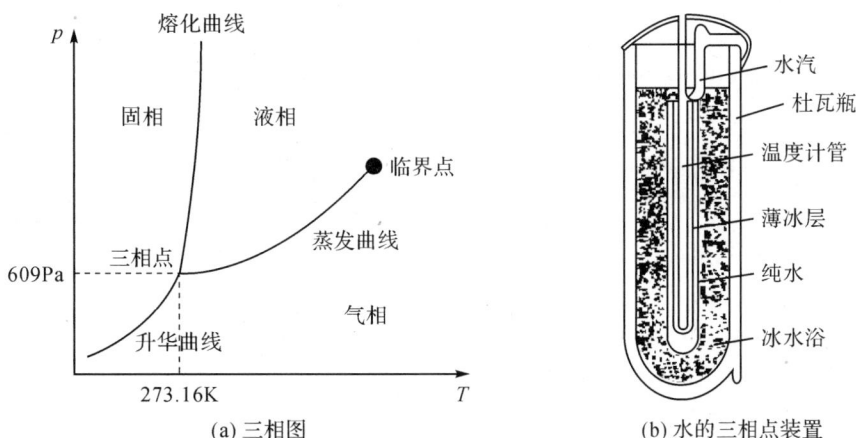

图 2.4 水的三相点

三相点的温度与外界的压强无关,因此特别稳定,国际上规定只用纯水的三相点作为固定点建立温标。图 2.4(b) 所示是水的三相点装置,三相点管内贮有纯冰、纯水和水蒸气,三者平衡共存,三相点管中央是温度计管,可将待校正的温度计插在其中,外围的保温瓶(杜瓦瓶)内贮有冰和水的混合物,三相点管就浸在这个冰浴槽中。

只有纯水的三相点温度 $T_3 \equiv 273.16K$,那么实际情况下如何实现纯水的三相共存呢?具体实验步骤如下:先将三相点管浸入冰浴槽内半小时,使其温度降到 0℃左右,然后将压碎的干冰装入温度计管,使三相点管内的水围绕温度计管的外壁形成一层薄冰,当薄冰层厚度达到 5~10mm 时,再将温度计管内的干冰取出,注入少许温水,使薄冰层沿温度计管外壁融化一点点,因杂质都留在薄冰层外面的水里,所以在温度计管外壁周围就实现了纯冰、纯水和水蒸气的三相共存状态。这时小心将注入的温水吸出,倒入预先被冷却到 0℃的冷水,插入温度计。将三相点管浸入冰浴槽内半小时左右即可测量。

根据式(2-1)有

$$T = 273.16K \frac{pV}{p_3 V_3} \tag{2-2}$$

其中,p_3、V_3 为一定质量的理想气体在水的三相点温度下的压强和体积,p、V 表示该气体在任意温度 T 下的压强和体积。由上式,我们可以设计出定容气体温度计或定压气体温度计。

定容气体温度计在测量中使气体体积保持不变,只要测到压强 p 就可以根据下式得到待测温度 T,即

$$T(p) = 273.16K \frac{p}{p_3} \qquad (2\text{-}3)$$

定容气体温度计如图 2.5 所示。测量中通过调节水银槽 R 的位置，使 B 侧的水银液柱高度始终保持指向 0 点，由此保证了测温泡 C 内的气体保持体积不变，A 侧水银液柱的高度表示了当时测温泡 C 内气体与大气压的压差，可以测出测温泡 C 内气体的绝对压力 p，根据上式即求出待测温度 T。

实际上，实际气体只有当其压强趋于零时才是严格意义上的理想气体，但这时测温泡 B 内的气体质量亦趋于零，因此具体实验中采用在同一测温泡中充入不同质量的同一气体，分别测出这些不同质量气体在水的三相点和待测温度 T（如水的沸点）时的压强，由上式确定 $T(p)$ 函数，将 $T(p)$ 曲线延伸至 $p_3 \rightarrow 0$ 时的数据即为待测温度 T（如图 2.6 中的 373.15K）。图 2.6 中采用充了 O_2、空气、N_2、H_2 四种气体的气体温度计测温，其 $T(p)$ 各不相同，说明它们都还不是理想气体，只有当 $p_3 \rightarrow 0$ 时这四根曲线才会聚集在一点，这点的数据 373.15K 才是严格满足理想气体条件的气体温度计所测出的水的沸点温度。

定压气体温度计是在测量中使气体压强保持不变，只要测到气体体积 V 就可以根据下式得到待测温度 T，即

图 2.5　定容气体温度计

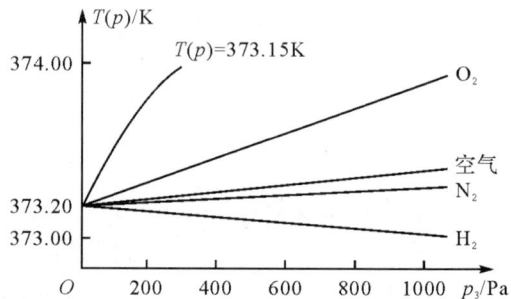

图 2.6

$$T(V) = 273.16K \frac{V}{V_3} \qquad (2\text{-}4)$$

由气体温度计定出的温标称为理想气体温标。国际实用温标是一个国际协议性温标，它与热力学温标相接近。它是世界各国通过召开国际计量大会协议制定的一种国际实用温标，以便精确标定各种温度计，国际上按最接近热力学温标的数值规定了一系列固定的平衡点温度、一些基准仪器和几个相应的补插公式。国际计量委员会在 18 届国际计量大会第 7 号决议授权于 1989 年会议通过了 1990 年国际温标 ITS—90，这些固定的平衡点温度及其他参考温度如表 2-1 所示。

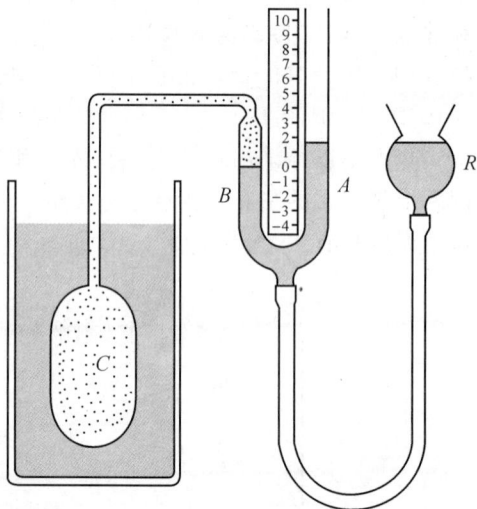

表 2-1　温度标定固定点温度及其他参考温度[7]

类　别	项目名称	温度值
温度标定固定点	金的凝固点	1337.33K
	铝的凝固点	933.473K
	锡的凝固点	505.078K
	水的三相点	273.16K(0.01℃)
	氧的三相点	54.3584K
	氢的三相点	13.8033K
其他参考温度	激光管内正发射激光的气体	<0K(负温度)
	宇宙大爆炸后的 10^{-43} s	10^{32} K
	氢弹爆炸中心	10^8 K
	实验室已获得的最高温度	6×10^7 K
	太阳中心	1.5×10^7 K
	地球中心	4×10^3 K
	乙炔焰	2.9×10^3 K
	月球向阳面	4×10^2 K(127℃)
	地球上出现的最高温度(利比亚)	331K(58℃)
	吐鲁番盆地最高温度	323K(50℃)
	地球上出现的最低温度(南极)	185K(−88℃)
	月球背阴面	90K(−183℃)
	氮的沸点(1.013×10^5 Pa)	77K
	氦的沸点(1.013×10^5 Pa)	4.2K
	星际空间	2.7K
	实验室已获得的最低温度:核自旋冷却法	2×10^{-10} K
	激光冷却法	2.4×10^{-11} K

　　热力学温标 T(K)与物质特性无关,与理想气体温标完全一致。气体温度计所能测量的最低温度约为 0.5K(用低压 ^{3}He 气),低于气体液化温度时气体温度计就失效了。

　　除了热力学温标以外,还有摄氏温标、华氏温标和兰氏温标。如同摄氏温标在我国等许多国家十分通用,在英、美等国家华氏温标和兰氏温标至今也仍然非常通用。它们相互之间的换算关系如下:

　　摄氏温标 t(℃) $= T$(K) -273.15　　　　　　　　　　　　　　　　　　　　　　(2-5)

　　华氏温标 t_F(℉) $= 1.8t$(℃) $+32$　　　　　　　　　　　　　　　　　　　　　　(2-6)

　　兰氏温标 T_R(°R) $= 1.8T$(K), $T_R = t_F$(℉) $+459.67$　　　　　　　　　　　　　(2-7)

　　例题 2-1:我们一起来建立一个称为牛顿温标(用°N 表示)的新的线性温度标尺。设在

牛顿温标下,水的冰点为 100 °N,汽点为 200 °N,试导出:

(1)牛顿温标下的温度 T_N 与热力学温标下的温度 T_K 之间的关系式;

(2)热力学温度 0K 在这个新温标上的读数是多少?

解:(1)已知在热力学温标上水的冰点和沸点分别为 273K 和 373K,新温标为线性温标,若任意温度 T 在牛顿温标上的读数是 T_N,而在热力学温标上的读数是 T_K,则有

$$\frac{T_N-100}{T_K-273}=\frac{200-100}{373-273}$$

$$T_K=\left[\frac{200-100}{373-273}(T_N-100)\right]+273=T_N+173$$

或

$$T_N(°N)=T_K(K)-173$$

(2)当 $T_K=0K$ 时,由上式可得 $T_N=-173°N$

2.2 热量和功

2.2.1 热的本质

古人在认识热的初期,分不清"热量"和"温度"的区别,将热看作是一种特殊的没有重量的流质,能从温度较高处流向温度较低处,正好像水由高处流向低处一样。认为物体的温度高是由于储存的"热质"多。

我国商周时期产生的"五行"说认为世界万物都是由金、木、水、火、土五种基本元素组成的。公元前 16 世纪的赫拉克利特设想火是一切自然事物的始源,火的变化形成自然现象的普遍循环。亚里斯多德(公元前 384—322)也认为世界的基础是某种原初物质,它具有两组对立的特性:热和冷,干和湿。这些特性的结合形成四种元素:火、空气、水、土。它们按各种不同的比例渗透融合,构成了一切复杂的事物,并引起各种事物的变化。柏拉图(公元前 427—347)则认为土、气、火和水不是最初的元素,甚至也不是最初的合成物,火并不是一种实质,而是实质的一种状态,他说"产生和维持其他东西的火和热,本身就是摩擦和碰撞引起的",但他又认为构成物质世界的真正基础是两种直角三角形,用这两种三角形可以构造出五种正多面体中的四种,土、气、火、水的原子都是正多面体,如火的原子是正四面体。意大利科学家伽利略(1564—1642)认为火是具有一定体积、一定形状和一定速度的一群原子的特殊结合。法国哲学家比埃尔·伽桑狄(1592—1655)也认为冷和热都是由特殊的"冷"原子和"热"原子所引起的,它们非常细致,有球的形状,十分活泼,因而能够渗透到一切物体之中。

英国物理学家布莱克(J. Black 1728—1799)是热质说的积极倡导者。他在热学上的重要贡献是将"热量"与"温度"两个概念进行了明确的区分,发现了物质的潜热和比热,并提出了用混合量热法确定物质比热和潜热的方法。在对热的本质的认识上他却认为热是一种没有重量、可以在物质中自由流动的物质(热质),物体吸收热质后温度升高,放出热质后温度

降低。热质的流动引起导热现象,载有热质的流体流动造成对流换热,而热辐射可以解释为热质在空间中的传播。物体受热膨胀是因为热质之间相互排斥的结果,摩擦发热是由于摩擦导致物体的比热下降引起了温度升高,并且在一个没有物质交换和能量交换的系统(孤立系统)中,热质的总和将保持不变。

"热到底是什么"的问题困扰了古代哲学家和科学家数百年,后来英国哲学家培根(1561—1626)在他的哲学著作《新工具》中指出:"热是一种膨胀的、被约束的而在其斗争中作用于物体内部较小的粒子之上的运动。"关于热的传递,他这样分析:"热在传递给一个物体时,并不传递原热和散播其自身,而只是把物体的分子诱到作为热的法式的运动,这就是我在有关热的性质的初次探究中所描述的那种运动。正因如此,要在石头中或金属中来诱发热就比在空气中要慢得多和困难得多,原因就在那些物体不适合和不便于来接受诱发运动。"马克思因此称他为"英国唯物主义和整个现代实验科学的真正始祖"。牛顿对热质说也持坚决反对态度,他因为坚信"绝对真空"的存在,因此否定有存在于一切物体之中并弥漫于整个宇宙的一种热质。

18世纪末,两个著名的实验向热质说提出了挑战,进而完全否定了热质说。1798年,美国物理学家伦福德伯爵(C. Rumford,又名B. Thomson,1753—1814)在题为"关于用摩擦产生的热的来源的调研"一文中指出制造大炮时炮筒和切屑都产生高温,但并没有热质流入,因此热必定与切削时的运动有关,他认为"任何与外界隔绝的一个物体或一系列物体所能连续无限地供给的东西决不能是具体的物质,并且应该可以这样认为,凡是能够和这些实验中的热一样被激发和传播的东西,除了只能认为它是'运动'以外,我似乎很难构成把它看作为其他东西的任何明确的概念。"1799年,英国科学家戴维(H. Davy,1778—1829)进行

伦福德伯爵(Benjamin Thompson,1753—1814)

了将两块冰相互摩擦使之融解为水的实验。他在一个真空容器中将两块冰相互摩擦,最后冰全部融化为水。按热质说的解释:摩擦发热是由于摩擦导致物体的比热下降引起了温度升高。但戴维的实验发现由摩擦所生成的水的比热比冰要大,不存在比热下降的理由,同时真空容器将冰与周围环境很好地隔离开了,冰与周围环境不能进行热质的传递,所以人们可以清楚地看到:热可以通过摩擦运动源源不断地产生,"热质守恒"在这里不成立了。由此,人们开始认识到:热不是某种特殊物质,而是物质内部微观粒子的动能,是能量的一种形式,它可以转变为其他形式的能量。伦福德和戴维的实验对热质说是一个致命的打击,有效地支持了热动说,为后来热学的发展开辟了道路。

爱因斯坦和英费尔德在《物理学的进化》一书中也指出:"我们已经知道物质论解释了许多热现象。但很快就会明白,这又是一个错误的线索。热不能看作是一种物质;即使看作一种没有重量的物质,也不能够。"

2.2.2 "波尔哈夫疑难"和比热

自从伽利略发明了第一个温度计以后,越来越精确的温度计被制造出来,在医学、热学和气象学等方面获得了广泛的应用。当时人们一致认为温度计测量的就是"热量"。荷兰莱登大学的医学和化学教授波尔哈夫(1668—1738)在他的研究中遇到了一个问题,即如何确

定不同温度液体混合后的平衡温度。他作出这样的设想:一定量的物体温度每升高一度应吸收相同数量的热,这个数值同它每降低一度时放出的热必然相等。波尔哈夫和华伦海特一起用水做实验证实了这个猜想。但当他们使用不同温度的水和水银进行实验时,却得到了否定的结果。这个问题成了当时著名的"波尔哈夫疑难",困扰了各国科学家们许多年。

1744 年,著名的俄国物理学家黎赫曼(1711—1753)在向彼得堡科学院作的一个关于混合量热法的报告中也提出了一个与波尔哈夫猜想一致的公式,称为"黎赫曼公式":

$$t = \frac{\sum\limits_{n} m_i t_i}{\sum\limits_{n} m_i} \tag{2-8}$$

式中,t 是混合后的平衡温度,m_i 是混合前各部分温度均匀液体的质量,t_i 是混合前各部分均匀液体的温度。这个公式在使用中同样面临"波尔哈夫疑难"的困扰。

热学研究的伟大先驱者约瑟夫·布莱克(Joseph Black,1728—1799)大约在 1757 年前后,重复了波尔哈夫等人的实验,仔细研究了他们的工作,分析"波尔哈夫疑难"产生的原因是混淆了温度和热这两个不同的概念,他极力主张应将两个概念区别开,分别称为"热的量"(热量)和"热的强度"(温度)。他认为不同的物体对热具有不同的"亲和性",提出了正确的混合量热公式和几个物体进行热混合时热量总量保持不变的观点,他引进了热容和比热容的概念,解决了"波尔哈夫疑难"——因为水银的比热与水不同,比水小。混合量热平衡温度应为

约瑟夫·布莱克
(Joseph Black,1728—1799)

$$t = \frac{\sum\limits_{n} m_i c_i t_i}{\sum\limits_{n} m_i c_i} \tag{2-9}$$

式中,c_i 是混合前各部分温度均匀液体的比热。

热容是物体在准平衡过程中温度升高 1K(或 1℃)所需要吸收的热量,即热容 C(单位:J/K)

$$C = \lim_{\Delta T \to 0} \frac{\Delta Q}{\Delta T} = \frac{\delta Q}{dT} \tag{2-10}$$

比热容,简称比热,是单位质量的物体温度升高 1K(或 1℃)所需要吸收的热量,比热 c(单位:J/(kg·K))、摩尔热容 C_m(单位:J/(mol·K))或体积热容 C'(单位:J/(m³·K))

$$c = \frac{\delta Q}{m\,dT} = \frac{\delta q}{dT} \tag{2-11}$$

$$C_m = Mc = 0.0224242C'$$

其中,M 为物体的摩尔质量,kg/mol。

由于热量是与具体过程有关的,对于同一个系统,相对于不同的过程就会有不同的热容,所以有定压比热和定容比热之分。前者对应系统压力保持不变的过程,后者对应体积不变的过程,分别表示为 c_p 和 c_v(比热)、C_p 和 C_v(热容)或 $C_{p,m}$ 和 $C_{v,m}$。

在实际应用中,对于各种物体的比热容可以采用实测数据,或取平均值,详见附录B。

2.2.3　热量和热流量

热量这个概念是与热量传递过程联系在一起。通过系统边界向系统传递热量与外力对系统做功一样,都会使系统内部的能量发生变化。做功是对物体作宏观位移时完成的,而热量传递则是通过微观粒子的相互作用来完成的。就某一系统内的能量的改变来说,做功和热量的传递具有相同的作用。所以,功和热量都是系统能量变化的量度。我们不能说某一系统有多少功或有多少热,而只能说该系统作了多少功或传递了多少热量。以在日常生活和工作中比较常见的定压过程为例,如大气压下进行水的加热或冷却过程,对于质量为 m、比热为 c_p 的物体或者系统,就有热量

$$\delta Q = mc_p \mathrm{d}T \qquad\qquad (2\text{-}12a)$$

或
$$Q = mc_p \Delta T \qquad\qquad (2\text{-}12b)$$

所谓热量 Q 是系统依靠温差而通过边界传递的能量。热量的单位是焦耳(J)或千焦(kJ)。对于热量的正负号,一般规定外界向系统传入的热量 Q 为"+",反之为"−"。

对于可逆过程——即一个系统经历某个过程后能够通过过程的逆向进行使外界和系统同时都回复到初始状态而不留下任何变化的过程,可逆过程中传递的热量如图 2.7 所示,有

$$Q = \int T\mathrm{d}S \qquad\qquad (2\text{-}13)$$

T 是系统的热力学温度,S 是系统的熵——与过程路径无关的一种描述系统状态的参数。研究表明,由功转变为热量是无条件的,反之是有条件的,必伴随某种补偿过程。

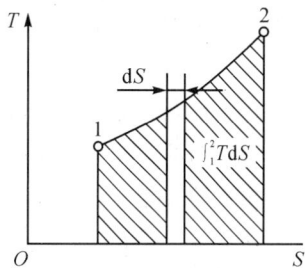

图 2.7　可逆过程的热量

工程上常常倾向于统计系统在单位时间内通过某一给定面积的热量,称为热流量 Φ。热流量的单位是瓦特(W)或千瓦(kW),1W＝1J/s。对于质量流量为 $\dot{m}$、比热为 c_p 的工质,有

$$\Phi = \dot{m}c_p \Delta T \qquad\qquad (2\text{-}14)$$

此外,对于热量的计量,为了研究高效的热量传递方法并便于工程应用,还采用热流密度 q,热流密度是单位时间内通过单位面积的热量,单位是瓦每平方米(W/m²)。

热流量 Φ 和热流密度 q 的关系是

$$q = \Phi/A \qquad\qquad (2\text{-}15)$$

例题 2-2:要将流量为每小时 3500 标米³ 的空气从 20℃加热到 180℃,需要多少热量?

解:查附表 B4 的干空气表得:标准状态下空气的密度 $\rho = 1.293\mathrm{kg/m^3}$,因此空气的质量流量为 $\dot{m} = 3500 \times 1.293 = 4525.5(\mathrm{kg/h})$。

下面我们试着采用不同的方法来做这个题目,计算热量的不同主要在于对比热容的处理方法各不相同。

(1)采用平均温度下的比热容计算,$t_m = (20+180)/2 = 100℃$,查附表 B4 得

$c_p = 1.009\mathrm{kJ/(kg \cdot K)}$

$\Phi = \dot{m}c_p \Delta t = 4525.5 \times 1.009 \times (180-20) = 7.31 \times 10^5 (\mathrm{kJ/h})$

(2)如果采用附表 B2 的平均定压比热计算,则

$c_p = 0.9956 + 0.000093 t_m = 1.0049(\mathrm{kJ/(kg \cdot K)})$

$\varPhi = \dot{m}c_p \Delta t = 4525.5 \times 1.0049 \times (180-20) = 7.28 \times 10^5 (\text{kJ/h})$

(3) 如果采用附表 B3 的平均定压比热计算,则 $T_m = 273 + 100 = 373\text{K}$

$c_p = 0.9705 + 0.06791T_m + 0.1658T_m^2 - 0.06788T_m^3 = 1.0154(\text{kJ/(kg·K)})$

$\varPhi = \dot{m}c_p \Delta t = 4525.5 \times 1.0154 \times (180-20) = 7.35 \times 10^5 (\text{kJ/h})$

(4) 如果采用平均比热容计算,查"气体平均比定压热容表"得到

$c_p \big|_0^{180} = 1.011(\text{kJ/(kg·K)})$, $c_p \big|_0^{20} = 1.005(\text{kJ/(kg·K)})$

$\varPhi = \dot{m}(c_{p@t2}t_2 - c_{p@t1}t_1) = 4525.5 \times (1.011 \times 180 - 1.005 \times 20) = 7.33 \times 10^5 (\text{kJ/h})$

在上述 4 种算法中,(1)最简单,也有较高的精度;(2)的方法也比较简单,但比热按线性处理存在一定的误差;在没有比热的实验数据表格可查的情况下,用(3)的方法的精度最高;(4)最精确,但需要有气体平均比定压热容表可以查。

2.2.4 功

所谓功 W 就是系统通过边界传递的能量,其全部效果可表现为举起重物——转变为机械能。功也可以表示为物体所受的力及其沿力的方向所产生的位移的乘积:

$$W = F \times S \tag{2-16}$$

功单位和热量一样也是焦耳(J)或千焦(kJ),$1\text{J} = 1\text{N·m}$,$1\text{kJ} = 1000\text{J}$。

对于功的正负号,一般规定系统向外界做功 W 为"+",反之为"-"。但也有某些参考书作相反的规定。

和热量一样,工程上常常更喜欢统计系统在单位时间内所做的功,称为功率 P。功率的单位和热流量一样为瓦特(W)或千瓦(kW),$1\text{W} = 1\text{J/s}$。

大量实验研究表明:系统经历一系列过程(循环)回到初始状态时,系统在整个循环中从外界吸入(或放出)的热量等于其对外完成的(或得到的)功量。

$$\oint \delta Q = \oint \delta W \tag{2-17}$$

功按不同的形式又可分为体积功、轴功、技术功、流动功等。

(1)体积功:通过工质体积变化(膨胀)将热能转变为机械能获得的,如图 2.8(a)所示,对于可逆过程有

$$W = \int_1^2 p \mathrm{d}V \tag{2-18}$$

(2)流动功:对于有工质流进、流出的系统,工质克服阻力流入和流出系统所作的推动功之和,用于维持工质的正常流动。

$$W_f = W_{push2} + W_{push1} = p_2 V_2 - p_1 V_1 = \Delta(pV) \tag{2-19}$$

(3)轴功:通过机器的旋转轴与外界交换的功,如汽轮机中蒸汽冲击叶片使叶轮旋转对外输出轴功,或在叶轮式压气机中电动机(或其他动力机)带动轮轴旋转输入轴功。轴功是系统与外界交换的总功扣除流动功后得到,

$$W_{sh} = W - W_f = W - \Delta(pV) \tag{2-20}$$

(4)技术功:技术上可资利用的能量,包括轴功、宏观动能和宏观势能的变化。技术功是由热能转换所得的体积功扣除流动功后得到,如图 2.8(b)所示,有

$$W_t = W_{sh} + \frac{1}{2}m\Delta c^2 + mg\Delta z \tag{2-21}$$

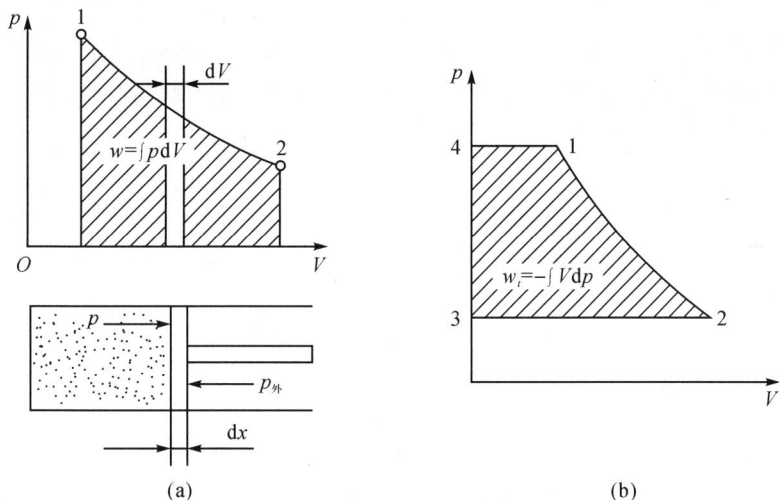

图 2.8　可逆过程的体积功和技术功

(a)体积功　(b)技术功

$$W_t = W - W_f = \int_1^2 p\mathrm{d}V - \int_1^2 \mathrm{d}(pV) = -\int_1^2 V\mathrm{d}p \tag{2-22}$$

例题 2-3：一个活塞式气缸内，气体由初始状态的 $p_1=1.0\mathrm{MPa}$、$V_1=0.1\mathrm{m}^3$，可逆膨胀到 $V_2=0.5\mathrm{m}^3$，如果已知膨胀过程中压力与体积具有 $pV=$ 常数的关系，试问气体在这个膨胀过程中对外所做的功有多少？

解：由 $pV=$ 常数可得 $pV=p_1V_1=$ 常数，

$$W = \int_1^2 p\mathrm{d}V = \int_1^2 \frac{p_1 V_1}{V}\mathrm{d}V = p_1 V_1 \int_1^2 \frac{\mathrm{d}V}{V} = p_1 V_1 \ln\frac{V_2}{V_1}$$

$$= 1\times 10^3 \times 0.1\ln\frac{0.5}{0.1} = 160.94(\mathrm{kJ})$$

例题 2-4：有一橡皮气球，当其内部压力为 0.1MPa 时是自由状态(大气压下)，其容积为 $0.3\mathrm{m}^3$。当气球受到太阳照射而受热时，其气体容积膨胀一倍且压力上升到 0.15MPa。已知气球压力的增加和容积的增加成正比，即 $p=aV+b$，试求：

(1)膨胀过程中气体所做的功；

(2)用于克服橡皮球弹性所做的功。

解：根据已知条件：初态时 $p_1=0.1\mathrm{MPa}$，$V_1=0.3\mathrm{m}^3$；

终态时 $p_2=0.15\mathrm{MPa}$，$V_1=0.6\mathrm{m}^3$

将状态参数代入 $p=aV+b$，联立方程组，得

$$\begin{cases} 0.1=0.3a+b \\ 0.15=0.6a+b \end{cases} \Rightarrow \begin{cases} a=1.6667\times 10^5\,(\mathrm{Pa/m}^3) \\ b=5.0\times 10^4\,(\mathrm{Pa}) \end{cases}$$

(1)气体的膨胀做功

$$W = \int_1^2 p\mathrm{d}V = \int_1^2 (aV+b)\mathrm{d}V = \frac{a}{2}(V_2^2 - V_1^2) + b(V_2 - V_1)$$

$$= \frac{1.6667\times 10^5}{2}(0.6^2 - 0.3^2) + 5.0\times 10^4(0.6 - 0.3)$$

$$= 0.0375\times 10^6\mathrm{J} = 37.5\mathrm{kJ}$$

(2)克服大气压力功

$$W_0 = p_0(V_2 - V_1) = 0.1 \times 10^6 \times (0.6 - 0.3) = 0.03 \times 10^6 \text{J} = 30 \text{kJ}$$

气体膨胀功 W＝克服大气压力功 W_0＋克服橡皮弹性力功 W'

克服橡皮弹性力功 $W' = W - W_0 = 37.5 - 30 = 7.5 \text{kJ}$

2.3　能量和第一定律

2.3.1　系统的总能

关于"能量"的想法最早出现于伽利略时代,但当时还没有明确提出这种说法,至1669年后产生了"活力"这个概念,它的量等于物体的质量与速度平方之积 $E = mc^2$,相当于现在动能的两倍。1807年,英国物理学家托马斯·杨(T. Young,1773—1829)在《自然哲学讲义》一书中首次引入了"能量"这个概念,其大小为 1/2 物体的质量与速度平方之积,相当于"活力"的一半,称为"运动物体的能量",即现在的动能,但这个词并没有被当时的科学界所接受,大家还是习惯用"力"的概念来表示能量。后来,法拉第发现了电磁感应定律和磁致旋光现象,使他和很多科学家逐渐认识到自然界的各种运动都是可以相互转化的,在本质上是统一的,有一种"能"按照各种不同的情况以机械能、化学能、电能、光能、热能和磁能等形式出现,它们可以相互转化。19 世纪 40 年代,迈耶(R. Mayer,1814—1878)、焦耳(J. P. Joule,1818—1889)、亥姆霍兹(Helmholtz,1821—1894)等人根据大量的事实总结出了能量守恒定律,"能量"开始成为热学中的一个重要概念。

能量守恒法则指出:自然界一切物体都具有能量,能量有各种不同的形式,它能从一种形式转化为另一种形式,从一个物体传递给另一个物体,在转化和传递中能量的数量不变。其一般形式可以表达为:

系统总能的变化＝进入系统的能量－离开系统的能量

系统的总能由内能、宏观动能和宏观位能组成。

内能 U 又称系统的热力学能或内部储存能,是物质内部微观粒子(分子、原子)的运动和粒子的空间位形有关的能量,是组成物体全部微观粒子的动能(包括分子移动、转动、振动运动的动能)、势能(分子间由于相互作用力的存在而具有的位能)、内部电子能(如自由电子绕核旋转及自旋的能量)和核能的总和,是一个状态参数。例如对于只有体积功的简单可压缩系,内能是系统温度和体积的函数,$U = f(T, V)$。内能的单位为焦耳(J),单位质量物体的内能称为比内能,用 u 表示,单位为焦耳每千克(J/kg)。

内能的改变可以通过分子、原子有规则运动的能量交换(宏观机械做功),或通过分子、原子的无规则运动的能量交换(热量传递),也可以是上述两者兼有。

对于系统经历的一个准平衡过程,内能的改变有

$$\Delta U_{1-2} = \int_1^2 dU = U_2 - U_1 \tag{2-23}$$

$$\oint dU = 0 \qquad (2\text{-}24)$$

内能的概念也可以推广到存在着局域平衡的非平衡态系统中。所谓非平衡态是指系统所处的状态在没有外界影响——系统与外界之间没有任何物质和能量交换的条件下也会发生变化的状态。对于处于接近平衡的非平衡系统,我们可以对存在局域平衡的部分进行宏观描述,即给出局域平衡系统的状态参数。内能这个概念在有些资料中常常被表达为热能,所以可见热能与热量是完全不同的两个概念。

宏观动能和宏观位能都是需要用系统外的参考坐标系中测量的参数来表示的能量,称为外部储存能。当质量为 m 的物体以速度 c 作宏观运动,具有宏观动能 E_k;质量为 m 的物体,当其在参考坐标系中的高度为 z 时具有宏观势能 E_p,即

$$E_k = \frac{1}{2}mc^2 \qquad (2\text{-}25)$$

$$E_p = mgz \qquad (2\text{-}26)$$

因此系统总能 E(单位:J 或 kJ)有

$$E = U + E_k + E_p = U + \frac{1}{2}mc^2 + mgz \qquad (2\text{-}27a)$$

对于单位质量物体的储存能,称为比储存能 e(单位:kJ/kg)

$$e = u + e_k + e_p = u + \frac{1}{2}c^2 + gz \qquad (2\text{-}27b)$$

2.3.2 焦耳实验

如果一个系统状态的变化是在和外界无热量交换的条件下进行的,其内能的改变完全是由于机械或电磁的作用引起,则称此过程为绝热过程。

一般情况下,有温差就有热量传递,所以理想的绝热过程是不存在的,但在具体实验中,可以采用保温隔热的办法来近似实现 $Q = 0$ 的绝热过程。

英国啤酒企业主焦耳(James P. Joule,1818—1889)用各种不同的绝热过程进行实验,发现使一定质量物体升高一定的温度,所需的功在实验误差范围内是相等的。外界对系统所做的功仅取决于系统的初态和终态,和中间经历的绝热过程无关,即

焦耳(James P.Joule,1818—1889)

$$U_2 - U_1 = -W_{绝热} \qquad (2\text{-}28)$$

因此,焦耳认为任何一个系统都存在一个称为内能 U 的状态参数,它是系统内部所有微观粒子(分子、原子)无规则热运动的动能和微观粒子间相互作用的势能之和,处于平衡态的系统的内能是确定的,其值与系统的状态相对应。

19 世纪中叶,焦耳进行了稀薄气体向真空自由膨胀的实验,如图 2.9 所示,在一个注满水的槽中放入一个薄壳的金属容器 B,其中设有活门 A,将容器分成两部分,左侧充满稀薄气体,右侧为真空。当活门打开,气体向真空发生自由膨胀,直至充满整个容器。由于温度计 C 指示显示水温并未发生任何改变,外界气温也没有变化,由此可以推断热量交换 $Q = 0$;由于气体在向真空自由膨胀过程中不做功 $W = 0$,所以根据内能定律:$\Delta U = U_2 - U_1 = 0$,这里 ΔU

是气体内能的改变量,于是焦耳得出结论:$\Delta U = 0$,即理想气体发生自由膨胀后内能不变。膨胀前后气体体积增大而温度不变,因此说明理想气体的内能只与温度有关,与体积无关。

$$U_1(T_1, V_1) = U_2(T_2, V_2) = 常数 \qquad (2\text{-}29)$$

1852 年,焦耳与英国物理学家、发明家汤姆孙(W. Thomson,也称开尔文勋爵 Lord Kelvin,1824—1907)一起进行气体自由膨胀实验的同时,合作设计了一个多孔塞实验,如图 2.10 所示,后来被称为焦耳—汤姆孙实验。

图 2.9 焦耳的理想气体
自由膨胀实验

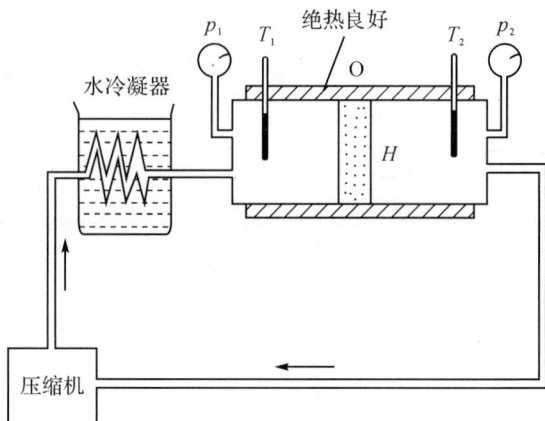

实验中使气体从多孔塞 H 左边不断流到右边,达到稳定流动状态,多孔塞两边维持一定的压差 Δp。实验发现当气体流过多孔塞 H 后,测得两侧气体的温度不相等,有些气体的温度降低了($T_1 > T_2$),有些气体的温度升高了($T_1 < T_2$),还有些气体的温度维持不变($T_1 = T_2$),气体的这种温度效应与气体的种类和前后压力降 Δp 的大小有关。通过这个实验得到的气体温度改变的现象被叫做焦耳—汤姆孙效应。在低温中,这种温度降低现象被利用来制取液态空气,使空气经过几次降压膨胀后,温度降低到其中部分气体液化的程度。

图 2.10 焦耳—汤姆孙实验

流体(气体、液体)流过多孔塞、孔板、阀门等设备后压力降低的这种流动过程称为节流过程。由于在节流过程中流体快速流过节流装置,流体与外界的热量交换可以忽略,因此可以称为绝热节流过程。对于绝热过程 $Q=0$,根据焦耳实验所得到的公式:$U_2 - U_1 = -W_{绝热} = p_1V_1 - p_2V_2$,得到

$$U_1 + p_1V_1 = U_2 + p_2V_2 \qquad (2\text{-}30\text{a})$$

定义 $U + pV = H$,称为焓,也是流体的状态参数,单位:J;单位质量的焓为比焓 $h = u + pv$,单位:J/kg。则

$$H_1 = H_2 \qquad (2\text{-}30\text{b})$$

上式说明流体在绝热节流过程中前后的焓不变。

对于理想气体有 $T_1 = T_2$,称为节流零效应;对于一般气体(如氮、氧、空气等),节流后温度下降 $T_2 < T_1$,称为节流冷效应;但对于氢气、氦气则节流后温度升高 $T_2 > T_1$,称为节流热效应。

图 2.11 是焦耳在 1850 年进行热功转换实验的一个装置,用于研究热功当量。它主要由两个密切吻合的铜圆锥杯、手摇转轮、滑轮和砝码组成。实验时用手摇转轮使外杯匀速转动,记下转速 n,以半径为 R 的圆盘盖、滑轮和重量为 mg 的砝码产生的一恒定的力矩维持内杯不转,可以知道克服摩擦力所做的功 $W = 2\pi Rnmg$,内外杯之间将由于摩擦而发热。实验从系统低于环境温度 2℃ 做到高于环境温度 2℃,如果已知各种材料的比热和密度,测得铜圆锥杯和搅拌棒的重量、圆锥杯内水的重量以及温度计浸入水中的体积水当量,就可以算得系统所得到的热量 Q。如果克服摩擦力所做的功 W(单位:J,焦耳)全部转变为系统所得

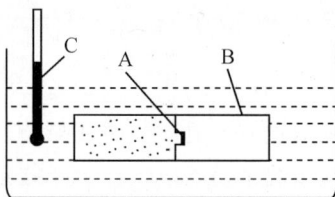

到的热量 Q(单位:cal,卡),则可验证:

$$W = JQ \qquad (2\text{-}31)$$

式中,J 称为热功当量,数值为 4.1855J/cal。

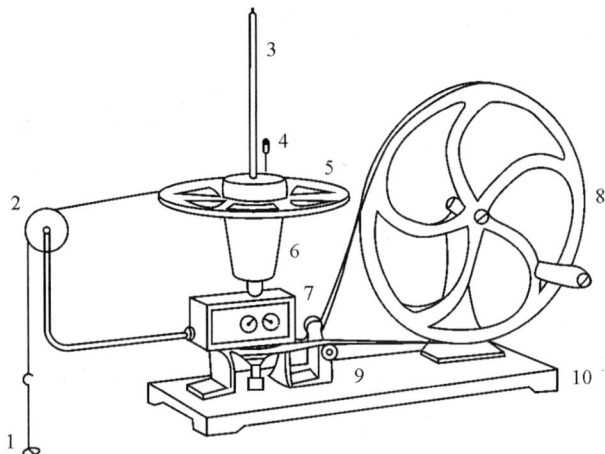

图 2.11 热功当量实验装置

1—砝码,2—滑轮,3—水银温度计,4—搅拌棒,5—圆盘盖,6—圆锥杯,7—计数器,
8—手摇转轮,9—皮带,10—基座

2.3.3 能量守恒与转换定律

M. V. 劳厄在《物理学史》中说:"物理学的任务是要发现普遍的自然规律,而且又因为这样的规律性的最简单的形式之一是它表示了某种物理量的不变性,所以对于守恒量的寻求不仅是合理的,而且也是极为重要的研究方向。"

德国医生、物理学家迈耶(J. R. Mayer,1814—1878),1840 年作为随船医生从荷兰出发赴印度尼西亚航行,在热带地区给海员放血治疗时发现人的静脉血象动脉血一样鲜红而不似原先的颜色发暗,于是产生了热功当量的思想。1841 年航行结束后,他开始撰写和发表论文,如《论无机界的力》、《论有机运动与新陈代谢》、《论热的机械当量》等,从"无不生有,有不变无"和"原因等于结果"的观念出发,表述了物理、化学过程中各种力(能)的转化和守恒的思想,提出了迈耶公式,并根据当时气体比热的测定数据第一个计算出热功当量,从哲学方面即自然力的相互联系方面提出能量守恒概念。

迈耶(J. R. Mayer,
1814—1878)

焦耳(James P. Joule,1818—1889)从实验出发系统地研究了功热转换现象,从 1840—1879 年历时 39 年在绝热条件下通过各种方式对系统(如水)做功。他通过搅拌、摩擦、压缩等对水作机械功,或通过接通电流对水作电场功,如图 2.12 所示,进行了磁电机、桨叶搅拌、水通过多孔塞、空气压缩与稀释等多种多样的实验,定量精确测定出功与热相互转化的数值关系,得到热功当量数据:4.157J/cal(1956 年国际规定精确值为 4.1868J/cal),使能量守恒定律获得实验证明,得到科学界的公认,热力学第一定律因此诞生。

德国物理学家、生理学家亥姆霍兹(H. L. Helmholtz,1814—1894),通过对动物体的大

(a)   (b)

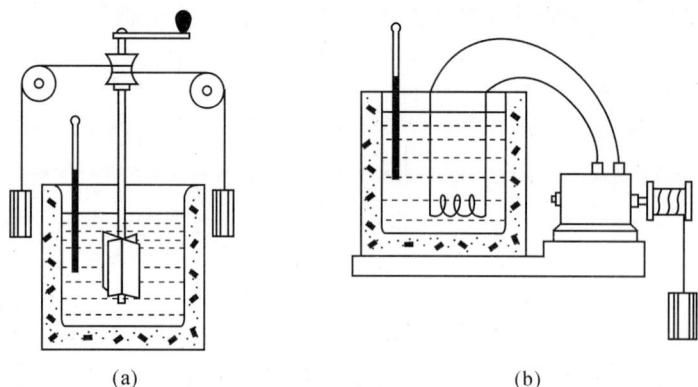

图 2.12 焦耳的热功当量实验装置示意图

量实验,总结出"一种自然力如果由另一种自然力产生时,其中当量不变。"1845 年和 1846 年他发表了《肌肉运动时的新陈代谢》和《关于 1845 年对动物热理论所作的工作报告》两篇论文,坚持了热动说和能量转化的思想,1847 年发表了著名论文《论力的守恒》,全面阐述了能量转化和守恒定律,给出了相应的数学公式,提出了能量转化和守恒的哲学依据和实验根据,并把它演绎到物理学的其他分支。他发展了迈耶和焦耳的工作,第一个以数学方式明确地提出能量守恒与转化定律。

亥姆霍兹(H. L. Helmholtz, 1814—1894)

能量守恒与转换定律的表述:自然界一切物质都具有能量。能量不可能创造也不可能消灭,而只能在一定条件下从一种形式转变为另一种形式,在转换中能量总量恒定不变。

能量守恒与转换定律还有另外几种说法:

(1)在任何发生能量传递和转换的热力过程中,传递和转换前后能量的总量维持恒定。

(2)热功可以互相转换,但转换前后总量不变。

(3)第一类永动机(不消耗任何形式的能量而能对外做功的机械)是不可能制造成功的。

2.3.4 热力学第一定律

能量守恒与转换定律起源于一种思想,将它应用于热学就称为热力学第一定律。

借助于数学才使热力学第一定律得到认同和发展,正如卡尔·马克思指出"一门科学,只有当它成功地运用数学时,才能达到真正完善的地步"。所以直到 1850 年热力学第一定律才被科学界公认为自然界的一条普适定律。

热力学第一定律的基本表达式:若系统由初态 1 经一非绝热过程达到终态 2 ,$U_2 - U_1 \neq W$,两者之差为系统在过程中从外界吸取的热量 Q:

$$Q = U_2 - U_1 + W \tag{2-32}$$

卡尔·马克思(Karl Marx,1818—1883)

其中,外界对系统做功 $W < 0$,系统对外界做功 $W > 0$;外界从系

统吸热 $Q<0$,系统从外界吸热 $Q>0$。

上式也可改写为:

$$Q=\Delta U+W \tag{2-33}$$

对于只有体积功的准平衡态过程——系统所经历的一系列状态都无限接近平衡状态的过程,则上式可以改写为:

$$Q = \Delta U + \int_1^2 p\mathrm{d}V \tag{2-34}$$

例题 2-5:压强为 1.013×10^5Pa 时,1mol 的水在 100℃变成水蒸气,它的内能增加多少?已知在此压强和温度下,水和水蒸气的摩尔体积分别为 $V_{f,m}=18.8\mathrm{cm}^3/\mathrm{mol}$ 和 $V_{g,m}=3.01\times10^4\mathrm{cm}^3/\mathrm{mol}$,而水的汽化热 $r=4.06\times10^4\mathrm{J/mol}$。

解:水的汽化是等温等压相变过程,这一过程可设想为下述准平衡过程:气缸内装有 100℃的水,用一个重量可忽略且与气缸无摩擦的活塞封闭,活塞外面为大气,压强为 1.013×10^5Pa。气缸底部有一温度略高于 100℃的热库,水就从该热库缓慢吸热汽化,而水汽则慢慢地推动活塞向上移动而对外做功。在这个过程中,n=1mol 的水从热库吸收的热量为

$$Q=nr=1\times4.06\times10^4=40.6(\mathrm{kJ})$$

水蒸气对外做的功为

$$W=p(V_{g,m}-V_{t,m})=1.013\times10^5\times(3.01\times10^4-18.8)\times10^{-6}=3.05(\mathrm{kJ})$$

由热力学第一定律公式可得,在这个过程中水的内能增加为

$$\Delta U=Q-W=40.6-3.05=37.55(\mathrm{kJ})$$

2.4 温度和热量的测量

2.4.1 温度的测量

现代测温仪器及测温原理已有了飞速的发展,可以分为接触式和非接触式两大类,如一些热膨胀式温度计、热电偶温度计、热电阻温度计等属于接触式温度计,而辐射式温度计等属于非接触式温度计。表 2-2 表示了接触式和非接触式温度计的特点比较。

表 2-2 接触式和非接触式温度计的比较

	接触式	非接触式
必要条件	感温元件必须与被测物体相接触; 感温元件与被测物体虽然接触,但后者的温度不变。	感温元件能接收到物体的辐射能。
特点	不适宜热容量小的物体温度测量; 不适宜动态温度测量; 便于多点、集中测量和自动控制。	被测物体温度不变; 适宜动态温度测量; 适宜表面温度测量。
测量范围	适宜 1000℃以下的温度测量	适宜高温测量
测量精度	测量范围的 1%左右	一般在 10℃左右
滞后	滞后较大	较小

(1)热膨胀式温度计

根据一些物质受热膨胀的原理制成,如

(a)液体膨胀式玻璃温度计:用水银、酒精等作测温液体的玻璃管温度计,以水银温度计较为精密,一般它的测温范围为 $-30\sim+300℃$;玻璃酒精温度计,一般测量范围在 $-100\sim+100℃$。玻璃管液体温度计的主要缺点是测温范围较小,且有热滞后现象。

(b)液体膨胀式电接点温度计:内部有两条金属丝,一条为铂丝,一条为钨丝(带有螺旋状的铂丝引线),顶端磁钢旋动温度计内的螺杆可使两金属丝接近或远离。当温度升高时,使两金属丝借助水银柱导通,控制继电器等动作,从而达到温度自动控制的目的。

(c)固体膨胀式温度计:即双金属温度计,将两种线膨胀系数不同的金属或非金属组合,一端固定在壳体上,一端悬空,感温件的温度有变化时,悬空的一端便产生一定的位移,指示温度,测温范围为 $-80\sim600℃$,适用于工业中精度要求不高时的温度测量,也可作为感温元件用于温度自动控制,如冰箱中的温控器。

(d)压力式温度计:在密闭容器中充以气体、液体或低沸点液体及其饱和蒸汽,温度变化时,容器内介质的压力和体积也随之变化,将压力表用一根毛细管与测温泡连接,由压力表检测。目前这种压力表的最高压力可达 2.5GPa 左右,若采用气体介质,如氮气,最高温度可达 $500\sim550℃$,若用氦气最低可测到 4K。液体介质通常采用水银。

(2)热电偶温度计

热电偶温度计由热电偶和电测仪表(二次仪表)组成。它采用热电效应原理——塞贝克效应测温,这是德国物理学家塞贝克(T. J. Seebeck,1770—1831)在 1821 年发现的,当将 A、B 两种不同的金属两端相连接成为如图 2.13a 所示的一个闭合回路时,如果将它们的两个连接点置于温度不同的热源中,回路中就会产生电流,产生的温差电动势(一般为几十毫伏)与两个热源的温差有关。在 AB 回路可以内插入任意数目的中间金属(如铜线),只要保证所插入的金属两端为同温度就不会影响温差电动势。如图 2.13b 所示,将 A、B 两个不同金属导线与铜丝 C_1、C_2 组成一个闭合回路,当接点温度不同时,回路中就产生电势。热电偶温度计维持其一端的温度为定值(一般采用冰水混合物),接入毫伏表 D 测出回路中的电势。电势值和它所测温度间的关系接近于二次方程,从而可以确定热电偶另一端 L 处的温度。

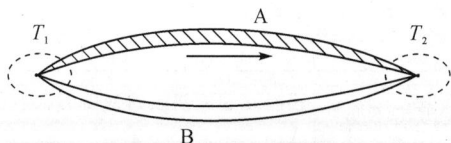

图 2.13a　塞贝克效应　　　　图 2.13b　热电偶温度计

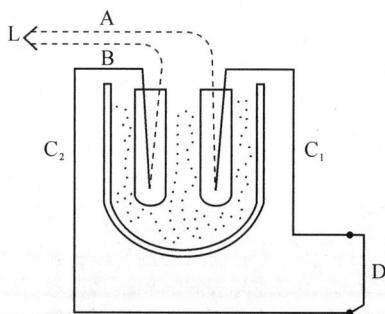

热电偶温度计具有灵敏度好、精度高、热容量小、反应快、成本低、使用方便、耐久性好等优点,并且测量信号便于传递和自动记录,可实现在各种工况下的连续测量,是科研和生产上常用的测温手段,也可用作自动控制。表 2-3 表示常用标准型热电偶的主要性能和测温范围。附表 A8 所示为 T 型铜-康铜热电偶的分度表,利用该表可以通过插值法查得铜-

康铜热电偶的电势值所对应的温度值。

表 2-3　常用标准型热电偶的主要性能

热电偶	分度号	使用温度(℃)		允许偏差			主要优缺点
		长期	短期	等级	范围(℃)	允许误差(℃)	
铂铑$_{10}$ — 铂	S	最高 1300	最高 1600	I	0~1100	±1	使用温度高,性能稳定,精度高,但价格贵。
				II	1100~1600	$\pm[1+(t-1100)(10^{-3})]$	
				I	0~600	±1.5	
				II	600~1600	±0.25%t	
铂铑$_{30}$ — 铂铑$_6$	B	最高 1600	最高 1800	I	600~1700	±0.25%t	测量温度高,常温下热电能级小。
				II	600±800	±4	
				III	800~1700	±0.5%t	
镍铬 — 镍硅	K	按热电偶丝直径不同 −200~1300		I	−40~1100	±1.5 或 ±0.4%t	精度较高,价格便宜。
				II	−40~1300	±4.5 或 ±0.75%t	
				III	−200~40	±4.5 或 ±1.5%t	
铜 — 康铜	T	按热电偶丝直径不同 −400~750		I	−40~750	±1.5 或 ±0.4%t	便宜,适用于还原性强的气体中。
				II	−400~750	±4.5 或 ±0.75%t	
镍铬 — 康铜	E	按热电偶丝直径不同 −200~900		I	−40~+800	±1.5 或 ±0.4%t	稳定性好,灵敏度高,价格低廉。
				II	−40~+900	±4.5 或 ±0.75%t	
				III	−200~+40	±4.5 或 ±1.5%t	

（3）热电阻温度计

利用半导体器件的电阻随温度变化的规律来测量温度。大多数金属在温度升高 1℃ 时电阻将增加 0.4%~0.6%,利用一些材料的电阻随温度而变化的性质,通过测量电阻感温件的电阻来确定被测温度。

常用感温件有铂丝、铜丝、镍丝。热电阻温度计的发展方向是半导体温度计,其灵敏度比金属高,半导体电阻一般随温度升高而减小,每升高 1℃ ,电阻约减小 2%~6%。

（4）辐射式温度计

利用物体的热辐射亮度与温度有关的原理,可以根据普朗克公式确定绝对黑体光谱辐射出射度与波长、温度的关系,利用全辐射定律确定黑体辐射出射度与辐射亮度、温度的关系。

辐射式温度计属于非接触式温度计,它的优点是不会破坏介质原有的温度场,也不需和被测介质达到同一温度值。

（5）数字式温度计

由电偶、电阻作感温计,用测量电路把被测温度值转换为相应的电压值,经放大器放大后输至线性化器线性化,此电压正比于被测温度。用模

数转换器把此电压转换为脉冲数字量,最后由计数器和显示器累计脉冲数,并显示出相应的温度值。

数字式温度计的优点是读数直观、方便并与现代数字技术配合。

(6)声学温度计和噪音温度计

声学温度计采用声速作为温度标志,根据理想气体中声速的二次方与绝对温度成正比的原理来测量温度。通常用声干涉仪来测量声速,主要用于低温下热力学温度的测定。

噪音温度计利用涨落现象中的热噪声电平与绝对温度成正比的性质来测定温度。

影响温度测量精度的因素主要有:

(1)热交换的影响:感温件的温度和被测介质的温度并不相同。近似按照一维问题来处理,列出热量平衡方程式,解出温差。

(2)测量过程中,测温系统某些物理量发生了变化。

(3)测量过程中存在的各种干扰。最明显的外部干扰源是能够在空间产生电磁场的各种电气设备。

2.4.2 热量的测量

在研究冰的融解实验时,布莱克发现冰在融解过程中要吸收大量的热量才能变成水,而温度并不升高,他将实验反过来做,测出水在结冰过程中放出同样多的热量。进一步的大量实验后,布莱克发现,各种物质在发生物态变化(熔解、凝固、汽化、凝结)时,都有这种效应,如酒精、水的汽化等等,他因此引入“潜热”的概念,即物质在发生相变过程中吸收或放出的热量,可分为固液转变的熔解热和汽液转变的汽化潜热。

$$\delta Q = r dm \qquad (2-35)$$

式中,r 为单位质量物质相变时的潜热,单位 kJ/kg。

法国化学家拉瓦锡(1743—1794)和法国物理学家拉普拉斯(1749—1827)一起研究燃烧热和比热问题,他们根据布莱克的潜热理论设计了一个冰量热器(如图 2.14 所示)。拉瓦锡甚至用这个方法比较了烛焰、动物呼吸所放出的热量与放出的 CO_2 之比。

测量热量的方法有很多,依据待测系统吸收或放出热量的方式不同,热量的测量方法(量热法)一般可分为以下三大类:

(1)热量的测定主要是通过测定待测物与已知热容的标准物质(如水)间进行传热后标准物质温度的变化,这是比较经典的方法,这类方法有混合法、稳流法、冷却法等。

(2)热量的测定是依据在常温常压下标准的二相体系中相变的程度,通过测定相变产物的质量实现,如潜热法。

(3)热量的测定是依据系统中电热器所消耗的电功率,如电热法。单位时间内电加热器的放热量等于输入的电功率,电加热器的电功率可直接用功率表测量或用 0.5 级电流表和电压表分别测出电流和电压求得。

在一些特殊的情况下,也可以运用一些新的技术来提供热量,如 γ 射线、电子轰击、激光、高频涡流效应等。

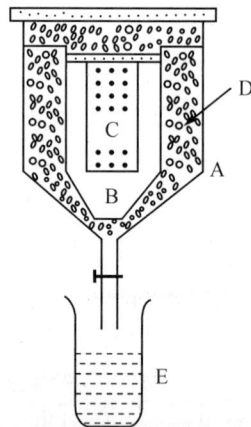

图 2.14 拉普拉斯冰量热器
A—外容器,B—内容器,
C—金属网,D—冰,
E—接水器皿

2.4.3 比热的测量

比热测量除了可为工程技术和实验装置设计提供必要的比热数据以外,还可以间接获得很多其他的物理量,如内能、焓、熵等,甚至也是固体物理中探索微观机理和检验理论模型的重要手段,可帮助确定费米面处电子态密度、德拜温度、超导体能隙等重要参量,是研究相变的方法之一。如1911年能斯特(W. Nernst)和林德曼(F. A. Lindemann)因铜和氯化钾低温比热数据与晶格振动的爱因斯坦模型不一致而提出了德拜模型。

常用的测量比热的方法有混合法、脉冲加热法、差分量热法、连续量热法等。

(1)混合法(method of mixture):是一种测量室温以上比热的较精确的方法。具体是将升温了的待测样品突然降落到量热器中,量热器内可以是冰水混合物或是已知热容的水,测出冰水总体积或量热器温度的改变,重复测试就可得到不同样品温度下的焓值曲线($\Delta H-T$ 线),由 $c_p = (\partial h/\partial T)_p$ 得到比热。

(2)脉冲加热法(pulse-heating method):是测量比热的传统方法。具体是先将样品冷却到所要测量的最低温度,然后使样品和环境绝热,待稳定后由功率 P 已知的电加热器给样品一个热量为 ΔQ 的热脉冲,测出加热时间 $\Delta \tau(\Delta \tau = \Delta Q/P)$ 和样品升温 ΔT 就可以得到比热值。

(3)差分量热法(differential calorimetry):属于比较法,是测量比热的常用方法,有助于消除由漏热、测温不精确等引起的系统误差。具体是在绝热的实验装置内同时安装待测样品和已知热容的参照物,控制两样品的加热功率 $P_1(\tau)$ 和 $P_2(\tau)$ 使它们具有相同的温度,得到两个样品的热容比 $C_1/C_2 = \Delta Q_1/\Delta Q_2 = \int P_1(\tau)\mathrm{d}\tau / \int P_2(\tau)\mathrm{d}\tau$,进而得到待测样品的值。

(4)连续量热法(continuous-heating method):特别适合于测量相变点比热跃变和比热异常点。具体是对待测样品以固定功率 P 连续加热,测量样品温度随时间的变化率就可得到样品的热容,$C = (\delta Q/\delta \tau)/(\delta T/\delta \tau) = P/(\delta T/\delta \tau)$ 。

对于如薄膜之类的新型小尺度样品,又发展出了如时间常数法(time constant method)或弛豫法(relaxation method)、交流热容法(AC heat-capacity technique)等新方法。

2.4.4 热流量的测量

热流量的测量可以使用热流计,根据工作原理不同,热流计可以分为:

(1)导热式热流计——根据导热基本定律测量待测对象吸收的热流,这类热流计有金属片热流计、薄板型热流计、热电堆型热流计等;

(2)辐射式热流计——热辐射线从椭圆球的小圆孔全部辐射到球内反射镜焦点,聚焦到差动热电偶上,其热电势与接收的能量成线性函数关系,具体如空心椭球式全辐射热流计;

(3)量热式热流计——将待测对象吸收的热量传给冷却水,然后计算冷却水带走的热量;

(4)潜热式热流计——利用容器中充填物融化潜热来测量热流;

(5)Onera式热流计——热流计加热到几个不同的表面温度,分别求出表面所吸收的总热流,画出总热流-表面温度曲线,得到各个表面温度下的总热流;

(6)热容式热流计——通过待测对象在加热过程中温升的速度来确定待测对象接受的

热流密度。

热流量也可以通过测量流体的进出口温度、流量和比热(通常根据平均温度查附录 B 相关物质的物性表得到,也可以通过测量得到)利用公式得到,

$$\Phi = \dot{m} c_p \Delta T \tag{2-36}$$

流量是指单位时间流过管道某一截面的流体数量,即瞬时流量。流量包括体积流量 $\dot{m}_v$ (单位:m³/s)和质量流量 $\dot{m}$(单位:kg/s),两者的关系:

$$\dot{m} = \rho \dot{m}_v \tag{2-37}$$

式中,ρ 为流体的密度,单位:kg/m³。常用流量的单位还有:吨/小时(t/h)、公斤/小时(kg/h)、立方米/小时(m³/h)和升/小时(l/h)等。气体流体常用标准立方米/小时(Nm³/h)来表示,它是将气体的工作状态流量换算成标准状态(0℃、1 个标准大气压 1.01325×10⁵ Pa)下的流量。

流量可以用流量计直接测量。流量计分为面积式、差压式、流速式和容积式几种。

(a)面积式——分为玻璃转子流量计、金属管转子流量计和冲塞式流量计。

(b)差压式——分为节流装置流量计和均速管测量计。

(c)流速式——分为旋翼式水表、涡轮流量计、漩涡流量计、电磁流量计和分流旋翼式蒸汽流量计。常见的流量计有:

(1)节流式流量计

由节流元件和压差计组成。节流元件有孔板、喷嘴、文丘利管等,流体流过节流元件时,流线发生收缩,流速增大。由伯努利定律可知,其静压下降,故节流元件的前后将形成压差,此压差大小随流量而变化,根据此原理,可通过测量压差 ΔP,求得管道流体的流量。

$$\dot{m} = K \sqrt{\Delta P \rho} \tag{2-38}$$

式中,ΔP 为流体的压差,ρ 为节流前流体的密度,K 为仪器系数,取决于节流元件孔径、管道内径、气体膨胀校正系数和流量系数等参数,对于标准节流元件可以查得 K,对于非标准节流元件可以通过校验,绘制出压差与流量的关系曲线。

(2)转子流量计

转子流量计由一段竖直安装、向上扩展的圆锥形管(锥度一般为 1/100)管内被测介质流量大小而作上下浮动的转子组成。当被测介质由下向上流过转子与锥形管之间的环形通流面积时,由于节流作用在转子上下产生压差,并作用在转子上形成使转子向上的力,此力与被测介质对转子的浮力值之和等于转子的重力时,转子处于力平衡状态,这时转子就稳定于锥形管一定位置上,转子所处的位置高低,可作为流体流量大小的尺度。

(3)超声波流量计

这是一种非直接测量的流量计,可以测量任何液体的流量,特别是腐蚀性、高粘度、非导电液体的流量,也可以测量大口径管路水流量以及海水流速等。从原理上讲,也可以测量气体流量和含有固体微粒的液体流量。但是,如果流体中含有的颗粒过大和过多,会大大衰减超声波,从而影响测量的精度。超声波流量计的量程比一般为 20:1,误差约为 ±2%~3%。若将超声波探头安装在管外,则压力损失小、对流体扰动少、安装方便。

超声波流量计按作用原理可分为:(1)时间差法、相位差法和频率差法;(2)声速偏移法;(3)多普勒效应法。如频率差法是根据液体的运动对超声波在液体中传播速度的影响而测出液体的速度的。在液体的管壁上设置两个相对的超声波探头 A 和 B,它们的连线与管道

的轴线成一定的夹角,由探头 A 发射超声波传到探头 B,探头 B 接收到超声脉冲后触发探头 B 发射超声波传给探头 A,前者发射到接收所需的时间和后者所需的时间形成频率差 f_d,这个频率差 f_d 与流体的流速成正比关系,由此可以得到流体的瞬时流速及流量,用计数器将测得的 f_d 进行计算,就可以得到累计流量。

流体流量还可以通过测出流体平均流速再乘以流道截面而求得:

$$\dot{m}=\rho VA \quad 或 \quad \dot{m}_v=VA \tag{2-39}$$

式中,A 为流道截面积,m^2;V 为流体在流通截面上的平均流速,m/s;ρ 为流体的密度,kg/m^3。

流速计的选择要根据流速的大小,一般速度小于 $5m/s$ 为低速,$5\sim12m/s$ 为中速,测量低速一般采用风速仪,测量中速常采用毕托管流速计。

（1）毕托管测速法

毕托管流速计可以测量点的速度和瞬时速度。其优点是构造简单、价格低廉、操作方便,测量时对原来的速度场影响较小;缺点是测量含尘量大和高粘度的流体时易堵塞,对方向也比较敏感,惰性较大。

如图 2.15 所示,通过测量流体的动压头——全压力和静压力之差来测量流体的流速,所以毕托管又称动压测量管。毕托管测量流体流速时,将毕托管的头部插入流道的测点处,用于测量流体的全压头,毕托管前端的中心小孔面向来流方向,与流体方向平行,偏差不要大于 $15°$,其端部有椭圆形、锥形和球形等形状;测压管的侧表面上有一排小孔用于测量流体静压头。它的二次仪表为微压计,根据伯努利方程,流速 V（单位:m/s）为

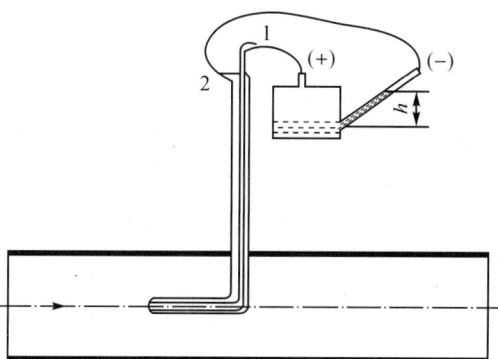

图 2.15　毕托管测速原理

$$V=\sqrt{\frac{2\Delta P}{\rho_2}}=\sqrt{\frac{2gh\rho_1}{\rho_2}} \tag{2-40}$$

式中:ΔP 为流体的动压力,即全压力和静压力之差,Pa;h 为微压计读数（流体的压头）,m;ρ_1,ρ_2 为微压计工作液和被测流体的密度,kg/m^3。

（2）热线风速仪

热线风速仪是一种反应十分灵敏的多用途测量仪器,用于测量气体或液体的平均速度（其上限可达 $500m/s$）、脉动速度（脉动频率上限达 $80kHz$）和确定流体流动方向,可以用来测量多维、不稳定速度场。热线是一种直径为 $0.01\sim0.5mm$ 的细铂丝或钨丝等制成的短细丝,所以其热惯性很小。它是利用测量加热电流来测量流速,称为恒电阻法,也可以保持电流恒定,通过测量热线温度的高低——即热线电阻值的变化来测量流速,称为恒电流法。

热线风速仪根据探头的耐热程度不同分为测常温、中温和高温流体的流速。

为了提高检测元件的机械强度,可采用金属薄片结构。也有采用小玻璃（直径约 $0.6mm$）球,球内绕有电加热的镍铬丝和两个串联的热电偶。近年来,使用半导体热敏元件的热线风速仪也得到了迅速发展。

测量流体的压差需要使用测压仪表,测量压强的仪表通称为测压计。根据测量方式大

致可以将测压计分成两大类:一类是可以测量较高压强的金属式压强表;另一类是液柱式测压计。

(1)金属式测压计

金属式测压计是利用金属的变形来测量压强的,测出感应元件的弹性变形,产生的位移经过放大机构的放大来标示出压强的刻度,是一种间接测量的方法。一般有两种,如图2.16所示:

(1)波登管测压计(图2.16(a))——用椭圆形断面的金属弯管来感受压强;

(2)膜片式测压计(图2.16(b))——用金属膜片来感受压强。

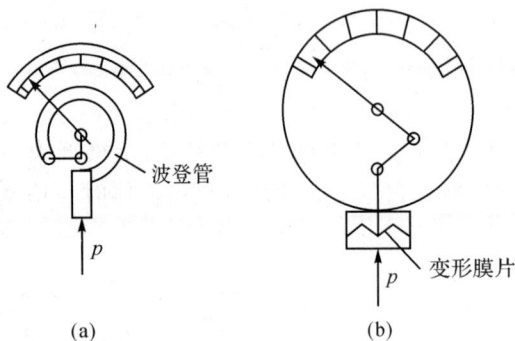

图 2.16 金属式测压计

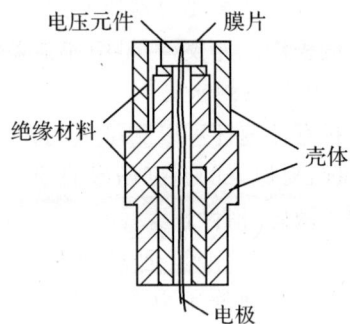

图 2.17 压电晶体式传感器

膜片式测压计后来又衍生出应变式和压电晶体式传感器(图2.17)用于测量动态压强,它是利用压电晶体的电学性能随压力而变化来进行测压的。

(2)液柱式测压计

液柱式测压计是根据流体静力学方程利用液柱高度的变化直接测量出压强的,由于液体的密度一般情况下都变化很小,所以其测量准确可靠,但量程会受到液柱高度的限制。一般可分为测压管、U形管测压计和倾斜式微压计。

(a)U形玻璃管压力计

由液体静力学原理可知,通入 U 形管的压力 p(或压差 Δp)与液柱高度差 Δh 有如下关系:

$$\Delta p = \Delta h(\rho_1 - \rho_2)g \tag{2-41}$$

式中,ρ_1、ρ_2 为工作液和工作液上介质的密度(kg/m^3);Δh 是液柱高度差(m);g 为重力加速度(m/s^2)。

U 形玻璃管压力计如图 2.18(a)(b)所示,常用的工作介质有水、水银、酒精、四氯化碳等,使用时 U 形管应垂直。由于工作液表面张力的作用,读数按弯月面顶点切线位置为准。使用水、酒精等小密度工作介质时,由于 U 形管高度有限,故常用来测量小于 1000mm H_2O 的压力或压差。

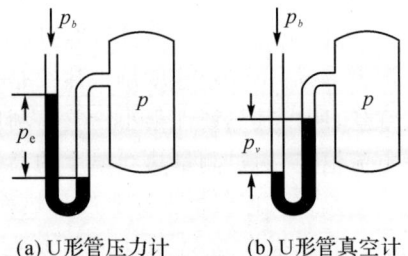

(2)倾斜管微压计

为了测量气体的微小压力、压差或负压等,可以采用倾斜管微压计来测量,如图 2.19 所示,它的适用范围一般为 10~250mm H_2O。

(a)U形管压力计　(b)U形管真空计

图 2.18 U形管测压计示意

倾斜测量管使待测压力的作用高度 $h_1 = p_1/\rho g$ 被倾角为 α 的测量管放大，工作液柱实际位移距离为 l，$l = h/\sin\alpha$，即待测压力的读数被人为放大了 $1/\sin\alpha$ 倍，使读数更为方便和精确。读数的放大倍率可以通过调节倾斜管的倾角 α 来改变。测量时将读数乘以管支架上固定点的刻度值 N，如 0.1、0.2、0.3、0.4、0.6、0.8 等，即可得到待测压力值 p_1，

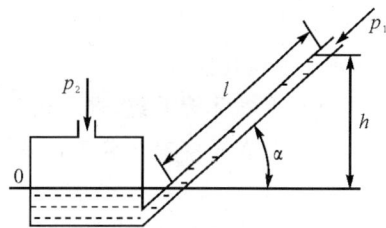

图 2.19　倾斜管微压计原理

$$p_1 = \rho g l \sin\alpha = lN \tag{2-42}$$

式中，$N = \rho g \sin\alpha$ 是管支架上的刻度值，与倾斜测量管的倾角 α 及工作液密度 ρ 有关；l 为液柱的实际长度。

在倾斜管微压计使用前应注意调节仪器至水平位置，并使倾斜管中的液位调节到零位。当要测量正压时，待测压力与容器相通；测量压差时，使较高的压力与容器相通，较低压力与倾斜管相通。

思考题

2-1　在什么条件下膨胀功可以在 $p\text{-}v$ 图上表示出来？

2-2　下列说法是否正确：物体的温度越高，它的热量就越多；物体的温度越高，它的热能就越大；物体的温度越高，它的内能就越大。

2-3　试述功、热量和内能的概念和它们三者之间的区别和联系。

2-4　能否说"一系统含有热量"，或者说"一系统含有功"？为什么？

2-5　能否说"等体过程就一定不做功"？为什么？

2-6　为什么说理想气体向真空的自由膨胀是绝热过程？而气体在绝热条件下向真空自由膨胀是等内能过程？为什么说节流过程是等焓过程？

2-7　可能发生对物体加热而其温度并不升高这种情况吗？

2-8　有可能不作任何热交换而使系统的温度发生变化吗？

2-9　什么是三相点？三相点有什么用处？

2-10　技术功、膨胀功、流动功、轴功之间有何区别和联系？

2-11　热量、热流量和热流密度的区别是什么？

2-12　由方程 $q = \Delta u + w$ 得 $\Delta u = q - w$，其中 q 与 w 都是过程量，由此是否可以得出 Δu 也是过程量的结论？

2-13　若闭口系统与外界没有发生能量交换，系统内是否可能发生状态变化？

2-14　下列说法是否正确，为什么？

(1)气体膨胀时一定对外做功，气体压缩时一定消耗外功；

(2)气体吸热一定膨胀，气体放热一定被压缩；

(3)给气体加热，其内能必定增加。

2-15 一个刚性绝热容器被一块隔板分成两部分,一部分内部充满一定压力的气体,另一部分抽成真空。问:

(1)取气体为系统,若忽然抽去隔板,系统是否做功?

(2)若在真空部分装了许多个隔板,每抽去一块隔板让气体达到平衡后再抽下一块,气体是否做功?

(3)上述两种过程从初态变化到终态,其过程是否都可在 $p-v$ 图上用实线表示?

习　　题

2-1 (a)人体腋下温度在 36.5℃ 左右,在华氏(Fahrenheit)温标系统中是多少度?(b)如果腋下温度是 100 ℉,若用摄氏温标量度是多少度?(答案:97.7 ℉,37.8℃)

2-2 一热系统的摄氏温度值和华氏温度值相同,问该系统为多少摄氏度?(答案:－40℃)

2-3 太阳表面温度为 6000K,换算成华氏温度为多少?已知氧的沸点为－182.97℃,换算成华氏温度和绝对温度各是多少?正常人舌下温度为 98.6 ℉,相当于摄氏多少度?(答案:$1.034×10^4$ ℉,98.18K,－293.35 ℉,37℃)

2-4 用定容理想气体温度计测量水的三相点时得到压强 p_3,这时已知相应的温度为 $T_3=273.16$K;在测量水的沸点时得到压强 p,$\frac{p}{p_3}=1.36605$。问这时从定容温度计中读出的温度 $T=$?(答案:373.15K)

2-5 定容气体温度计的测温泡浸在水的三相点槽内时,内部气体压强为 0.0658atm,问:(1)用温度计测量 300K 的温度时,气体压强是多少?(2)当气体压强为 0.0895atm 时,待测温度是多少?(答案:0.0723atm;371.55K)

2-6 用定容气体温度计测量某种物质的沸点。当测温泡在水的三相点时,其中气体的压强 $p_3=500$mmHg;当测温泡进入待测物质中时,测得的压强为 $p=734$mmHg。现从测温泡中抽出一些气体,使 p_3 减少为 200mmHg,重新测得 $p=293.4$mmHg。当再抽出一些气体使 p_3 减少为 100mmHg,再测得 $p=146.68$mmHg。试确定待测沸点的理想气体温度。(答案:400.61K)

2-7 在一个标准大气压下,一支温度计在水的冰点时,读数为－0.2℃,在水的沸点时读数为 101.5℃,如果允许 t_1 的读数误差为 0.1℃,则该温度计可用的读数范围是多少?(答案:5.8~17.7℃)

2-8 一系统由图示的 A 状态沿 ABC 到达 C 状态时,吸收了 334.4J 的热量,同时对外做功 126J,试问:(1)若沿 ADC 到达 C,系统做功 42J,这时系统吸收了多少热量?(2)当系统由 C 态沿过程线 CA 回到 A 状态时,如果外界对系统做功是 84J,这时系统是吸热还是放热?其数值为多少?(答案:250J;－292J)

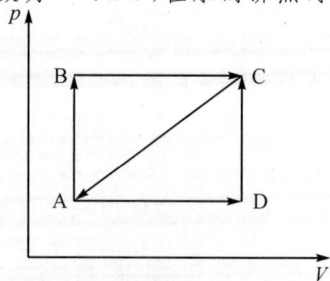

习题 2-8

2-9　某过程中给系统提供热量2090J,做功100J,问内能增加多少?(答案:2190J)

2-10　一质量为4500kg的汽车沿坡度为15°的山坡下行,车速为300m/s。在距山脚一百米处开始制动,且在山脚处刚好停住。若不计其他力,求因制动而产生的热量。(答案:2.04×10⁵kJ)

2-11　气体在某一过程中吸收了54kJ热量,同时热力学能增加了94kJ,此过程是膨胀过程还是压缩过程?系统与外界交换的功是多少?(答案:-40kJ)

2-12　1kg空气由$p_1=5$MPa、$t_1=500℃$膨胀到$p_2=0.5$MPa、$t_2=500℃$,得到热量506kJ,对外作膨胀功506kJ。接着又从终态被压缩到初态,放出热量390kJ。试求:

(1)膨胀过程热力学能的增量;

(2)压缩过程热力学能的增量;

(3)压缩过程外界消耗了多少功?(答案:0,0,-390kJ)

2-13　一定量的理想气体对外做了500J的功,(1)如果过程是等温的,气体吸收了多少热量?(2)如果过程是绝热的,气体的内能改变了多少?(答案:500J;-500J)

2-14　设一个刚性容器内有水蒸气,通过电加热器向容器内蒸汽输入了80kJ的能量,问水蒸气的内能改变了多少?(答案:80kJ)

2-15　空气在一活塞式压气机中从0.1MPa被压缩至0.8MPa,压缩过程中每千克空气的内能增加了150kJ,同时向外界放出热量50kJ,问在这个压缩过程中压气机对每千克空气做了多少功?(答案:-200kJ/kg)

2-16　闭口系统经过一个热力过程,放热9kJ,对外做功27kJ。为使其返回原状,若对系统加热6kJ,问需对系统做功多少?(答案:30kJ)

2-17　气体在某过程中内能增加了20kJ,同时外界对气体做功26kJ,该过程是吸热还是放热过程?热量交换是多少?(答案:-6kJ)

2-18　气体在某过程中吸入热量12kJ,同时内能增加20kJ,问此过程是膨胀过程还是压缩过程?对外所作的功是多少(不考虑摩擦)?(答案:-8kJ)

2-19　一辆汽车1小时消耗汽油34.1升。已知汽油的发热量为44000kJ/kg,汽油密度为0.75g/cm³。测得该车通过车轮输出的功率为64kW,试求汽车通过排气、水箱散热等各种途经所释放的热量。(答案:894900kJ/h)

2-20　在冬季,工厂车间每小时通过玻璃和墙壁等处损失热量3×10⁶kJ,车间中各种机床的总功率是375kW,且最终全部变成热能。另外,室内经常点着50盏100W的电灯。问每小时需向其提供多少热量才能使该车间温度保持不变?(答案:1632MJ)

第三章　热过程的方向、限度和熵

如果没有根本的补充,第一定律是不足以成为热力学的基础的。这并没有什么可奇怪,因为我们已经着重指出过,要是除了能量守恒定律,力学再没有别的指导原理,它的结构也是非常不完全的。

——R. B. 林赛,H. 马根脑:《物理学的基础》

时间之矢构成熵永恒的主题。人文知识分子不懂热力学第二定律,就好像科学家未读过莎士比亚一样令人遗憾。

——冯端:《溯源探幽:熵的世界》

3.1　热力过程的方向

3.1.1　热力过程

热力过程是系统从一个状态向另一个状态变化时所经历的全部状态的总和。热能和机械能的相互转化需要通过工质的状态变化才能实现。平衡是一种宏观的静止状态,热过程的发生意味着原有平衡的破坏和状态参数的变化,说明系统和环境之间出现了不平衡势,如温差、压差等,在这些不平衡势的驱动下发生了工质状态变化、系统之间的能量传递和转化。

一般而言,系统经历的热力过程都是不平衡过程,这时系统所经历的一系列状态都是不平衡状态。例如一个气缸的减压过程,如果将一个重物 M 整个一下子从活塞上取走,则气缸内气体的压力从 p_1 一下子跳到 p_2,系统所经历的热过程是一个不平衡过程,在热力状态坐标图上表示就是 1、2 两个点,我们并不清楚系统从状态 1 到状态 2 的压力变化过程是如何进行的,也就无法量化描述和预测这个过程。

如果我们将重物分成很多份(如图 3.1 所示),每一份的重量是 ΔM,慢慢地一份一份从活塞上取走,则我们可以知道气缸内气体的压力从 p_1 逐渐经过 p_a p_b p_c ······一系列过程逐渐变化到 p_2,如果这个过程进行得相对比较"缓慢",或者说如果实际过程变化的时间(如 1 秒)远大于弛豫时间(约 10^{-3} 秒),那么任意一个中间状态都无限接近于平衡态,显示出过程中的每一状态都是平衡态,这就是一个准平衡过程,或称准静态过程,在热力状态坐标图上可用连续曲线表示。

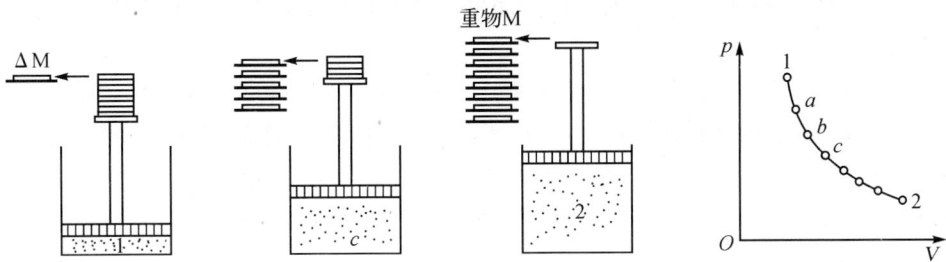

图 3.1 准平衡过程的实现

3.1.2 过程的不可逆性

如果系统经历某一过程后,能够在过程逆向进行后使外界和系统同时回复到初始状态而不留下任何变化,这种过程称为可逆过程。

不可逆过程是指当系统从某一状态过渡到另一状态,无论用什么办法都不可能使系统从后一状态过渡到前一种状态而不引起其他变化。或者说系统经历某过程后,我们不能使过程完全彻底地逆行,即正过程进行中对系统和环境所引起的一系列改变不能通过行使逆过程而完全消除掉。

在实际热力过程中,有很多是不可逆过程,如混合过程、不等温传热过程、摩擦生热过程、无阻膨胀过程等等。

造成不可逆的因素主要是耗散效应和非准平衡变化,如系统与外界之间的不等温传热,它是出现在系统与外界环境之间的不可逆因素,称为外部不可逆因素;又如系统内部的摩擦生热,它是出现在系统内部的不可逆因素,称为内部不可逆因素。

判断一个过程是否可逆,可以利用定义,也可以利用下述可逆过程的条件:

(1)必须是准平衡过程(满足力平衡,热平衡、相平衡及化学平衡条件);

(2)过程中不应包含任何诸如摩擦、磁滞,电阻等的耗散效应。

如果上述两个条件都满足,则是可逆过程,如果两者中有一个不满足,就为不可逆过程。可逆过程中系统偏离平衡状态无限小,或系统在变化过程中时刻保持平衡,所以是一种无耗散效应的准平衡过程。

尽管可逆过程是一个理想的过程,它可以想象但不可能实现,但是它在热学中却是一个最重要的基本概念,因为在对一些复杂问题的分析中,我们可以充分利用可逆过程的概念,排除掉很多其他影响因素,首先找到一种针对该问题在这种理想状况下的分析计算方法,在此基础上再考虑各种不可逆因素的影响,从而找到实际问题的最终答案和改进方向,因此在理论与工程实践上具有十分重要的意义。

例题 3-1:分析以下过程是否是可逆过程:

(1)加热刚性水容器中的水使其在恒温下汽化;

(2)对一个刚性容器内的水做功使其在恒温下汽化;

(3)对一刚性容器内的气体缓慢加热使其升温;

(4)一定量气体在无摩擦和不导热的气缸和活塞中被缓慢压缩。

答:利用可逆过程的两个必要条件来判断:

(1)判断加热刚性水容器中的水使其在恒温下汽化这个过程是否是可逆过程,如果加热源温度与水温相等,则这是一个可逆过程,如果两者温度不等,则存在外部不等温传热的不可逆因素,因此是一个不可逆过程。

(2)判断对一个刚性容器内的水做功使其在恒温下汽化这个过程是否是可逆过程,由于对水作搅拌功时存在内部粘性摩擦效应这个不可逆因素,所以这是一个不可逆过程。

(3)判断对一刚性容器内的气体缓慢加热使其升温的过程是否是可逆过程,与(1)一样,如果加热源的温度与容器内气体的温度随时相等或时刻保持无限小的温差,则这个过程是可逆的,否则就是不可逆过程。

(4)判断一定量气体在无摩擦和不导热的气缸和活塞中被缓慢压缩的过程是否是可逆过程,由于缓慢压缩使内部粘性摩擦和内外压差都无限小,因此可以视为可逆过程。如果外界和气体之间的压差是某个有限值,不能忽略,则这个过程为不可逆过程。

3.1.3　热力学第二定律

热力学第一定律揭示了自然界中能量转换和转移时在数量上的守恒关系,但是满足能量守恒的热力过程就一定能实现吗?

在实践中人们发现大量的自然过程都具有方向性,如:功热转化、摩擦过程、有限温差传热、自由膨胀、混合过程等等,这些过程的逆过程并不违背热力学第一定律,但在实际中却不能自发地或无条件地发生,因此单纯依靠热力学第一定律来分析热力过程是不够的,还需要一个热学定律来说明能量转换和转移时的方向性和条件,这个定律就是热力学第二定律。

热力学第二定律阐述了自然界中宏观过程进行的方向和限度,它是人们根据无数经验总结出来的有关热现象的第二个经验定律。它的正确性是由大量经验和事实说明的,是由无数次实验和观察中没有出现任何例外而得到保证的。

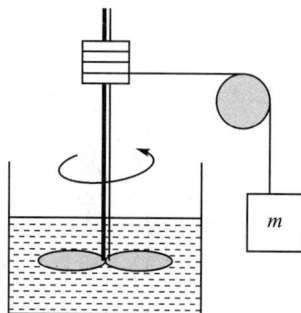

图 3.2　功热转换

热力学第二定律指出:一切与热现象有关的实际宏观过程都是不可逆的,都具有方向性。热力学第二定律的表述有各种不同的说法,它们彼此等效并不矛盾,都是从不同的现象总结出的一个共同的热学规律,因此一种说法成立可以推出另一种说法也成立。下面是三种最常见的说法:

(1)热量不能自发地从低温物体传到高温物体。——克劳修斯说法(1852)。

(2)不可能从单一热源吸收热量使之完全变为有用功而不产生其他影响。——开尔文说法(1851)。

(3)第二类永动机(只用单一热源而能将热完全转变为功的机械)是不可能制造成功的。

开尔文说法的另一种形式是普朗克说法:不可能制造一个机器,在循环动作中把一重物升高而同时使一热库冷却。

喀喇西奥达里(Caratheodary,1873—1950)也有一个第二定律的说法,称为喀喇氏定律:一个物体系统的任一给定平衡态附近总有这样的态存在,从给定的态出发不可能经过绝热过程达到。

例题 3-2:证明:如果开尔文说法成立则克劳修斯说法也必然成立,或者说如果热可自动转变成功,那么热就可自动从低温物体传向高温物体。

证明:采用反证法,假设开尔文说法成立而克劳修斯说法不成立,则有如图 3.3(a)所示系统,按开尔文说法,有一热机在温度分别为 T_1 和 T_2 的两个热源之间工作($T_1 > T_2$),该热机从高温热源 T_1 取出热量 Q_1,向低温热源 T_2 放出热量 Q_2,同时向外做功 W,根据热力学第一定律有

$$Q_1 - Q_2 = W$$

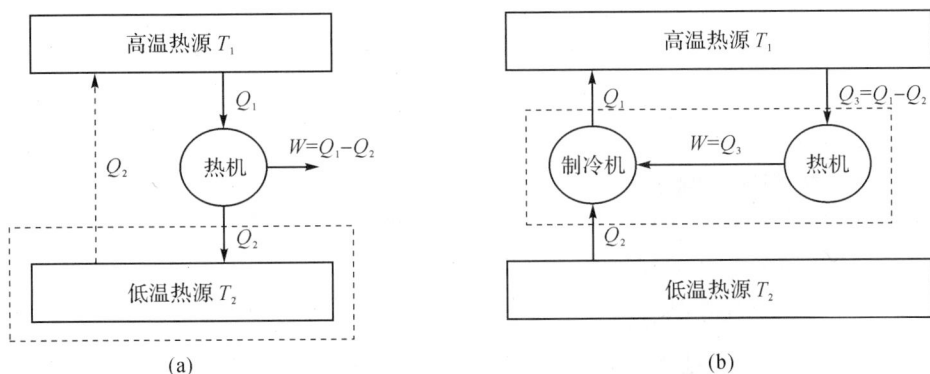

图 3.3 开尔文说法和克劳修斯说法的等效性证明

按假定克劳修斯说法不成立,即热量可以自发地从低温物体传到高温物体,因此可以使低温热源和高温热源通过一良导体发生直接接触传热,使热量 Q_2 自发地从低温热源传到高温热源。

最后的结果是:高温热源放出热量($Q_1 - Q_2$),低温热源吸热 Q_2 和放热 Q_2 抵消,该热机从高温热源吸热($Q_1 - Q_2$)的同时向外界做功 W,即热机从单一热源吸收热量使之完全变为有用功,这违反了前面开尔文说法成立的假设。由此可见如果开尔文说法成立,那么克劳修斯说法不成立的假定是不能成立的。

例题 3-3:证明:如果克劳修斯说法成立则开尔文说法也必然成立,换句话说如果热可以自动从低温物体传向高温物体,那么热就可以自动转变成功。

证明:同例题 3-2 类似,采用反证法,假设克劳修斯说法成立而开尔文说法不成立,则有如图 3.3(b)所示系统,按克劳修斯说法热量不可以自发地从低温物体传到高温物体,那么我们可以借助一个制冷机,该制冷机将热量 Q_2 从低温热源 T_2 取出,向高温热源 T_1 放出热量 Q_1,消耗功 W,根据热力学第一定律有

$$W = Q_1 - Q_2$$

按假定开尔文说法不成立,即可以从单一热源吸收热量使之完全变为有用功,因此可以设计出一个热机向前述的制冷机提供功量 W 而仅从高温热源吸热($Q_1 - Q_2$)。

最后的结果是:低温热源不断地放出热量 Q_2 而高温热源不断地吸收热量 Q_2,单一热源热机提供的功 W 正好被制冷机所消耗,对外不产生任何影响,其效果就是热量自动地从低温热源向高温热源传递,这就违反了前面克劳修斯说法成立的假定。因此如果克劳修斯说法成立,那么开尔文说法不成立的假设是不能成立的。

由上述两个例题的证明可以看出克劳修斯说法和开尔文说法是完全等效的。

和前面的证明方法类似,同学们也可以自行设计两个假想实验来证明:

(1)如果热可以自动转变成功,那么气体就可以自动压缩;

(2)如果气体可以自动压缩,那么热就可以自动转变成功。

3.1.4 "麦克斯韦精灵"

热力学第二定律的实质表明:在一切与热相联系的自然现象中能够自发地实现的过程都是不可逆的。

对于热力学第二定律的适用范围问题,1867年英国物理学家麦克斯韦(J.C. Maxwell, 1831—1879)曾提出"麦克斯韦精灵(Maxwell demon)"来加以讨论。麦克斯韦认为"将一杯水倒入海里就再也取不出同样的一杯水",或者人类不能违背第二定律,是因为人类缺乏精灵所具备的能够观察和处理单个分子的能力。

麦克斯韦(James Clerk
Maxwell,1831—1879)

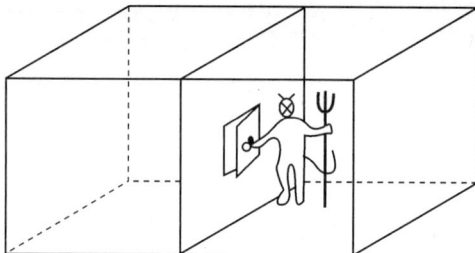

图 3.4 麦克斯韦精灵

麦克斯韦设计了如下的一个假想实验(如图 3.4 所示):他假设存在一个小巧玲珑、非常机灵、具有显微眼的智能精灵,它单凭观察就能够知道所有分子的运动轨迹和速度,它能快速开关一个小孔却不做功。现有一个处于等温状态装满空气的密闭容器,中间用隔热板将容器分成两部分,我们请这个精灵来看管中间隔板上的唯一的一个小孔,它只让快速运动的分子单向穿过小孔到达容器另一边,这样无需做功就可以将快速运动和慢速运动的分子分开,使热的一侧容器变得更热,冷的一侧变得更冷。

对于麦克斯韦精灵的讨论引起了很多人的兴趣,有些人对此提出了一些不同意见,如匈牙利物理学家西拉德(L. Szilard)1929 年发表了论文"论由智能生灵导致一个热力学系统中熵的减少",贝尔实验室工程师香农(C. E. Shannon, 1916—2001)1948 年发表了一系列有关信息的数学论文,法国物理学家布里渊(L. Brillouin)1956 年出版的《科学与信息》一书中专门讨论了麦克斯韦精灵问题。各种观点归纳起来主要有以下几点:(1)容器中大量分子进行着杂乱无章的运动,精灵开关小孔时不可避免会受到大量分子的碰撞而做功;(2)能够观察分子行为的精灵必定也很微小,在大量分子的撞击下它将被迫做布朗运动而不能正常完成开关小孔的动作;(3)精灵能够看到分子运动轨迹并准确判断分子运动速度的前提是它能以极快的速度获取分子运动的信息,并加以记忆和运用,这些行为是需要消耗能量才能实现的,由此引起的熵增将大于它分离分子所引起的熵减,所以精灵本身必须是一个可以从外界引入负熵的开放系统。

3.2 什么是熵

3.2.1 第二定律的微观本质

任何一种热学过程实际上都包含了大量微观粒子的无序运动状态的变化。我们对于一个系统的描述基本上还局限于宏观状态,如温度、压力等宏观状态参数仅表示了微观状态的统计平均值,从微观上看仍然是不完善的,因为系统的同一宏观状态实际上可能对应着非常多的微观状态,仅用前述已有的一些参数来描述无法区别众多不同的微观状态。以气体自由膨胀为例,在自由膨胀过程中,无序运动着的气体分子从占有一个较小空间的初态变化到占有一个较大空间的终态,从分子的运动状态看变得更加无序。

为了便于说明,我们从一个容器内仅有 4 个气体分子的情形来了解微观状态的多样性。一个容器中间被一活动隔板分隔,发生以下过程:(1)初态:左侧容器内有 4 个可以被识别的气体分子,右侧容器是真空;(2)中间隔板被抽去,气体分子可以在整个容器内自由地活动;(3)终态:共有如图 3.5 所示的 16 种微观状态发生,宏观上可分成 A、B、C、D 和 E 五种状态。

由于气体分子本身处于随机自由运动状态,所以气体自由膨胀后图 3.5 中所示的 16 种微观状态发生的概率是相等的,A、B、C、D 和 E 这五种宏观状态所对应的微观状态数是:1、4、6、4、1,其中 C 的概率最大,A、E 的概率最小。如果将它们像电影胶片一样连续放映,我们看到所有分子都在容器左边或右边的镜头都是一闪而过的,其次是左边 3 个右边 1 个或右边 3 个左边 1 个的镜头,看到最多的就是容器两边各有 2 个分子的状态 C 了。如果将容器中的分子数增加,设为 1mol 气体,分子数 $N = 6 \times 10^{23}$ 个,则其微观状态数就有 2^N 个,概率分布如图 3.6 所示,这样分子都在容器某一侧的镜头几乎看不到了,因为需要放映 $2^{6 \times 10^{23}}$ 张胶片才会出现分子聚集在容器左侧的那一张画面。如果按 1 秒钟放映 24 张胶片的普通电影放映速度,恐怕等上 200 亿年(10^{18} s)都不一定有机会看到,大部分时间可以看到的都是容器两侧分子数相同时的情形,这种宏观状态对应的微观状态数最大。

如果容器中的分子数目为 N 时,概率极大值出现在 $N/2$ 处,这种微观状态数最多的状态就是实际被观察到的系统宏观状态,称为平衡态。当然不可能总是绝对等于 $N/2$,常常会出现偏离,称为涨落。如果 N 很大这种涨落的影响是非常小的,只有系统包含的粒子数不是非常大时这种涨落才不能被忽略。

A:所有气体分子全部留在左侧容器

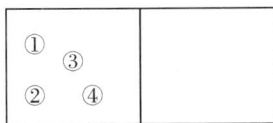

B:3 个气体分子在左侧容器,1 个气体分子在右侧容器

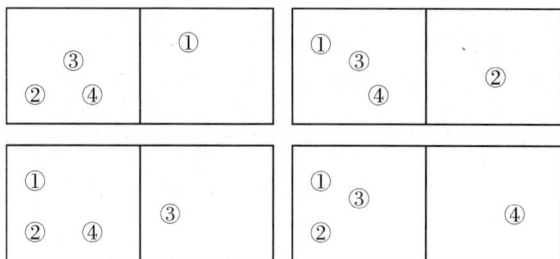

C:1/2 气体分子在左侧容器,1/2 气体分子在右侧容器

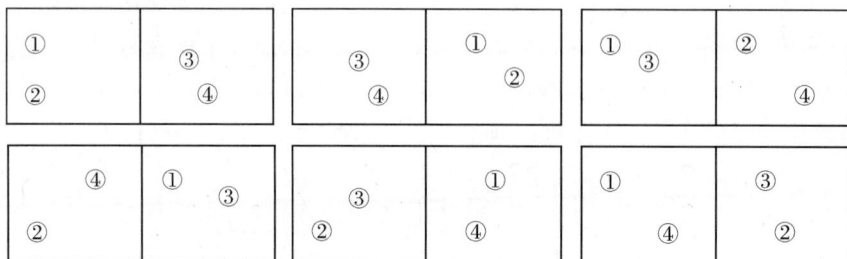

D:1 个气体分子在左侧容器,3 个气体分子在右侧容器

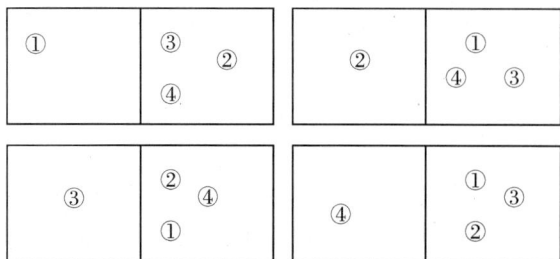

E:所有气体分子都跑到右侧容器

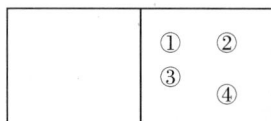

图 3.5　气体的自由膨胀

考查一下这种涨落的影响,当 N 很大,与均匀分布偏离一微小比例 δ,使某侧分子数为 $(1-\delta)N/2$,另一侧为 $(1+\delta)N/2$,数学上可以证明其状态概率为 $e^{-N\delta^2/2}\times 2^N$。如果 $N=10^{23}$,即使 δ 很小很小,设 $\delta=10^{-10}$,其发生概率约为 $N/2$ 均匀分布概率的 10^{-217},因此是微不足道的,几乎很难被实际观察到。这就是为什么尽管单个的微观过程是可逆的,而系统的宏观过程却表现出不可逆性,与外界没有物质和能量交换的孤立系统总是自发地从概率小的宏观状态向概率大的宏观状态转化。从非平衡态到平衡态、有序向无序转化是自然过程进行的方向。

图 3.6　微观状态的概率分布

热力学第二定律表明一切自然过程中大量微观粒子无序运动的变化规律总是向着无序性增大的方向进行,这也是不可逆性的微观本质。所以热力学第二定律是一条统计规律,它

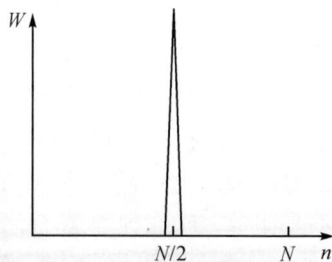

描述了概率事件。

从上面的例子可以看到,如果宏观状态的无序度按其所包含的微观状态数 W 来衡量的话这个数字实在是太大了,所以 1887 年,奥地利物理学家玻尔兹曼(L. Boltzmann,1844—1906)引入克劳修斯 1865 年提出的熵来量化表示系统无序性的大小,他把熵 S 与微观状态数的对数 $\ln W$ 等同起来 $S \propto \ln W$,这就意味着不可逆的热力学变化是趋向于概率增加的状态变化,而其终态是相应于最大概率的一个宏观态。1900 年普朗克引入了比例系数 k,得到了著名的玻尔兹曼关系式——玻尔兹曼熵公式:

$$S = k \ln W \qquad (3\text{-}1)$$

玻尔兹曼(Ludwig Boltzmann,1844—1906)

其中,W 表示与任一给定的宏观状态相对应的粒子分布的微观状态数,k 为玻尔兹曼常数,$k = 1.3806505 \times 10^{-23} \text{J/K}$。

玻尔兹曼熵公式所具有的丰富和重要的内涵、简洁与优美的表达可与牛顿运动定律 $F = ma$ 和爱因斯坦的质能关系式 $E = mc^2$ 相媲美,所以在维也纳玻尔兹曼的墓碑上,人们刻上了这个著名的公式 $S = k \log W$,以表示后人对这位物理学家的敬仰之情。

3.2.2 熵的提出

熵(entropy)这个重要概念是 1852 年德国物理学家克劳修斯(Rudolf Clausius,1822—1888)提出热力学第二定律的一种表述后,为了用数学式来表达第二定律,他假定物体所经历的变化构成了一个循环过程,即物体又回到了它的初始状态。如 δQ 是物体在循环过程中的一小段路途上所吸收的热量,T 是吸收这部分热量 δQ 时物体的绝对温度,如果将热量 δQ 用温度 T 去除,并把由此确立的微分式对整个循环过程积分,则有

$$\oint \frac{\delta Q}{T} \leqslant 0 \qquad (3\text{-}2)$$

克劳修斯(Rudolf Clausius,1822—1888)

式中,等号"="用于循环过程中一切转化都以可逆方式进行的情况,而当转化以不可逆方式进行时,则用小于号"<"。上式称为克劳修斯不等式,是热力学第二定律的一个推论。

设有一个微型可逆机 R 从一个恒为正温度的恒温热源 T_0 吸收热量 δQ_R,向外做功 δW_R,同时向另一温度为 T 的微型气缸活塞系统放出热量 δQ,该气缸活塞系统内的气体受热 δQ 后膨胀向外做功 δW,则整个系统完成的总功为

$$\delta W_T = \delta W_R + \delta W = (\delta Q_R - \delta Q) + (\delta Q - \mathrm{d}U) = \delta Q_R - \mathrm{d}U \qquad (3\text{-}3a)$$

对于可逆机 R 有 $\dfrac{T_0}{T} = \dfrac{\delta Q_R}{\delta Q}$,因此

$$\delta W_T = \frac{T_0}{T} \delta Q - \mathrm{d}U \qquad (3\text{-}3b)$$

让整个系统完成一个完整的封闭循环,则有 $\oint \mathrm{d}U = 0$,且上述系统是一个单一热源系统,根据热力学第二定律是不可能在循环中完成有用功的,因此必有 $\oint \delta W_T \leqslant 0$,所以

$$\oint \delta W_T = \oint \frac{T_0}{T} \delta Q = T_0 \oint \frac{\delta Q}{T} \leqslant 0 \qquad (3\text{-}3c)$$

因此得到式(3-2)的结果。我们用 S 来表示这个热量与温度的商,则对于一个任意系统发生的一个微小的可逆过程,有

$$dS \equiv \frac{\delta Q}{T} \qquad (3\text{-}4)$$

对于整个可逆过程有

$$S = S_0 + \int \frac{\delta Q}{T} \qquad (3\text{-}5)$$

式中,S_0 为 S 的初态值。

上式也可以表示为可逆过程的熵变公式——克劳修斯熵公式:

$$\Delta S = \int \frac{\delta Q}{T} \qquad (3\text{-}6)$$

1865 年克劳修斯将 S 命名为熵,采用字义为"转化"的希腊字(其德文同音字写成"Entropie",英文写成"Entropy"),同时与"能"的德文字"Energie"(英文"Energy")在字形上相近。熵兼顾了"能"和"转化"两种含义,能量是从正面量度运动转化的能力,能量越大运动转化的能力越大;熵则是从反面表示转化已完成的程度,即运动丧失转化能力的程度,即熵越大运动转化的能力越差。

中文"熵"的来历也有一段故事。1923 年,德国著名物理学家普朗克(M. Planck,1858—1947)来华讲学,我国著名学者胡刚复(1892—1966)先生担任翻译,由于 Entropy 的概念比较复杂,很难找到一个字义相同的字,因此干脆直接从公式 $\frac{\delta Q}{T} = dS$ 入手,熵为热量与温度之商,创造出了"熵"这个新汉字,较为形象地反映了"Entropy"的物理意义。

熵是一个客观存在的真实物理量,是描写系统的一个状态参数,与系统进行的热力过程的路径无关,这一点与体积 V、温度 T、压力 p、内能 u、焓 h 等参数是一样的。但熵不能直接测量得到,可以通过压力、温度等可测数据间接地计算出熵的实际改变量,也可以通过查阅如附录 B 中的工质物性表得到。

进一步的研究揭示和拓展了熵的内涵,如:

(1)熵是能量在空间分布均匀度的量度;

(2)熵表征系统内部粒子运动的混沌程度,是系统内部无序度的量度;

(3)熵是系统失去信息多少的量度;

(4)熵是状态的不确定程度的量度;

(5)熵是宏观状态出现的概率;

(6)熵是状态复杂程度、丰富程度的量度;

(7)熵是系统过程方向的判据……

熵不仅在物理、化学、生物等自然科学领域被广泛使用,而且在工程技术、经济和社会领域也获得较好的应用,成为少有的跨学科概念之一。不过比利时物理学家 1977年诺贝尔化学奖得主伊利亚·普利高津(I. Prigogine,1917—2003)1989 年在《熵是什么?》一书中还是认为:"熵

伊利亚·普利高津
(I. Prigogine,1917—2003)

是一个很奇怪的概念,不可能作一个完备的描述。"

例题 3-4: 1kg,0℃ 的冰,在 0℃ 时完全融化成水。已知冰在 0℃ 时的融化热 $r=334$ J/kg。试求冰在融化过程中的熵变,并计算从冰到水微观状态数增大了几倍?

解: 冰在 0℃ 时等温融化,相当于它和一个 0℃ 的恒温热源接触而进行可逆的吸热过程,所以有

$$\Delta S = \int \frac{\delta Q}{T} = \frac{Q}{T} = \frac{mr}{T} = \frac{1 \times 334}{273} = 1.22(\text{kJ/K})$$

由熵的微观定义

$$\Delta S = k \ln W_2 - k \ln W_1 = k \ln \frac{W_2}{W_1} = 2.3 k \lg \frac{W_2}{W_1}$$

所以

$$\frac{W_2}{W_1} = 10^{\frac{\Delta S}{2.3k}} = 10^{\frac{1.22}{2.3 \times 1.38 \times 10^{-26}}} = 10^{3.84 \times 10^{25}}$$

由此可见,从冰融化成水,微观状态数增大了无数倍。

例题 3-5: 1kg0℃ 的水与 100℃ 的热源接触,当水的温度到达 100℃ 时:

(1)水的熵变是多少?

(2)整个系统的熵变是多少?

(3)欲使整个系统的熵变为零,水应如何从 0℃ 变到 100℃?

解: 此过程是不可逆的,要计算水及整个系统的熵变,必须设想一个初态和终态分别与题中所设过程相同的可逆过程来计算。

(1)设想一可逆等压过程,水的熵变为

$$\Delta S_{水} = \int_{273}^{373} \frac{m c_{水} \, \mathrm{d}T}{T} = m c_{水} \ln \frac{373}{273}$$

将 $m=1\text{kg}$,$c_{水}=4.18\text{J/g}$,代入得 $\Delta S_{水}=1304.61\text{J/K}$

(2)热源的熵变为

$$\Delta S_{热源} = \frac{Q_{放}}{T} = -\frac{1000 \times 4.18 \times 100}{373} = -1120.64(\text{J/K})$$

因此整个系统的熵变为

$$\Delta S = \Delta S_{水} + \Delta S_{热源} = 184\text{J/K} > 0$$

(3)在 0℃ 与 100℃ 之间取彼此温度差为无限小的无限多个热源,让水依次与这些温度递增的无限多个热源相接触,由 0℃ 吸热升温到 100℃,这是一个可逆过程,故 $\Delta S=0$。

3.2.3 熵增原理

引入状态参数熵后,热力学第二定律的数学表达式为:

$$\Delta S = S_2 - S_1 \geqslant \int_1^2 \frac{\delta Q}{T} \tag{3-7a}$$

或

$$\mathrm{d}S \geqslant \frac{\delta Q}{T} \tag{3-7b}$$

其中,等号"="对应可逆过程,大于号">"对应不可逆过程。

上式的物理意义是:在一个没有外界作用的孤立系统中所进行的宏观过程,系统的熵值永远不会减少。熵在可逆过程中不变,在不可逆过程中增加。自然界中的实际过程都是不可逆过程,因此都属于使熵增加的过程。系统的熵越大越接近平衡态,系统达到平衡态时的

熵具有最大值,这称为"熵增原理",它与热力学第二定律的开尔文说法和克劳修斯说法等效,是第二定律的又一种表述。

按照热力学第一定律,一个系统在发生了任何一个实际的宏观过程之后,其能量的总值将保持不变;而按照热力学第二定律,其能量可资利用的程度随着不可逆过程导致的熵产而降低,即能量"退化"或"贬值"了,能量贬值的程度与熵的增加量成正比,即

$$W_l = T_0 \Delta S \tag{3-8}$$

其中,W_l 是耗散功,或被"贬值"的可用能,T_0 为环境温度,ΔS 为不可逆过程的熵增。

任意一个实际过程的熵变由系统与外界进行热量交换而引起的系统熵变和由于系统功的耗散引起的熵变两部分组成,或者说系统经历一个实际过程后的熵变是由系统边界上的热流引起的熵变(可正可负,称为熵流)和实际过程的不可逆性引起的熵变(永远为正,称为熵产)组成。

$$dS = \frac{\delta Q}{T} + \frac{\delta W_l}{T} = dS_f + \delta S_g \tag{3-9}$$

因此,只有可逆过程才能保证能量不发生退化,效率最高。在热源温度一定及吸收热量一定的条件下,只有可逆热机的效率最高,向外做功量最大,相应地可逆制冷机所需的功量最少。因此在生活和生产实践中我们应尽量避免不可逆过程的发生,以减少"可用能"的浪费,提高系统效率。

3.2.4 耗散结构

熵增原理指出了自然过程的不可逆性和方向性,回答了不可逆过程进行的方向和限度问题。从时间顺序看,可以由此判断时序的先后或历史演化的进程,因此英国天体物理学家爱丁顿(A. Eddington,1882—1944)在他的《物理世界的本质》一书中将熵比作"时间之矢"(the arrow of time)。

第二定律可以与英国生物学家达尔文(C. R. Darwin,1809—1882)提出的"生物进化论"相媲美。前者指出一个孤立系统朝着均匀化、无序化和简单、平衡的方向演化,即退化;而生物进化论则指出生物系统从无序到有序、从简单到复杂、从低级向高级的方向演化,即进化。这样就产生了自然界的方向性到底是退化还是进化的问题。

实际上退化和进化这两种情形我们每天都会遇到,例如,不小心划破的手指过几天伤口就会自动愈合,而不小心扎破的车胎无论等多久都不会自行复原,生命现象与无生命物质的现象之间竟然有如此大的差异,所以宗教徒就把这全部归功于上帝和造物主的神威。某些研究者则认为生命现象受到了超脱于热学普遍规律影响的特殊"生命原理"的控制。直到 1945 年,奥地利物理学家薛定谔(E. Schrodinger,1887—1961)出版了一本名为《生命是什么》的小册子,他认为生命系统并不是一种脱离热学普遍规律的特殊系统,就像植物进行光合作用、动物进行新陈代谢,生命系统也在不断地同外界进行着能量和质量的交换,它是一个开放系统。书中是这样写的:"一个生命有机体,在不断地增加着它的熵——或者说是在增加正熵——并趋于接近最大值的熵的危险状态,那就是死亡。要摆脱死亡、要活着的唯一的办法就是从环境里不断汲取负

薛定谔(E. Schrodinger,1887—1961)

熵,我们马上就会明白负熵是十分积极的东西,有机体就是赖负熵而生的。"

对自然界何以会走向有序的问题,20 世纪 60 年代以普利高津为代表的比利时布鲁塞尔学派创立了"耗散结构(dissipative structure)"理论,研究系统如何从混沌无序的初始态向稳定有序的组织结构演化,并试图对系统在发生变化的临界点附近的相变条件和行为加以描述。

所谓耗散,指系统与外界存在着能量的交换。普利高津认为,非平衡系统在与外界存在着物质与能量交换的情况下,系统内各要素存在复杂的非线性相干效应时可能产生自组织现象,并且把这种条件下生成的自组织有序态称之为耗散结构。一个典型的耗散结构的形成与维持需要具备下面三个基本条件:

(1)系统必须是开放的,孤立系统或闭式系统都不可能产生耗散结构;

(2)系统必须远离平衡态,在平衡态或近平衡态都不可能从一种有序走向另一更为高级的有序;

(3)系统中必须有某些非线性动力学过程,如正负反馈机制等。

一个远离热力学平衡的开放系统才有可能出现有序的结构。系统如果处于平衡态,熵达到极大值,无序程度最大,且不随时间而改变,不能朝着有序方向演化。而一个趋近平衡态的系统正在向平衡态演化,也不可能产生有序结构,而且在其趋近平衡的过程中,局部存在的某些有序结构也会遭到破坏。只有当系统在远离平衡态的情况下,不稳定的系统可能出现一种自组织现象,在达到稳定的过程中产生一种有序结构。

一个实际系统要想获得存在与发展,必须不断地从外界引入负熵,以抵消系统内正熵的增加,从而确保系统不断地走向更高层次的稳定有序结构。生命体就是耗散结构的一个实例,它是一个远离平衡态的开放系统,其自身在物质与能量的耗散中不断地从外界环境获取新的物质和能量,维持其有序性。

3.3 卡诺的贡献

3.3.1 卡诺定理

19 世纪中叶,蒸汽机的发明和应用引发了第一次工业革命,在很大程度上促进了科学的发展。蒸汽机是一种以蒸汽为工质、将热能转换为可供人们使用的动力强劲的动力装置,其热功转换基于图 3.7(a)所示的动力循环系统。根据热力学第二定律:将热能全部而且连续地转变为机械功是不可能的,因此循环效率达到 100% 的热机是不存在的,那么在温度一定的两个热源之间工作的热机的最高效率能达到多少呢? 什么样的循环才能达到这样的最高效率呢? 早在热力学第二定律正式提出前 20 多年,法国工程师萨迪·卡诺(N. L. Sadi Carnot, 1796—1832)就对此进行了深入的研究,创立了热机理论。

卡诺从巴黎工业学校毕业后参军任陆军少尉技师,退伍后一直从事有关蒸汽机效率的研究工作。1824 年 6 月 12 日他唯一的一本公开发表的著作《关于火的动力以及产生这种力的机器的研究》发表了，在这部著作中他提出了"卡诺热机"和"卡诺循环"的概念及"卡诺原理"（现称为"卡诺定理"）。在书中卡诺预言："蒸汽机极为重要，其用途将不断扩大，而且看来将来注定要给文明世界带来一场伟大的革命。"1831年，卡诺开始研究热机工质——气体和蒸汽的物理性质。1832年8月24日，在他36岁时不幸染上霍乱而病逝，因怕传染他的笔记基本上都被烧毁了。由于热力学第一定律和第二定律直到1850年左右才得到公认，所以1824年卡诺提出他的理论的时候利用了热质说来解释热功转化，他将热能和机械能的转化原理解释为就像水会自动从高处流向低处向外界做功一样，热从高温物体传到低温物体时也能向外界做功，其大小必依赖于

萨迪·卡诺（N. L. Sadi Carnot，1796—1832）

流过的热质和温度差。尽管有这些局限，他的巧妙计算还是被克劳修斯和麦克斯韦所采用，一直沿用至今。在目前仅存的一本卡诺后期研究的笔记中，人们发现1830年他已经抛弃了热质说，提出了能量守恒的完整思想和热功当量数据（他的数据是365kg·m/kcal）。

卡诺定理的具体叙述为：

定理一：不可能制造出在两个温度不同的热源间工作的热机，而使其效率超过在同样热源间工作的可逆热机。

定理二：在两个热源间工作的一切可逆热机具有相同的效率。

例题 3-5：证明：在两个热源间工作的一切可逆热机具有相同的效率。

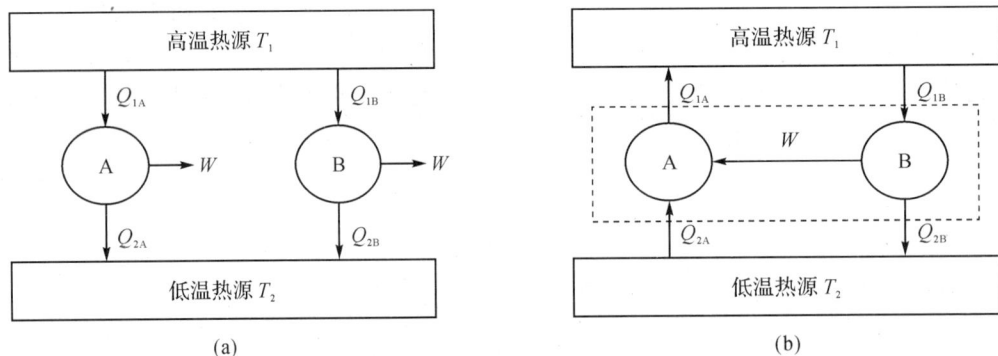

图 3.7 卡诺定律的证明

证明：设有 A、B 任意两台可逆热机（工质和可逆循环均任意），在同一高温热源 T_1 和低温热源 T_2 之间工作，如图 3.7(a)所示，调节两热机使它们在循环过程中对外的做功量相等，均为 W，A 可逆机的吸热量为 Q_{1A}、放热量为 Q_{2A}，B 可逆机的吸热量为 Q_{1B}、放热量为 Q_{2B}，两热机的效率分别为

$$\eta_{cA} = \frac{W}{Q_{1A}}, \quad \eta_{cB} = \frac{W}{Q_{1B}}$$

为了证明 $\eta_{cA} = \eta_{cB}$，采用反证法，若 $\eta_{cA} \neq \eta_{cB}$，则只可能有 $\eta_{cA} > \eta_{cB}$ 或 $\eta_{cA} < \eta_{cB}$ 两种情况会发生。

先设 $\eta_{cA} > \eta_{cB}$，则根据效率可知 $Q_{1A} < Q_{1B}$，现将 A 可逆热机倒转过来进行逆循环，它所需的功 W 正好由 B 热机提供，如图 3.7(b)所示，根据热力学第一定律 $Q_{2A} = Q_{1A} - W$，$Q_{2B} = Q_{1B} - W$，因此有 $(Q_{2A} - Q_{2B}) = (Q_{1A} - Q_{1B})$，将 A、B 两热机合成一体，发生了在没有任何外

界功输入的情况下,热量($Q_{2A}-Q_{2B}$)源源不断地自动从低温热源传到高温热源,这显然违背了热力学第二定律的克劳修斯表述,是不可能发生的,因此 $\eta_{cA} \ngtr \eta_{cB}$。

同理,可以证明 $\eta_{cA} \nless \eta_{cB}$。

于是只有 $\eta_{cA} = \eta_{cB}$ 成立,而且与工质无关,与可逆循环的种类无关。

例题 3-6:证明:不可能制造出在两个温度不同的热源间工作的热机,而使其效率超过在同样热源间工作的可逆热机。

证明:设有 A、B 两台热机,A 为可逆热机,B 为不可逆热机,在同一高温热源 T_1 和低温热源 T_2 之间工作,如图 3.7(a)所示。

为了证明 $\eta_{cA} > \eta_{cB}$,采用反证法,即若 $\eta_{cA} \ngtr \eta_{cB}$,则只有 $\eta_{cA} \leqslant \eta_{cB}$ 情况发生。现假设 $\eta_{cA} \leqslant \eta_{cB}$ 成立,将 A 可逆热机倒转进行逆循环,如图 3.7(b)所示,可以证明 $\eta_{cA} < \eta_{cB}$ 的情况会违背热力学第二定律,而 $\eta_{cA} = \eta_{cB}$ 违背了 B 为不可逆热机的假设,所以 $\eta_{cA} \leqslant \eta_{cB}$ 这种情况不会发生,唯一可能的只有 $\eta_{cA} > \eta_{cB}$ 成立。具体的证明过程同学们可以按各自的方式自行完成。

上述例子从理论上证明了卡诺定律,大量的工程实践也证实了卡诺定律的正确性,因此它也是热力学第二定律的另一种表达方式。任何一种将热能转化为机械能、电能或其他能量形式的装置,包括蒸汽轮机、燃气轮机、内燃机等热力循环机和温差电池等,都服从卡诺定律,都必须有热源和冷源,其热效率都不可能超过相应的卡诺循环。

3.3.2　卡诺循环

卡诺指出:在温度为 T_1 的恒温热源和另一个温度为 T_2 的恒温热源($T_1 > T_2$)之间工作的一切可逆热机的效率均为

$$\eta_{t,\max} = 1 - \frac{Q_2}{Q_1} = 1 - \frac{T_2}{T_1} = \eta_c \tag{3-10}$$

$\eta_{t,\max}$ 是在温度为 T_1 的热源和另一个温度为 T_2 的热源($T_1 > T_2$)之间工作的一切热机的最高效率,能够实现这个极限效率的循环是每一个过程都满足可逆要求的可逆循环,完成可逆循环的热机称为可逆热机。设想一可逆热机仅从某一温度的恒温热源吸热,也仅向另一温度的恒温热源放热,从而对外做功,传热温差无限小的等温吸、放热过程才能够满足可逆要求,而两根不同温度的等温线是永远不会相交的,必须增加能满足可逆条件的其他过程与两个等温过程一起共同构成一个封闭循环,等熵过程($\Delta S=0$)是最理想的选择,因此最简单的构成应是:这个可逆热机是由两个等温过程和两个绝热过程组成的可逆卡诺热机,由这四个可逆过程组成的循环称为"卡诺循环",其 p-v、T-s 图如图 3.8 所示。

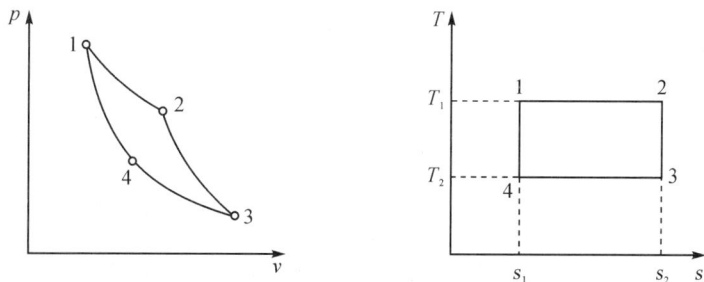

图 3.8　卡诺循环

卡诺循环是一个简单的理想可逆正循环,在 T_1、T_2 热源之间从 T_1 热源吸收相同的热量 Q_1 所做出的循环净做功量 W 最大,即具有最大的输出功。

卡诺循环的效率为

$$\eta_c = \frac{w}{q_1} = 1 - \frac{q_2}{q_1} = 1 - \frac{T_2 \Delta s_{12}}{T_1 \Delta s_{12}} = 1 - \frac{T_2}{T_1} \tag{3-11}$$

卡诺循环的组成如下:

1—2 为 T_1 下的等温吸热过程;

2—3 为绝热膨胀过程;

3—4 为 T_2 下的等温放热过程;

4—1 为绝热压缩过程。

卡诺循环的逆循环同样是理想的、经济性最好的制冷循环,在 T_1、T_2 两个热源之间从 T_2 热源取走相同的热量 Q_2 所需要的循环耗功量 W 最少,即需要最小的输入功。

卡诺制冷循环的制冷系数为

$$\varepsilon_c = \frac{q_2}{w} = \frac{q_2}{q_1 - q_2} = \frac{T_2}{T_1 - T_2} \tag{3-12}$$

卡诺逆循环的热泵循环同样是经济性最好的热泵循环,卡诺热泵循环的供暖系数为

$$\varepsilon'_c = \frac{q_1}{w} = \frac{q_1}{q_1 - q_2} = \frac{T_1}{T_1 - T_2} \tag{3-13}$$

卡诺逆循环的组成如下:

1—4 为绝热膨胀过程

4—3 为 T_2 下的等温吸热过程;

3—2 为绝热压缩过程;

2—1 为 T_1 下的等温放热过程。

例题 3-7:某热机从 $T_1 = 973K$ 的热源吸热 2000kJ/kg,向 $T_2 = 303K$ 的冷源放热 800kJ/kg,问:(1)此循环是可逆还是不可逆循环? (2)若将此热机作制冷机用,从 T_2 冷源吸热 800kJ/kg 时,是否可能向 T_1 的热源放热 2000kJ/kg?

解:(1)作热机时,

$$\eta_t = \frac{W}{Q_1} = \frac{Q_1 - Q_2}{Q_1} = \frac{2000 - 800}{2000} = 60\%$$

而

$$\eta_c = 1 - \frac{T_2}{T_1} = 1 - \frac{303}{973} = 68.86\% > \eta_t$$

所以该循环可以实现,为不可逆循环。

(2)作制冷机时,

$$\varepsilon_c = \frac{T_2}{T_1 - T_2} = \frac{303}{973 - 303} = 0.4522$$

$$q_1 = \frac{q_2}{\varepsilon_c} + q_2 = \frac{800}{0.4522} + 800 = 2569.13kJ/kg > 2000kJ/kg$$

按这种参数工作的循环是不能实现的,所放出的热量大于 2000kJ/kg,原因是该热机是一不可逆热机,正循环的效果不可能通过逆循环来消除。

例题 3-8:设工质在 $T_1 = 1000K$ 的热源和 $T_2 = 300K$ 的冷源间按动力循环工作,已知吸

热量为 100kJ,求热效率和循环净功。

(1)理想情况,无不可逆损失;

(2)吸热时工质实际温度 800K,放热时工质温度 400K,与热源都有温差。

解:(1)理想情况下,可逆循环的效率等于卡诺循环,所以热效率

$$\eta_c = 1 - \frac{T_2}{T_1} = 1 - \frac{300}{1000} = 70\%$$

最大循环净功 $\qquad W = \eta_c Q_1 = 0.7 \times 100\text{kJ} = 70\text{kJ}$

(2)由于实际工质温度与热源都有传热温差,为了方便计算,设想在热源和工质之间插入中间热源,如热阻板,使它与热源接触一侧的温度为 1000K,与工质接触的另一侧的温度为 800K,以此类推,将不可逆循环问题转化为工质与 $T_1 = 800$K、$T_2 = 400$K 的两个中间热源换热的可逆循环,因此其热效率

$$\eta_c = 1 - \frac{T_2}{T_1} = 1 - \frac{400}{800} = 50\%$$

净功 $\qquad W = \eta_c Q_1 = 0.5 \times 100\text{kJ} = 50\text{kJ}$

3.4 热寂说

3.4.1 "热寂说"的提出

1865 年,克劳修斯发表了《力学的热理论的主要方程之便于应用的形式》一文,指出根据热力学第一、第二定律,可以推出两个宇宙基本原理:"①宇宙的能量是恒定的;②最终整个宇宙的熵将趋于一个极大值。"1867 年,他在《关于热的动力理论的第二原理》一文中进一步明确提出:"在所有一切自然现象中,熵的总值永远只能增加,不能减小。因此对于任何时间、任何地点所进行的变化过程,我们得到如下的简单规律:宇宙的熵力图达到某一个最大的值。宇宙越接近于其熵为最大值的极限状态,它继续发生变化的可能性就越小;当它完全达到这个状态时,就不会再出现进一步的变化了。宇宙将处于一种热寂(heatdeath)的永恒状态。"

汤姆孙在《论自然界中机械能散失的一般趋势》一文中也认为"在自然界中占统治地位的趋向是能量转变为热而使温度趋于平衡,最终导致所有物体的工作能力减小到零,达到'热寂'状态"。这个理论被称为"热寂说",一时间成为一个热门话题。

英国诗人史文朋还写出了如下充满悲凉意味的诗歌来描绘宇宙末日:

"不论星星还是太阳

将不再升起,到处是一片黑暗;

没有溪流的潺潺声,

没有声音,没有景色。

既没有冬天的落叶,也没有春天的嫩芽;

没有白天,也没有劳动的欢乐,

在那永恒的黑夜里,

只有没有尽头的梦境。"

3.4.2　早期的批判

"热寂说"当时也受到了很多人的批判,但这些批判的说服力都不够强。

1872 年,奥地利物理学家玻尔兹曼提出"涨落说",热平衡并不总是一成不变的,随之共存的涨落现象使系统偏离热平衡状态。涨落在一般的系统中并不产生明显的效果,但宇宙浩瀚,局部地区可能产生巨大的涨落,使熵值非但不增加,而且可能减少,涨落现象是不遵从热力学第二定律的,这样宇宙就避免了"热寂"的结局。

恩格斯在《自然辩证法》一书中提到:运动的不灭性不能仅仅从数量上去把握,而必须从质量上去理解。放射到太空中去的热一定有可能通过某种途径转变为另一种运动形式,它能够在这种运动形式中重新集结和活动起来。而这一途径,将是以后自然科学的课题。

康德(Kant,1724—1804)在《宇宙发展史概论》中指出:"自然界既然能够从混沌变为秩序井然,系统整齐,那么在它由于各种运动衰减而重新陷入混沌之后,难道我们没有理由相信,自然界会从这个新的混沌中……把从前的结合更新一番吗?"

控制论创立者维纳(Wiener,1894—1964)认为"当宇宙一部分趋于寂灭时却存在着同宇宙的一般发展方向相反的局部小岛,这些小岛存在着组织增加的有限度的趋势。正是在这些小岛上,生命找到了安身之所,控制论这门新科学就是以这个观点为核心发展起来的"。

3.4.3　近代的研究

普利高津在 20 世纪 60 年代建立起耗散结构理论,他指出"非平衡是有序之源","令人惊讶的是,同样的过程在接近平衡时导致结构的破坏,而在远离平衡时却可能导致结构的出现。"

一个开放系统(不管是力学的、物理学的、化学的还是生物学的系统),当到达远离平衡态的非线性区时,一旦系统的某个参量变化达到一定的阈值,通过涨落,系统就可能发生突变,即非平衡相变,由原来无序的混乱状态转变为一种时间、空间或功能有序的新的状态。这种在远离平衡的非线性区形成的新的稳定的宏观有序结构,需要不断地与外界交换物质和能量才能维持,并保持一定的稳定性,不因外界微小的扰动而消失。系统这种自行产生的组织性和相干性,称为自组织现象,因此该理论又称为非平衡系统的自组织理论。远离平衡态的开放系统,可以出现自组织现象,可以从无序向有序方向演化。在系统与外界交换物质和能量的同时,也使物质和能量重新集结在结构之中,从而使系统活动起来。这样就避免了宇宙向"热寂"方向的演化。

1900 年,法国学者贝纳德(Benard)就发现了贝纳德花纹的奇异现象。一层液体,上、下表面各与一恒温的热源相接触。当下板的温度高于上板的温度时,液体中形成从下至上的温度梯度,从而有热量传递发生,热量从下部向上部传导。不断增大两板间的温度差,将系统越来越远地推离平衡态。当液体中的温度梯度达到某一定的阈值时,系统就由原来的热传导状态进入到热对流状态,即从原来无序的液体分子热运动状态进入了十分有组织的液体宏观流动状态。这种大规模的对流加快系统从下板向上板的热量输运,加速了能量的耗散。从上面观察就会发现液体内出现十分规则的六角形对流元胞,非常美丽,这是一种耗散结构——稳定有序的宏观结构,称为贝纳德花纹,如图 3.9 所示。

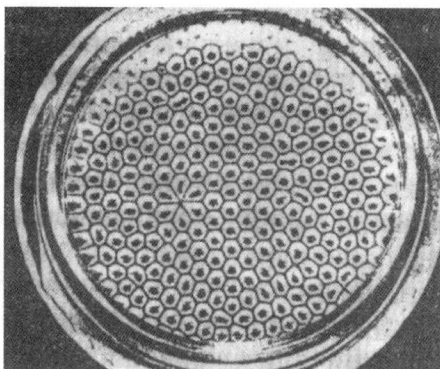

图 3.9　贝纳德花纹

　　激光器也是典型的在远离平衡时所形成的宏观有序结构,是一种耗散结构。如一个气体激光器,当输入给气体原子系统的能量低于某一临界阈值时,每个气体原子都彼此独立地发射光波,光波的振动方向、相位和频率都是随机分布的。当输入给系统的能量达到某一临界阈值时,各个活性原子发生同相位振荡,大家协调一致发射出单色性、方向性、相干性极好的激光。

　　1929 年,美国天文学家哈勃(E. P. Hubble,1889—1953)发现,距离地球越远的星系,其光谱的红移量也越大。这意味着越远的星系,其退行的速度就越大。因此提出了哈勃定律:星系光谱的红移(即星系退行速度)与星系距地球的距离成正比。哈勃定律说明宇宙在膨胀。1948 年,伽莫夫(G. Gamow,1904—1968)和他的同事一起提出了宇宙学的"大爆炸"理论,认为整个宇宙起源于 137 亿年前的一次大爆炸(Big bang),此后宇宙一直在膨胀,膨胀的结果会产生温差而失去热平衡。对于一个静态的宇宙,存在一个熵的极大值,但对于膨胀中的宇宙而言,这个极大值也在不断增大,宇宙实际的熵增速度远赶不上极大值的增大速度,两者差距的增大使它远离热平衡态。泽尔多维奇(Zeldovich)

爱德温·哈勃(Edwin P. Hubble,1889—1953)

也从理论上说明,天体形成是引力系统的自发过程,不仅它的熵要增加,而且不存在恒定不变的平衡态,即使系统达到了平衡态,由于不满足稳定性条件,稍有扰动就会偏离平衡态而逐步发展为非平衡态。在宇宙大尺度内,引力的作用不可忽略,即使宇宙起始于一个均匀、无结构状态,引力的相互作用也会逐渐演化出一个非均匀的结构化状态,如图 3.10 所示。

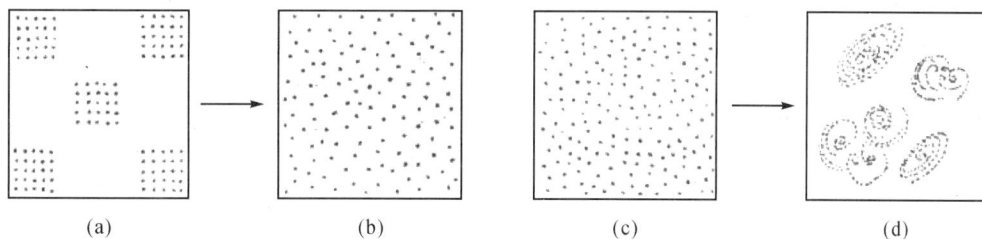

(a)　　　　　　(b)　　　　　　(c)　　　　　　(d)

图 3.10　引力的作用

(a)→(b):无引力作用演化方式,从非均匀结构变为均匀结构

(c)→(d):引力作用的演化方式,从均匀结构变为非均匀结构

思考题

3-1 如何判断一个过程是否"可逆"?

3-2 可逆过程是否一定是准平衡过程?准平衡过程是否一定是可逆过程?有人说:"凡是有热接触的物体,它们之间进行热交换的过程都是不可逆的。"这种说法对吗?

3-3 下列过程是否可逆?为什么?(1)恒温下加热,使水蒸发;(2)由外界做功,使水在恒温下蒸发;(3)通过活塞(活塞和壁面之间没有摩擦)缓慢压缩容器内的空气;(4)体积不变的情况下,加热容器内的空气,使其温度由 T_1 升到 T_2;(5)高速行驶的卡车突然刹车停下;(6)在绝热容器中使温度不同的两种液体混合。

3-4 瓶子里装了一些水,然后将其密闭起来。忽然表面上的一些水温度升高而蒸发成蒸汽,余下的水温变低,这件事是否可能?它是否违反了热力学第一定律和第二定律?

3-5 试设想一个过程,说明:如果功变热的不可逆性消失了,则理想气体自由膨胀的不可逆性也随之消失。

3-6 试根据热力学第二定律判别下列两种说法是否正确:(1)功可以全部转化为热,但热不能全部转化为功;(2)热量能从高温物体传到低温物体,但不能从低温物体传到高温物体。

3-7 有一可逆的卡诺机,用它作为热机使用时,如果工作的两热源温差越大,则对于做功越有利。当作制冷机使用时,如果两热源的温差越大,是否对于制冷机也越有利?为什么?

3-8 两个可逆机分别使用不同的热源作卡诺循环,在 p-V 图上它们的循环曲线所包围的面积相等,但形状不同,问:(1)它们吸热和放热的差是否相同?(2)对外所作净功是否相同?(3)效率是否相同?

3-9 将 1kg 的 0℃ 的冰投入大湖中,设大湖的温度比 0℃ 高出一个微小量,于是冰开始融解,问:(1)冰的熵如何变化?(2)大湖的熵如何变化?

3-10 有人说:"绝热过程中 $\delta Q = 0$,所以 $\mathrm{d}s = 0$。"这种说法是否正确?请扼要说明理由。

3-11 有人说:"连接相同初态和终态的两个绝热过程,其中一个是可逆的,另一个是不可逆的。"这种说法是否正确?请扼要说明理由。

3-12 有人说:"人们在地球上的日常活动中并没有消耗能量,而是不断地消耗负熵。"这句话对吗?

3-13 一杯热水置于空气中,它总会冷却到与周围环境相同的温度,在这一自然过程中,水的熵是减小了,这与熵增原理是否发生矛盾?

3-14 有人声称设计出一热机工作于两个温度恒定的热源之间,高温和低温热源分别为 400K 和 250K。当此热机从高温热源吸热 1.04×10^8J 时,对外做功 20kW·h,而向低温热源放出的热量恰为两者之差,这可能吗?

3-15 有两个卡诺机分别使用同一低温热库,但高温热库的温度不同。在 $p-V$ 图上,它们的循环曲线所包围的面积相等,它们对外所做的净功是否相同? 热循环效率是否相同?

3-16 一个卡诺机在两个温度一定的热库间工作时,如果工质体积膨胀得多些,它做的净功是否就多些? 它的效率是否就高些?

3-17 试说明:如果热力学第零定律不成立,则第二定律,特别是克劳修斯说法就不成立。由此可进一步推论:第零定律已经隐含在第二定律中了。

3-18 什么叫"热寂说"? 对于"热寂说",你的看法如何? 是否会发生?

习　　题

3-1 一卡诺机,高温热源的温度为 400K,在每一循环中在此温度下吸入 418J 的热量,向低温热源放出 334.4J 的热量。试求:(1)低温热源的温度是多少? (2)此循环的效率是多少? (答案:320K,20%)

3-2 设有卡诺热机,它的低温热源的温度为 280K,效率为 40%,若使此热机的效率提高到 50%,试问:(1)如低温热源的温度保持不变,高温热源的温度必须增加多少? (2)如高温热源的温度保持不变,低温热源的温度必须降低多少? (答案:93.3K, 46.6K)

3-3 一热机按某种循环工作,从 2000K 高温热源吸热 Q_1,向 300K 低温热源放出热量 Q_2,同时对外做功 W_0,试确定此热机在下列情况下是可逆的、不可逆的、还是不可能的?

(1)$Q_1 = 1100$ kJ,$W_{01} = 800$ kJ;

(2)$Q_1 = 2000$ kJ,$Q_2 = 300$ kJ;

(3)$W_{03} = 1400$ kJ,$Q_2 = 600$ kJ。

3-4 试用反证法从理想气体绝热自由膨胀的不可逆性推断出热力学第二定律的开尔文表述。

3-5 试用反证法从理想气体绝热自由膨胀的不可逆性论证热传导的不可逆性。

3-6 两台卡诺热机串联运行,即第一台卡诺热机的低温热源作为第二台卡诺热机的高温热源。试证明它们的效率 η_1 及 η_2 和这台联合机的总效率 η 有如下的关系:$\eta = \eta_1 + (1 - \eta_1)\eta_2$。再用卡诺热机效率的温度表达式证明这台联合热机的总效率和一台工作于最高温度与最低温度的热源之间的一台卡诺热机的效率相同。

3-7 有可能利用表层海水和深层海水的温差来制成热机。已知热带水域表层水温约 25℃,300m 深处水温约 5℃,(1)在这两个温度之间工作的卡诺热机的效率多大? (2)如果一电站在此最大理论效率下工作时,获得的机械功是 1MW,它将以何速率排出废热? (3)此电站获得的机械功和排出的废热均来自 25℃ 的水冷却到 5℃ 所放出的热量,问此电站将以何速率取用 25℃ 的表层水? (答案:6.7%,14MW,650t/h)

3-8 一卡诺机工作在 800℃ 和 20℃ 的两热源间。试求:

(1)卡诺机的热效率;

(2)若卡诺机每分钟从高温热源吸入 1000kJ 热量,卡诺机净输出功率为多少 kW?

(3)求每分钟向低温热源排出的热量。(答案:72.7％,12.1kW,273kJ/min)

3-9 两卡诺机 A、B 串联工作。热机 A 在 627℃ 下得到热量并对温度为 T 的热源放热。热机 B 从温度为 T 的热源吸收热机 A 排出的热量,并向 27℃ 的冷源放热。在下述情况下计算 T:

(1)两热机输出功相等;

(2)两热机效率相等。(答案:600K,519.6K)

3-10 卡诺循环工作于 500℃ 和 27℃ 之间,若该卡诺热机的功率为 10.2kW,求(1)卡诺热机的效率;(2)卡诺热机每秒钟从高温热源的吸热量;(3)卡诺热机每秒钟向低温热源的放热量。(答案:61.19％,16.67kW,6.47kW)

3-11 彼此不发生化学反应的两种气体,体积分别是 $V_1=5.0L$ 和 $V_2=3.0L$,温度都是 300K,压强都是 $p=1.0atm$,现将它们混合起来,求熵的改变是多少?(答案:1.79J/K)

3-12 有一循环装置在温度为 1000K 和 300K 的恒温热源间工作,该装置与高温热源交换的热量为 2000kJ,与外界交换的功量为 1200kJ,请用下列两种方法判别此装置是热机还是制冷机:(1)克劳修斯不等式;(2)熵增原理。

3-13 证明质量为 m、比热为常数 c 的物质,当温度从 T_1 变化到 T_2 时,它的熵变为 $\Delta s = mc\ln(T_1/T_2)$。问:在冷却时此物质的熵是否减少?如果减少的话,与熵增原理是否发生矛盾?为什么?

3-14 试证明理想气体自 A 点到 C 点,分别沿 ABC 路径和沿 ADC 路径进行时,两条路径所得的熵变是相等的。

3-15 你一天大约向周围环境散发 8MJ 的热量,试估计你一天产生多少熵?忽略你进食时带进体内的熵,环境温度按 273K 计算。(答案:29.3kJ/K)

3-16 求在大气压下 30g,−40℃ 的冰变为 100℃ 的水蒸气时的熵变。已知冰的比热 $c_1=2.1J/(g\cdot K)$,水的比热 $c_2=4.2J/(g\cdot K)$,在一个大气压下冰的融化热 334J/g,水的汽化热 2260J/g。(答案:268J/K)

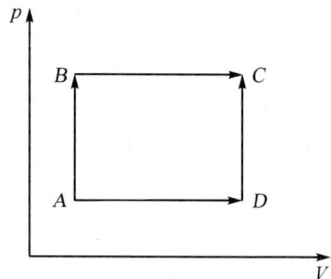

习题 3-14

3-17 云南鲁甸县大标水岩瀑布的落差为 65m,流量约为 $23m^3/s$,设气温为 20℃,求此瀑布每秒钟产生多少熵?(答案:50kJ/K)

3-18 一汽车匀速行驶时,消耗在各种摩擦上的功率是 20kW。求由于这个原因而产生熵的速率(单位:J/(K·s))是多大?设气温为 12℃。(答案:70 J/(K·s))

3-19 冬天,一座房子的散热速率是 200MJ/h,设室内温度是 20℃,室外温度是 −20℃,这一散热过程产生熵的速率(单位:J/(K·s))是多大?(答案:30 J/(K·s))

3-20 将 2kg 温度为 300℃ 的铅投入盛有 4kg 温度为 15℃ 的水的绝热容器中,试求达到平衡温度时系统熵的变化。已知铅和水的比热分别为 0.13kJ/(kg·K) 和 4.1868 kJ/(kg·K)。(答案:76J/K)

第四章 热力系统的状态和方程

在我们之外有一个巨大的世界,它离开我们人类而独立存在,它在我们面前就像一个伟大而永恒的谜,然而至少部分地是我们的观察和思维所能及的。对这个世界的凝视深思,就像得到解放一样吸引着我们,而且我不久就注意到许多我所尊敬和钦佩的人,在专心从事这项事业中,找到了内心的自由和安宁。

——《爱因斯坦文集》

科学是人与自然的一种对话,这种对话的结果不可预知。在20世纪初,谁能想象到不稳定粒子、膨胀宇宙、自组织和耗散结构? 但是,是什么使得这种对话成为可能?

——伊利亚·普利高津《确定性的终结》

4.1 热力系统的状态

4.1.1 热力系统

要分析一个热学问题,首先需要了解和确定研究分析的对象,这就是确定系统。所谓系统是人为划定的一定范围内的研究对象,或者边界内所要研究的物体的总和。系统边界以外的部分称为外界或环境。系统与外界之间的边界可以是真实的,如某个固定的边界或者移动的边界,也可以是人为划定的一个假想界面。如图4.1中虚线所框定的区域就表示是一个系统。

按照系统与外界的关系,系统可以分为闭口系统、开口系统、绝热系统和孤立系统四种。

如图4.1a中所示为一个闭口系统,它与外界没有物质交换,但可以通过边界与外界发生能量交换。由于闭口系统内物质的质量不会发生变化,所以又称为"控制质量系统"。

图4.1b中所示为一个开口系统,它通过进出口可以与外界有物质交换,也可以通过边界与外界发生能量交换。由于开口系统的容积不变,所以又称为"控制容积系统"。

如果系统不能通过边界与外界发生热量交换,这种系统称为绝热系统。例如在其系统边界上铺设了保温材料,且保温性能非常理想,使系统内部与外界没有一点热量交换。

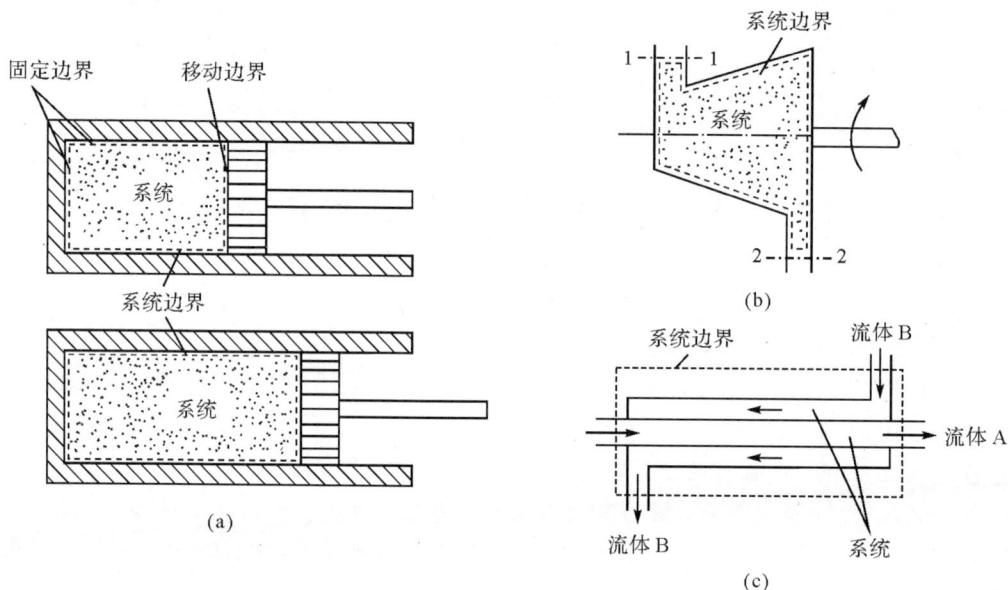

图 4.1　热力系统

如果系统与外界既没有质量交换、也没有能量交换,这种系统称为孤立系统。

按照内部工质状况,系统又可分为可压缩系统(由可压缩流体构成的系统)、单元系(只包含单一化学成分物质的系统)、多元系(包含有两种以上物质的系统)、均匀系(各部分具有相同的性质,如单相系)、非均匀系(各部分具有不同的性质,如复相系)等。

如果由可压缩流体构成的可压缩系统与外界只有准静容积变化功(即膨胀功或压缩功)的交换称为简单可压缩系统。热学中讨论的大部分系统都是简单可压缩系统。

在热学中,还有一种特殊的系统被称为热源,热源是与热学研究对象交换热量而不引起自身温度变化的物质系统的统称,热源分为高温热源、低温热源、恒温热源、变温热源等,其中最常见的是高温热源和低温热源。所谓高温热源是指某种具有无限大热容量的系统,它从外界放出有限的热量时其自身的温度维持不变。低温热源则是指某种具有无限大热容量的系统,它对外吸入有限的热量时其自身的温度也维持不变。

在热学研究中,对于同一装置,当划分的系统不同时,系统与外界交换的能量形式是不同的,因此最后所得结论也是不同的。

例题 4-1:用电加热器加热绝热容器内的工质,装置如下图所示,问:当采用不同的系统划分时,系统与外界交换能量的形式是怎样的?

(1)采用容器内工质为系统;

(2)采用整个容器(工质+电加热器)为系统;

(3)采用容器和电加热器电源在内的物体为系统。

答:画出相应的系统,如图中(a)(b)(c)所示。对于不同的系统划分,分析如下:

(1)如图中(a)所示,采用容器内工质为系统:工质受电加热器加热时得到热量,因此系统与外界交换的能量形式是热量;

(2)如图中(b)所示,采用整个容器(工质+电加热器)为系统:工质和电加热器均在系统内,工质虽然受到电加热器加热,但这一热量交换发生在系统内,没有穿过边界,且容器绝

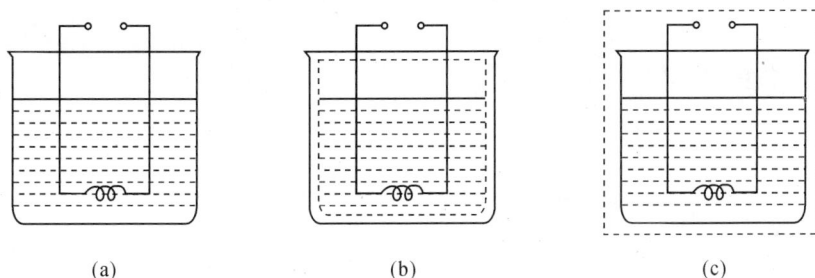

例题 4-1　系统不同的划分

热,与外界无热交换,因此系统与外界不存在热量交换。然而,此时电加热器工作需要输入电能,部分输电线路在系统之外,因此此时系统与外界交换的能量形式是电能(电功)。

(3)如图中(c)所示,采用容器和电加热器电源在内的物体为系统:系统与外界无热量交换,由于电源及输电线路均在系统内,电能并未穿越边界,所以系统与外界无功量(电能)的交换。这样,系统与外界无任何形式的能量交换。

4.1.2　系统的状态

所谓热力系统的状态是指系统在某一瞬间所呈现的宏观物理状况。在热学中,一般设备中的流体工质与边界或相邻设备系统发生物质和能量的交换,在这种交换过程中必然会出现状态和状态参数的改变,所以通常首先取设备中的流体工质作为研究对象,因此这时的状态就是工质所呈现的物理状况。

系统与环境或周围系统发生质量和能量交换时一般都伴随着状态的改变,呈现出不同的状态,为便于分析和计算,我们需要对各种状态进行量化描述,对于内部宏观参数不断变化着的状态是很难加以精确描述的,所以在描述状态时平衡态显得十分必要。

所谓平衡态是指在没有外界影响的条件下系统的各部分在长时间内不发生任何变化的状态。处于平衡态的系统中温度、压力等参数处处相等,均匀一致。反之,如果一个系统所处的状态在没有外界影响的条件下也会发生变化,这种状态称为非平衡态。没有外界影响是指系统与外界之间没有相互作用——既无物质交换,也无能量交换,即系统是孤立系。

系统达到平衡态的前提条件是系统内部或系统与外界之间的能够引起状态改变的各种不平衡势都不存在,系统内没有任何宏观变化或表征这种变化的参数改变。

平衡态是一个理想化的概念。首先,平衡态下系统的宏观性质不随时间改变,从微观上看组成系统的微观粒子进行着瞬息万变的热运动,其相应微观量的统计平均值保持不变,所以只是一种动态平衡;其次,实际问题中并不存在完全的孤立系,如果影响系统状态改变的外界条件变化速率相对于系统从非平衡达到平衡态的速率足够小的话,可以将实际状态近似看作为平衡态。如一般气缸中活塞运动速率是每秒几米,而气缸中气体压强趋于平衡态值的速率约为每秒几百米,因此可以近似地认为在活塞运动的每一瞬间气缸内的状态都处于平衡态。

热学系统的平衡态包含三种类型的平衡:力平衡、热平衡和化学平衡,如图 4.2(a)所示。任何一种平衡的破坏都可能使系统处于非平衡态。力平衡指系统内没有不平衡力存在;热平衡要求系统各部分的冷热程度(温度)相等;化学平衡要求系统内没有促使内部结构改变的趋势,包括相平衡、浓度平衡和化学反应平衡。

61

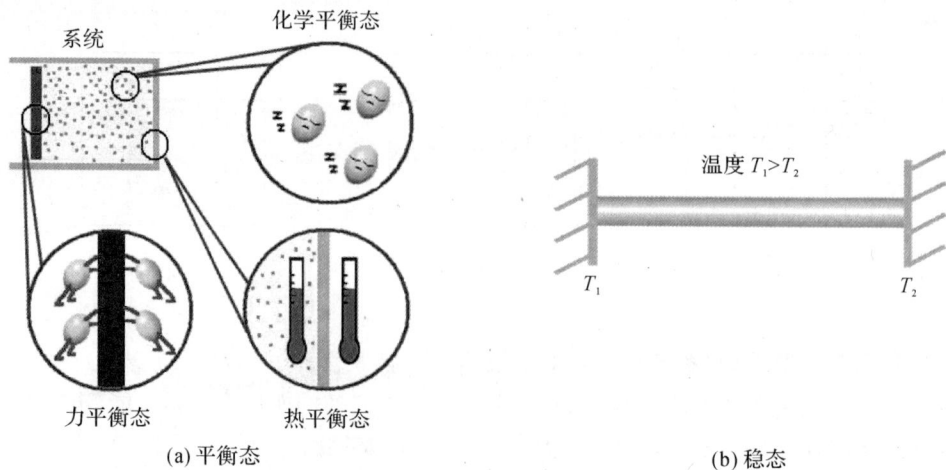

图 4.2 热学系统的平衡态和稳态示意图

还有一种状态称为稳态(又称定常态),如图 4.2(b)所示,与平衡态不同,它是系统各处的宏观状态均不随时间而变化的状态,它是一种非平衡态,存在着稳定的热流或粒子流,如一端被恒定加热的一根金属棒,其余部分置于稳定的空气中,沿着这根金属棒的长度方向,该系统温度是处处不同的,但通过这根金属棒传递出来的热流却是一定的,各个部位的温度也不变。与稳态相反的就是非稳态,它是系统各处的宏观状态随时间而变化的状态。

当然,在自然界中,平衡是相对的、局部的和暂时的;不平衡才是绝对的、普遍的和长久的。平衡态是最基本和最简单的情形,易于我们了解、把握和分析,而非平衡态的复杂性常常会扰乱人们的视线、阻碍我们的认识。所以我们在这里主要着眼于平衡态和接近平衡态的非平衡过程。

4.1.3 状态参数

描述系统平衡态的物理量称为状态参数,在热学系统中常用的有体积 V、压力 p、温度 T,以及内能 U、焓 H 和熵 S 等。处于平衡态的系统的状态参数具有确定的值,而非平衡态系统的状态参数是不确定的。

常用的状态参数中,压力 p、比体积 v 和温度 T 可以被直接测量得到,称为基本状态参数,其他状态参数可以根据和这些基本状态参数之间的关系间接地导出。

(1)温度 T:物体冷热程度的标志。从微观意义上讲,温度是分子平均平动动能的标志。分子运动得越激烈,温度越高。温度相同,平均平动动能相同。温度概念的建立和温度的测量以热力学第零定律为依据。温度采用温度计测量(如图 4.3 所示),温度的数值表示称为温标,常用的有热力学温标 $T(\text{K})$(国标温标)、华氏温标 $T(°\text{F})$ 和摄氏温标 $t(°\text{C})$ 等。

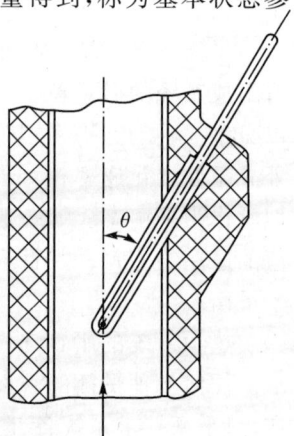

热力学温标(Thermodynamic temperature scale)$T(\text{K})$ 是由开尔文勋爵(即 W·Thomson,1824—1907)1848 年创立的一种不依赖任何实际测温介质的绝对温标,根据卡诺循环的热量作为测

图 4.3 气流温度的测量

定温度的工具,即热量起到了测温介质的作用,因此开氏温标被称为热力学温标。热力学温标因摆脱了测温介质物性的影响而成为量度物体温度的一种共同的标准。

热力学温标采用水的汽、液、固三相平衡共存的状态点——三相点为基准点,规定它的温度为 273.16K,其单位为"开尔文",单位符号为 K。1K 等于水的三相点热力学温度的 1/273.16,1 个标准大气压下水的冰点和汽点分别定为 273.15K 和 373.15K。

摄氏温标(Celsius temperature scale)t(℃)是摄尔西乌斯(A. Celsius)在 1742 年首先提出的一种经验温标,将 1 个标准大气压下水的冰点和汽点分别定为 0℃ 和 100℃,其间分为 100 分度,其单位为"摄氏度",单位符号为℃。我国等一些国家在日常生活和工作中仍习惯采用摄氏温标。摄氏温标 t(℃)和热力学温标 T(K)之间的换算公式:

汤姆逊(W. Thomson, Lord Kelvin, 1824—1907)

$$t(℃) = T(K) - 273.15 \tag{4-1}$$

华氏温标(Fahrenheit temperature scale)T(℉)是德国物理学家华伦海脱(D. G. Fahrenheit, 1686—1736)在 1714 年制定的一种经验温标。最初华伦海脱选用 NH_4Cl(氯化铵)和水的混合物的温度为 0℉,而以人(他妻子)的体温为 96℉,后来更科学化地采用将 1 个标准大气压下水的冰点和汽点分别定为 32℉ 和 212℉,其间等份了 180 分度,其单位为"华氏度",单位符号为℉。欧美等一些国家至今日常生活中仍习惯使用华氏温标。华氏温标和摄氏温标的换算公式:

$$T(℉) = 1.8t(℃) + 32 \tag{4-2}$$

(2)压力 p:单位面积上所受到的垂直作用力,又称为压强。从微观意义上讲,气体的压力是气体分子运动撞击容器壁面而在容器壁面上所呈现的平均作用力。若总力 F 垂直作用于面积 A 上,则其压力 p 为

$$p = \frac{F}{A} \tag{4-3}$$

国际单位制中压力的单位是帕(Pa),$1Pa = 1N/m^2$。

由于帕(Pa)的单位过小,工程上常用千帕(kPa)或兆帕(MPa),$1kPa = 10^3 Pa$,$1MPa = 10^6 Pa$。工程计算中还采用巴(bar)作为单位,$1bar = 10^5 Pa = 0.1MPa$。

物理学中规定,压力为 1 标准大气压(1atm)、温度为 0℃ 的状况为标准状况,把纬度 45° 的海平面上的常年平均气压定作标准大气压。1 个标准大气压在气压计上的水银柱高度为 760mmHg,相当于 0.1013MPa,$1mmHg = 133.3Pa$。

系统内工质的实际真实压力称为绝对压力,以 p 表示;而压力测量仪表(如图 4.4 所示),如压力表和真空表,测到的压力是相对压力,或者说是系统内外的压差值,以表压力 p_e 或真空度 p_v 表示;系统外部压力以 p_b 表示,通常系统外都是大气,所以 p_b 一般为大气压。

当 $p > p_b$ 时,系统内部压力大于外部压力,采用压力表测压,真实压力 $p = p_e + p_b$;

当 $p < p_b$ 时,系统内部压力小于外部压力,采用真空表测压,真实压力 $p = p_b - p_v$。

(3)比体积(比容)v:单位质量物质所占的体积,单位为立方米每千克(m^3/kg)。从微观意义上讲,比体积和密度是描述物质内微观粒子聚集疏密程度的物理量。

$$v = \frac{V}{m} \tag{4-4}$$

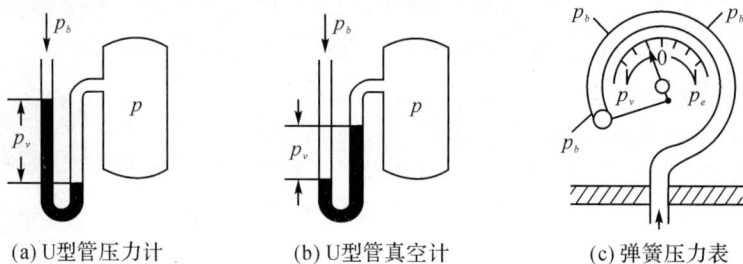

(a)U型管压力计　　　　　(b)U型管真空计　　　　　(c)弹簧压力表

图 4.4　典型压力测量仪表示例

密度:单位容积内所含物质的质量,单位为千克每立方米(kg/m³)。

$$\rho = \frac{m}{V} \tag{4-5}$$

比体积和密度的关系:$\rho = \dfrac{1}{v}$

对于任何系统,状态参数都可以分成尺度量和强度量两大类:

(1)尺度量:与系统中所含物质的数量如体积或质量有关的物理量,具有可加性,即总量等于各部分分量之和。例如:体积 $V = \sum_i V_i$,质量 $m = \sum_i m_i$ 等。

(2)强度量:与系统中所含物质的数量无关,在系统中任一点具有确定数值的物理量,不具有可加性。例如压力 p 和温度 T。对于整个系统来说,在平衡态下才具有确定的数值,在非平衡状态就没有确定的数值。有些强度量可以由尺度量转化得到,例如比体积 $v = \dfrac{\Delta V}{\Delta m}$,它是一个强度量,所以尺度量对质量或体积的微商具有强度量的性质。

对于平衡态下的状态参数,具有以下特性:

(1)状态参数是状态的单值函数。

(2)状态参数的变化量等于初、终状态下该状态参数的差值,而与过程如何进行无关,即

$$\int_1^2 \mathrm{d}x = x_2 - x_1 \tag{4-6}$$

(3)经历一封闭的状态变化过程,其状态参数的变化为零,即

$$\oint \mathrm{d}x = 0 \tag{4-7}$$

(4)状态函数的微分是全微分。

例题 4-2:如图所示是一个刚性容器,置于压力为 p_b 的环境中,容器被一个刚性壁分成 Ⅰ、Ⅱ 两部分,在容器的不同部位分别安装了 A、B、C 三个压力表,分别可以读到 p_A、p_B、p_C 三个读数,请问:

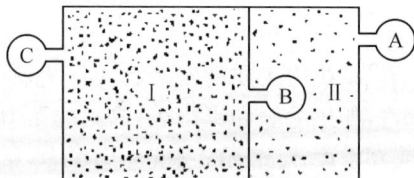

例题 4-2

(1)这时 Ⅰ、Ⅱ 两部分内工质的绝对压力是多少?

(2)p_A、p_B、p_C 之间的关系如何?

(3)若 A、B、C 三个是真空表,则 Ⅰ、Ⅱ 两部分内工质的绝对压力又是多少?

解:(1)Ⅰ、Ⅱ 两部分内工质的相对压力(表压)可以分别由压力表 C 和 A 读出,加上环境压力即为绝对压力,所以有

$$p_I = p_C + p_b \quad 和 \quad p_{II} = p_A + p_b$$

(2)利用中间压力表 B,可以列出方程 $p_I=p_B+p_{II}$,将上述三个方程合并,可得三者的关系为

$$p_C=p_A+p_B$$

(3)若 A、B、C 三个是真空表,则 Ⅰ、Ⅱ 两部分内工质的相对压力(真空度)可以分别由真空表 C 和 A 读出,环境压力减去真空度即为绝对压力,所以有

$$p_I=p_b-p_C \quad 和 \quad p_{II}=p_b-p_A$$

4.1.4 状态方程

系统的各个状态参数分别从不同角度描述系统的某一宏观特性,这些参数并不是相互独立的,它们之间的关系可以用状态方程来表示。由于决定系统平衡态的独立变量的数目应等于系统与外界交换能量的各种方式的总数,而系统与外界交换能量的方式除了各种形式的功以外还有热量交换,因此状态公理指出:对于组成一定的、闭系的、给定平衡态而言,可用 $n+1$ 个独立的状态参数来限定它。这里 n 是系统可能出现的准静功形式的数目,1 是考虑系统与外界的热量交换。如决定简单可压缩系统平衡状态的独立状态参数只有 $n+1=1+1=2$ 个。

对于纯物质(指组成同一、化学结构处处一致的物质)构成的简单热力系统,其独立的状态参数只有两个,$p=p(v,T)$,$v=v(p,T)$,$T=T(p,v)$,反映了物质基本状态参数 p、v、T 之间的函数关系,或者也可以写成 $f(p,v,T)=0$。

对于上述函数关系也可以用状态参数坐标图来表示,如 p-v 图,T-p 图等,如图 4.5 所示。只有平衡态才能在状态坐标图上用点表示出来,不平衡状态由于没有确定的状态参数,就无法在图上表示。

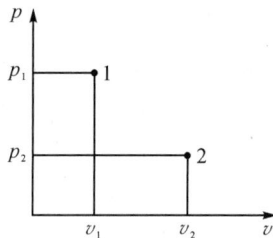

图 4.5 p-v 图

4.2 什么是理想气体

4.2.1 理想气体和实际气体

工质通常呈现为气、液、固三种状态,称为三相。由于热能和机械能之间的相互转换大多是通过物质的宏观体积变化来实现的,在三相中只有气态工质可以迅速有效地实现体积的变化,因此在热力系统中所指的工质大多是指气体工质,如空气、水蒸气、氮气、烟气(燃料燃烧生成的气体)等,这些气体统称为实际气体。

实际气体具有以下一些性质:

(1)气体是由大量分子组成的,气体分子的直径约为 10^{-10} m;

(2)标准状态下,$1m^3$ 的气体约有 10^{25} 个分子,1mol 气体有 6.023×10^{23} 个分子;

(3)标准状态下,气体分子间的平均距离约为 10^{-9} m;

(4)分子在不停地作热运动,在常温常压下每秒发生几亿次碰撞;

(5)分子之间有作用力,当分子间距离较小时为斥力,分子间距离较大时为引力;

(6)分子之间有间隙。如 50ml 水与 50ml 酒精混合,混合液的体积为 97ml,而不是 100ml。再如:在 2 万个大气压下油会从钢瓶壁渗出,说明分子之间有间隙。

由于气体的种类繁多,其组成的分子和分子间相互作用力在性质、种类和大小等方面有很大的差异,因此其热力性质的研究十分复杂。工程研究和应用中为方便起见将一些能够满足理想气体模型的气体统归为理想气体。

理想气体的状态方程具有最简单的一种表达形式,按理想气体性质来计算气体工质的热力性质,在通常应用范围内其误差在工程允许范围之内,有足够的精确度,而且理想气体性质反映了一般气体工质的基本特性,实际气体的更精确的表达式可以通过引入各种修正从理想气体的基础上导出,所以尽管从严格精确的角度看,理想气体性质不能很精确地表达实际气体的性质,尤其是高压下气体的热力性质,但在工程上还是具有很重要的使用价值和理论意义的。

4.2.2 理想气体模型

理想气体的微观模型假设:

(1)理想气体分子像一个个极小的彼此间无相互作用的弹性质点。

(2)气体分子本身的线度比起分子间的平均距离来说,小得多,可以忽略不计;

(3)气体分子间和气体分子与容器壁分子间除了碰撞的瞬间外,不存在相互作用;

(4)分子在不停地运动着,分子之间及分子与容器壁之间频繁发生碰撞,这些碰撞都是完全的弹性碰撞;

(5)每个分子都遵从经典力学规律。

理想气体宏观模型:

玻意耳定律:一定质量的气体在温度不变的情况下满足 $pV=const$。在各种压强下都严格遵守玻意耳定律的气体称为理想气体,这是实际气体在压强趋于零时的极限情况。

查理和盖·吕萨克等人分别进一步研究发现一定质量的气体在体积不变的情况下压强 p 随温度 T 呈线性变化,或气体的压强和体积随温度的升高而增大,即 $pV \propto T$。所以对于一定质量的同种理想气体有

$$\frac{p_1 V_1}{T_1} = \frac{p_2 V_2}{T_2} = \cdots = \frac{p_0 V_0}{T_0} \tag{4-8}$$

其中,p_0,T_0,V_0 为标准状态下的压力、温度和体积。在标准状态下,$p_0 = 1.013 \times 10^5 \text{Pa}$、$T_0 = 273.15 \text{K}$。

上述定律反映出作为理想气体必须遵循的四个法则:

第一条法则:当一个封闭容器中的分子数量增多时,压力会上升;

第二条法则:当一个封闭容器中的分子数量下降一半,压力也会下降一半;

第三条法则:缓慢增加容器的容积,会使气压下降;

第四条法则:如果要保持同样的压力,温度的变化必须与容积的变化相匹配。

由此可以知道 pV/T 应是气体质量的函数,即 $pV/T = f(m)$ 或 $pV/T = f(n_m)$,这里 m (kg)是气体质量、n_m(mol)是气体的摩尔数,$n_m = m/M$,M(kg/mol)为气体的摩尔质量。

若引入比体积 $v=V/m$，则 pv/T 应该等于多少呢？

例题 4-3：在一个气缸中，气体的容积为 $1\times10^{-3}\,\mathrm{m^3}$，压力为 $0.5\mathrm{MPa}$，气体进行了可逆等温膨胀过程后容积增大 1 倍，问膨胀后的压力是多少？

解：气缸内的气体可以视为一个封闭系统，其中气体的质量保持不变，因此对于等温可逆膨胀过程，有 $pV=$ 常数，又已知 $V_2=2V_1$，所以有

$$p_2=\frac{p_1V_1}{V_2}=\frac{0.5\times10^6\times1}{2}\mathrm{Pa}=0.25\mathrm{MPa}$$

例题 4-4：在一次实验中，当压强为 $8.0\times10^4\,\mathrm{Pa}$、温度为 27℃ 时收集到 1L 的氧气，问在标准状态下这些氧气占有多大的体积？

解：若将氧气作为理想气体处理，则因

$p_1=8.0\times10^4\,\mathrm{Pa}$，$T_1=300.15\mathrm{K}$，$V_1=1\mathrm{L}=10^{-3}\,\mathrm{m^3}$

$p_2=1\mathrm{atm}=1.013\times10^5\,\mathrm{Pa}$，$T_2=273.15\mathrm{K}$

所以有

$$V_2=\frac{p_1V_1}{T_1}\times\frac{T_2}{p_2}=\frac{8.0\times10^4\times10^{-3}}{300.15}\times\frac{273.15}{1.013\times10^5}\mathrm{m^3}=7.19\times10^{-4}\,\mathrm{m^3}=0.719\mathrm{L}$$

4.2.3 理想气体状态方程

理想气体处于热平衡态时，各状态参量之间必须遵循克拉贝龙状态方程——理想气体状态方程：

$$pV=m\frac{R}{M}T=mR_gT=n_mRT \tag{4-9}$$

或

$$\frac{pv}{T}=\frac{R}{M}=R_g \tag{4-10}$$

其中 R 是普适气体常数，是描述 1mol 气体行为的普适常数；R_g 是 1kg 某种气体的气体常数。$R=pV/(n_mT)=1.013\times10^5\times22.4\times10^{-3}/273.15=8.31\mathrm{J/(mol\cdot K)}$；$R_g=R/M$。$M(\mathrm{kg/kmol})$ 为气体的摩尔质量。

$V(\mathrm{m^3})$ 是气体体积，理想气体的分子大小忽略不计，分子活动的空间体积就是容器的体积；$v(\mathrm{m^3/kg})$ 是 1kg 气体的体积，又称比体积。

一般情况下，即压力不是太高、温度不是太低时，对于工程上一些常见的气体，如空气、氮气、氧气、氢气、氦气、一氧化碳、二氧化碳等都可以作为理想气体处理。例如空气压力不超过 20Mpa 时，只要温度不低于 -20℃，用理想气体状态方程计算的误差一般不会超过 4%。但是水蒸气在一般情况下就不能视为理想气体，只有当它的 $\dfrac{pv}{R_gT}\rightarrow1$ 时，被加热到远远超过它的液化温度（高过热状态）时才可以作为理想气体处理。

理想气体状态方程的变形式是

$$p=nkT \tag{4-11}$$

其中，k 是一个微观粒子行为的普适常数，由奥地利科学家玻尔兹曼（Boltzmann，1844—1906）引入，称为玻尔兹曼常数，$k=8.31/(6.02\times10^{23})=1.38\times10^{-23}\mathrm{J/K}$，$k$ 的出现表征该系统与热学有关；n 为单位体积内的分子数，称为分子数密度。

上式将宏观量压力 p 和温度 T 与微观量分子数密度 n 相联系,打通了宏观研究结果与微观研究结果之间的壁垒。

相应地,从微观角度看,压力 p 和温度 T 都是对大量分子运动的统计平均结果。例如温度是对大量分子热运动的统计平均结果,是分子平均平动动能的标志,对个别分子温度并无意义。温度公式:

$$\overline{\varepsilon_t} = \frac{1}{2} m \overline{v^2} = \frac{3}{2} k T \tag{4-12}$$

或

$$T = \frac{2}{3} \frac{\overline{\varepsilon_t}}{k} \tag{4-13}$$

其中 $\overline{\varepsilon_t}$ 为分子平均平动动能;k 是玻尔兹曼常数。$T \propto \overline{\varepsilon_t}$ 说明微观分子运动得越激烈,宏观表现出来的绝对温度越高。不同气体的温度相同,表示它们的平均平动动能也相同。

压力是由于大量气体分子碰撞容器壁面产生的,也是对大量分子运动统计平均的结果,对单个分子并无压力的概念。压力公式:

$$p = \frac{2}{3} n \overline{\varepsilon_t} \tag{4-14}$$

例题 4-5:氮气罐容积为 50L,由于用掉部分氮气,压强由 100atm 减为 40atm,同时罐内氮气温度由 30℃降为 20℃,求:

(1)罐中原有的氮气质量;

(2)用掉的氮气质量;

(3)用掉的氮气在 1atm 和 20℃时所占的体积有多少?

解:(1)已知 $V_1 = 50L = 5.0 \times 10^{-2} m^3$,$p_1 = 100atm = 1.013 \times 10^7 Pa$,$T_1 = 303.15K$ 和 $M = 28 \times 10^{-3} kg/mol$,所以罐中原有氮气质量:

$$m_1 = \frac{M p_1 V_1}{R T_1} = \frac{2.8 \times 10^{-2} \times 1.013 \times 10^7 \times 5.0 \times 10^{-2}}{8.31 \times 303.15} kg = 5.63kg$$

(2)已知 $V_1 = V_2$,$p_2 = 40atm = 4.052 \times 10^6 Pa$,$T_2 = 293.15K$,所以罐中剩余的氮气质量:

$$m_2 = \frac{M p_2 V_2}{R T_2} = \frac{2.8 \times 10^{-2} \times 4.052 \times 10^6 \times 5.0 \times 10^{-2}}{8.31 \times 293.15} kg = 2.31kg$$

用掉的氮气质量为 $\Delta m = m_1 - m_2 = (5.63 - 2.31)kg = 3.32kg$

(3)用掉的氮气在 1atm 和 20℃时所占的体积为

$$V = \frac{\Delta m R T}{p M} = \frac{3.32 \times 8.31 \times 293.15}{2.8 \times 10^{-2} \times 1.013 \times 10^5} m^3 = 2.85m^3$$

例题 4-6:试分别用理想气体状态方程和实际气体状态方程——范德瓦尔斯方程,计算 300℃、1 个标准大气压下空气的比容,并与实验数据进行比较。

注:范德瓦尔斯方程是 1873 年范德瓦尔斯针对理想气体的两个假定进行修正,考虑了分子自身占有的体积和分子间的相互作用力,对理想气体状态方程修正后提出的,是一种形式比较简单的实际气体状态方程,具体表示为

$$\left(p + \frac{a}{v^2}\right)(v - b) = R_g T$$

其中对于空气,常数 $a=1.368\times10^6\mathrm{m}^6\cdot\mathrm{Pa/(kmol)}^2,b=0.0367\mathrm{m}^3/\mathrm{kmol}$。对于不同的气体,范德瓦尔斯状态方程的常数是不同的。

解:(1)利用理想气体状态方程,空气的分子量 M 是 $28.97\mathrm{kg/kmol}$,$T=573\mathrm{K}$,$p=1.01325\times10^5\mathrm{Pa}$,所以

$$R_g=\frac{R}{M}=\frac{8.31}{28.97\times10^{-3}}=286.8\mathrm{J/(kg\cdot K)}$$

$$v=\frac{R_gT}{p}=\frac{286.85\times573}{1.01325\times10^5}=1.622\mathrm{m}^3/\mathrm{kg}$$

(2)$a=\dfrac{1.368\times10^6}{28.97^2}=1630.01\mathrm{m}^6\cdot\mathrm{N/(kg\cdot m)}^2,b=\dfrac{0.0367}{28.97}=1.267\times10^{-3}\mathrm{m}^3/\mathrm{kg}$,代入范德瓦尔斯方程

$$v=\frac{R_gT}{p+a/v^2}+b=\frac{286.85\times573}{1.01325\times10^5+1630.01/v^2}+1.267\times10^{-3}$$

$$=\frac{1.6434\times10^3}{1.01325\times10^5+1630.01/v^2}+1.267\times10^{-3}$$

用试算法求得 $v=1.6132\mathrm{m}^3/\mathrm{kg}$

(3)查附录 B4 中的干空气的热物性表得 $\rho=0.615\mathrm{kg/m}^3$,$v=1/\rho=1.626\mathrm{m}^3/\mathrm{kg}$。

用理想气体状态方程的计算值与实验值的相对误差是 -0.246%;

用范德瓦尔斯方程的计算值与实验值的相对误差是 -0.7872%。

由此可知,在一般范围内(温度不太低$>-20℃$、压力不太高$<20\mathrm{Mpa}$)完全可以将空气按理想气体处理。

例题 4-7:已知 $0℃$、400 个标准大气压下氮气比容的实验数据为 $2.51\times10^{-3}\mathrm{m}^3/\mathrm{kg}$,试分别用理想气体状态方程和实际气体状态方程——范德瓦尔斯方程计算这个状态下氮气的比容,并与实验数据进行比较。

解:(1)利用理想气体状态方程,氮气的分子量 M 是 $28\mathrm{kg/kmol}$,$T=273\mathrm{K}$,$p=400\times1.01325\times10^5\mathrm{Pa}$,所以

$$R_g=\frac{R}{M}=\frac{8.31}{28\times10^{-3}}=296.79\mathrm{J/(kg\cdot K)}$$

$$v=\frac{R_gT}{p}=\frac{296.79\times273}{400\times1.01325\times10^5}=2.0\times10^{-3}\mathrm{m}^3/\mathrm{kg}$$

(2)对于氮气,查得常数 $a=1.408\times10^5\mathrm{m}^6\cdot\mathrm{Pa/(kmol)}^2,b=0.0367\mathrm{m}^3/\mathrm{kmol}$。

$$a=\frac{1.408\times10^5}{28^2}=179.6\mathrm{m}^6\cdot\mathrm{N/(kg\cdot m)},\quad b=\frac{0.0392}{28}=1.39\times10^{-3}\mathrm{m}^3/\mathrm{kg}$$

代入范德瓦尔斯方程

$$v=\frac{R_gT}{p+a/v^2}+b=\frac{296.79\times273}{400\times1.01325\times10^5+179.6/v^2}+1.39\times10^{-3}$$

$$=\frac{8.1024\times10^4}{4.053\times10^7+179.6/v^2}+1.39\times10^{-3}$$

用试算法求得 $v=2.61\times10^{-3}\mathrm{m}^3/\mathrm{kg}$

(3)已知实验数据为 $2.51\times10^{-3}\mathrm{m}^3/\mathrm{kg}$,则

用理想气体状态方程计算值与实验值的相对误差是 -20.32%;

用范德瓦尔斯方程的计算值与实验值的相对误差是-3.98%。

由此可知,在压力>20Mpa后,氮气就不能按理想气体处理,否则误差较大,因为其性质已明显偏离理想气体状态。而按范德瓦尔斯方程计算的值就比较接近实测值,误差不超过4%。

4.2.4 理想气体的比热

对于理想气体,在一定温度下可以证明它的定压比热c_p不随压力p的变化而变化,定容比热c_v也不随比容v的变化而变化,而且有

$$c_p = c_v + R_g \tag{4-15}$$

上式称为迈耶公式,它表明:尽管理想气体的定压比热和定容比热都分别随着温度的变化而变化,但它们的差值($c_p - c_v$)却与压力(或比容)和温度都无关,恒等于气体常数R_g。

将上式两边乘以摩尔质量M,得到摩尔热容的迈耶公式:

$$C_{p,m} = C_{v,m} + R \tag{4-16}$$

即对于任何理想气体,摩尔定压热容正好比摩尔定容热容大一个摩尔气体常数R的值。R为通用气体常数,$R = 8.314$kJ/(kmol·K)。

若以κ表示气体的比热容比,则

$$\kappa = \frac{c_p}{c_v} = \frac{C_{p,m}}{C_{v,m}} = 1 + \frac{R_g}{c_v} = 1 + \frac{R}{C_{v,m}} = \frac{i+2}{i} \tag{4-17}$$

式中,i为分子运动的自由度,对于单原子气体只有空间三个方向的平移运动,故$i=3$,$\kappa=1.67$;对于双原子气体除了平移运动外还有绕垂直于原子连线的两个轴的转动,所以$i=5$,$\kappa=1.4$;对于多原子气体有6个方向的运动自由度,所以$i=6$,$\kappa=1.33$。

比热容比κ又叫做"绝热指数",对于理想气体有

$$c_v = \frac{R_g}{\kappa - 1} \tag{4-18}$$

$$c_p = \frac{\kappa R_g}{\kappa - 1} \tag{4-19}$$

用上述分子运动理论和定值方法得到的理想气体热容和热容比的理论值与实测值相比,对于单原子气体和双原子气体来说符合得相当好,而对多原子气体则有较大的差别,究其原因主要是理论值与温度无关,而实际上气体分子运动的自由度i会随着温度的改变而增加,用经典理论就很难反映出这种变化规律,量子理论可以对此作出较完美的解释。

4.3 相与相变

4.3.1 相

固、液和气是最常见的三种相或物态。所谓相是指系统中物理性质和化学组分完全均

匀的部分。许多物质都能以不止一种物质状态而存在,例如水(如图 4.6 所示),低于 0℃ 时以固相存在,0℃～100℃ 之间是液相水,高于 100℃ 称为气相。从分子动力学角度,不同物态的出现是由于各种状态中分子的有序度不同。物质能以单相形式存在,也能以两相或三相形式平衡共存。除了常见的气、液、固三相以外,物质还有另外两种形态:等离子相和液晶相。

(1) 固相(solid)

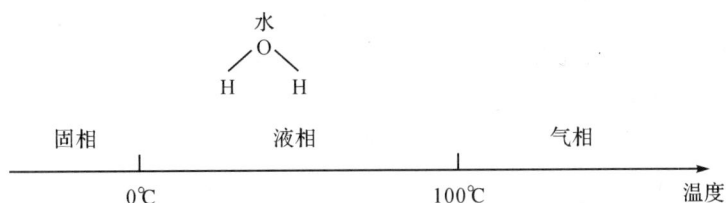

图 4.6 水的相图

固相是物质存在的一种最常见的状态。与液相和气相不同的是固相具有比较固定的体积和形状,质地相对比较坚硬。通过其组成部分之间的相互作用,固体的特性可以与组成它的微观粒子的特性有很大的区别。

从分子动力学角度,固相中分子呈一定刚性排列,分子保持高度有序,每个分子在排列中占据特定的位置,并在局部或全部以一定的方式取向,单个分子间的作用力叠加在一起,需要较大的外力才能克服固相中分子间的吸引力而改变其结构。

(2) 液相(liquid)

液相也是物质存在的一种常见的状态,它没有确定的形状,往往受容器影响。但它的体积在压力及温度不变的环境下是固定不变的。增温或减压一般能使液体汽化,成为气体,例如将水加热成水蒸气;加压或降温一般能使液体凝固,成为固体,例如能将水降温成冰。然而,仅加压并不能使所有气体液化,如氧、氢、氦等。

从分子动力学角度,液相时分子以近乎无规则方式自由扩散,相互间不断发生碰撞,不断改变运动方向,分子的有序度大大低于其固相时期,单个分子间的作用力不能叠加,但保持特定的距离,能使分子间保持相当靠近的状态,较弱的外力作用能够改变其形状或使其流动,但较难改变其密度,所以很难被压缩,这个特点被用于液压系统。

(3) 气相(gas)

气相也是物质的一种常态。与液体一样是流体,它可以流动和变形。与液体不同的是气体可以被压缩。假如没有限制(容器或力场)的话,气体可以扩散,其体积不受限制。气态物质的原子或分子相互之间可以自由运动。气态物质的原子或分子的动能比较高。

从分子动力学角度,杂乱无章的分子运动使分子间的吸引力小于液体,有序度也更小,不足以使分子靠近在一起,分子间平均距离由分子数目和容器大小决定,无论容器有多大都能够均匀扩散到各个角落。因此它更易于变形并改变密度。

(4)等离子相(plasma)

等离子相(体)是由部分电子被剥夺后的原子及原子被电离后产生的正负粒子组成的离子化气体状物质,它是除去固、液、气外物质存在的第四态,即电离了的"气体",它呈现出高度激发的不稳定态,其中包括离子、电子、原子和分子,整体呈中性。等离子体是一种很好的导电体。

从分子动力学角度,当一种物质被加热到足够高的温度,使无规则运动非常剧烈,以至于束缚在原子中的电子被撞击出来不再被结合,因此这种物相由带正电荷的离子和带负电荷的电子组成。

在宇宙中它是一种常见的物质,如太阳等恒星和星际空间等都是由等离子体组成的,它占了整个宇宙的99%。火焰、闪电、极光等也都是等离子体作用的结果。用人工方法,如核聚变、核裂变、辉光放电及各种放电都可产生等离子体。现在人们已经掌握利用电场和磁场来控制等离子体,例如用高温等离子体焊接金属、低温等离子电视、电脑芯片蚀刻等。

(5)液晶相 (liquid crystal)

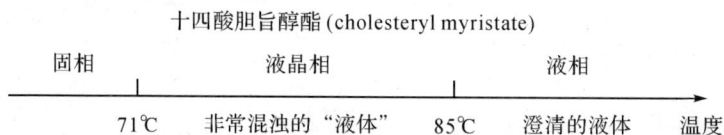

十四酸胆旨醇酯 (cholesteryl myristate)

固相	液晶相	液相
71℃	非常混浊的"液体" 85℃	澄清的液体 温度

图 4.7 十四酸胆旨醇酯的相图

液晶是一种介于非晶的各相同性的液相与结晶固相之间的一种相,即它既具有液体的流动性,又具有晶体的各向异性,它是一些有机化合物(也就是以碳为中心所构成的化合物)和高分子聚合物在一定温度或浓度的溶液中形成的。

液晶的发现是在1888年,奥地利植物生理学家莱尼茨尔(F. Reinitzer)合成了一种叫胆固醇苯甲酸酯的有机化合物,它有两个熔点,把它的固态晶体加热到145.5℃时,产生了各相异性带有光彩的混浊的液体,如果继续升温到178.5℃时,它再次熔化,变成清澈的各相同性的液体。后来,德国物理学家雷曼把处于"中间地带"的这种混浊液体叫做液晶。

从分子动力学角度,固相具有位置有序性(positional order)和取向有序性(orientational order)。一般固相熔化成液相时,这两种有序性完全丧失,分子可以随意地移动和转动。当固相熔融成液晶相时,失去了位置有序性,但保留了某些取向有序性,这种有序性不像在固相时那么严格和完美。

如果液晶的光电效应受温度条件控制,称为热致液晶,如显示用液晶一般是低分子热致液晶。如果液晶的光电效应受浓度条件的控制,称为溶致液晶,如肥皂水溶液。目前已合成了1万多种液晶材料,其中常用的液晶显示材料有上千种,主要有联苯液晶、苯基环己烷液晶及酯类液晶等。

纯物质的 $p-v-T$ 热力学相图如图4.8所示。图4.8(a)为液态凝固时体积缩小的物质的相图,图4.8(b)为液态凝固时体积膨胀的物质的相图,图4.8(c)为图(a)在 $p-T$ 面上的投影,图4.8(d)为图(b)在 $p-T$ 面上的投影。

图4.8中S—L、L—V、S—V分别表示固—液、液—气和固—气两相共存区域,可分别称为熔解面(线)、汽化面(线)和升华面(线)。其任意一侧表示某一固、液、气单相区域。S—L、L—V、S—V三个面(线)的交线(点)表示固、液、气三相平衡共存,称为三相线(三相点),对于某一确定的物质,其三相点的温度和压力是一定的。一些物质的三相点参数见表4-1。

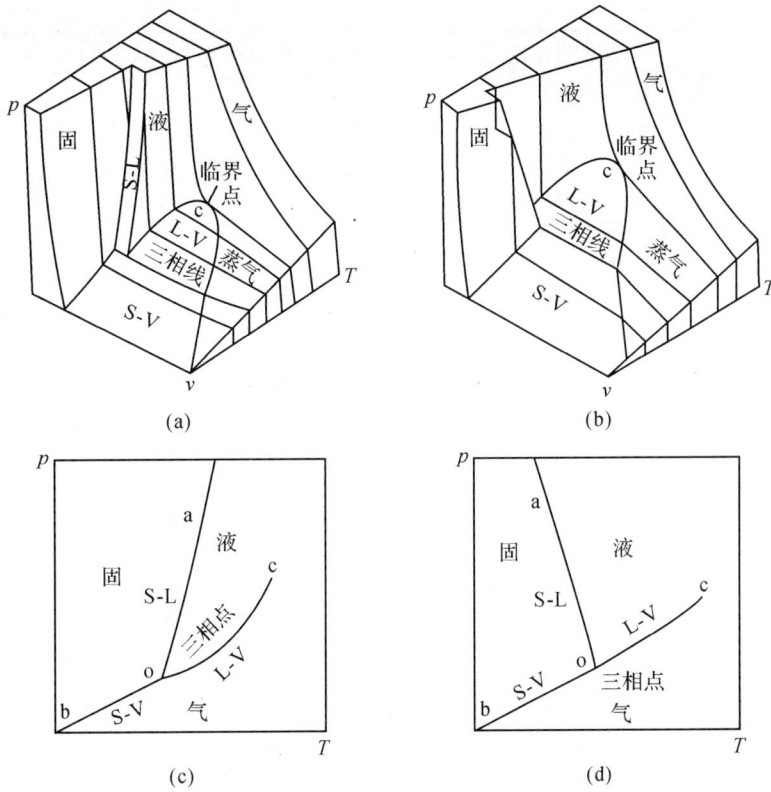

(a)

(b)

(c)

(d)

图 4.8　纯物质的热力学相图

表 4-1　一些物质的三相点参数（数据引自文献[1]）

物质	三相点温度/K	三相点压力/(kPa)
氩（Ar）	83.78	68.75
氢（H$_2$）	13.84	7.039
氮（N$_2$）	63.15	12.53
氧（O$_2$）	54.35	0.152
一氧化碳（CO）	68.14	15.35
二氧化碳（CO$_2$）	216.55	518.0
水（H$_2$O）	273.16	0.6112

在图 4.8(a)(b)(c)(d)各图中都有一个 c 点，称为"临界点"，临界点表明了相变的极限状态，这时液体与气体的分界面消失。在临界压力 p_c 时汽化过程成为一个点，说明这时汽化是在瞬间完成的，不再存在气液两相共存的湿蒸汽状态，在临界温度 T_c 以上液体和气体的差别消失。一些物质的临界点参数见表 4-2。

表 4-2　一些物质的临界点参数（数据引自文献[28]）

物质	临界点温度 T_c/K	临界点压力 p_c/(MPa)	临界点体积 V_c/(m³/mol)
氦(He)	5.1	0.234	0.0578
氢(H_2)	33.3	1.30	0.0649
氮(N_2)	126.2	3.39	0.0899
空气	132.5	3.77	0.0883
一氧化碳(CO)	133	3.50	0.0930
二氧化碳(CO_2)	304.2	7.39	0.0943
R34a(CF_3CH_2F)	374.3	4.067	0.1847
氨(NH_3)	405.5	11.28	0.0724
乙醇(C_2H_5OH)	516	6.38	0.1673
水(H_2O)	647.3	22.09	0.0568

4.3.2　相变过程

在一定条件下物质的相可以发生转化，从一种相转变为另一种相，称为相变(phase transition)。从图 4.8 中看就是物质的状态跨越 $S-L$、$L-V$ 或 $S-V$ 中某个两相共存的相界面(线)的过程，在这个过程中，一种相的物质逐渐减少而另一种相的物质逐渐增加。

由于每种物质都具有某种类型的分子间作用力，所以在某个温度下一种物质以一种特定的物态(相)存在。当温度改变使相不再稳定时，在这个温度下使该相存在的分子间作用力不再有足够的力量，物质就改变它的相，发生相变。所以温度在相变中有非常重要的影响。由于温度是分子无规则运动的量度，温度越高，以无规则方式运动和振动的分子动能就越大。处于一定物态中的物质分子间的相互吸引力不随温度而变化，当温度升高时，分子间吸引力以各种形式保持分子有序度的能力减小。

以水为例，在一个大气压下，低于 0℃ 时分子间排列紧密。尽管温度的作用使分子具有一定的无规则运动，但分子间的吸引力足以使分子稳定在一定的位置上；高于 0℃ 时，分子的无规则运动非常强烈，分子间的相互作用力不足以使分子保持在固定的位置上，固体发生熔融，无规运动使分子四处游动，使分子间的相互作用力不能像固体中一样叠加起来，减小了分子之间的结合力，但这些作用力还能够使分子相互靠近；高于 100℃ 时，分子的无规则运动如此激烈以至于分子间的吸引力无法保持分子相互靠拢，分子间的作用力叠加在一起更少，相互作用力比液相时更弱，分子四处散开充满整个空间。

图 4.9 为水在定压下的汽化过程。液体汽化的压力和温度是相互严格对应的，一定压力 p 对应一定的饱和温度 T_s；反之，一定的温度 T 也对应一定的饱和压力 p_s。发生相变的饱和温度随着压力的提高而提高；反之，饱和压力也随着温度的提高而提高。

图 4.9(b)(c)中，在临界点以下，存在着 I——未饱和液体区、II——湿蒸汽区和 III——过热蒸汽区，连线 $1'2'3'c$ 为饱和液体线，$1''2''3''c$ 为饱和蒸汽线。在临界点 c 以上气体和液体的分界消失，两者没有差异。

(a) 压力 p 下水的汽化过程

(b) 不同压力 p 下汽化过程的 p-v 图　　(c) 不同温度 T_s 下汽化过程的 T-s 图

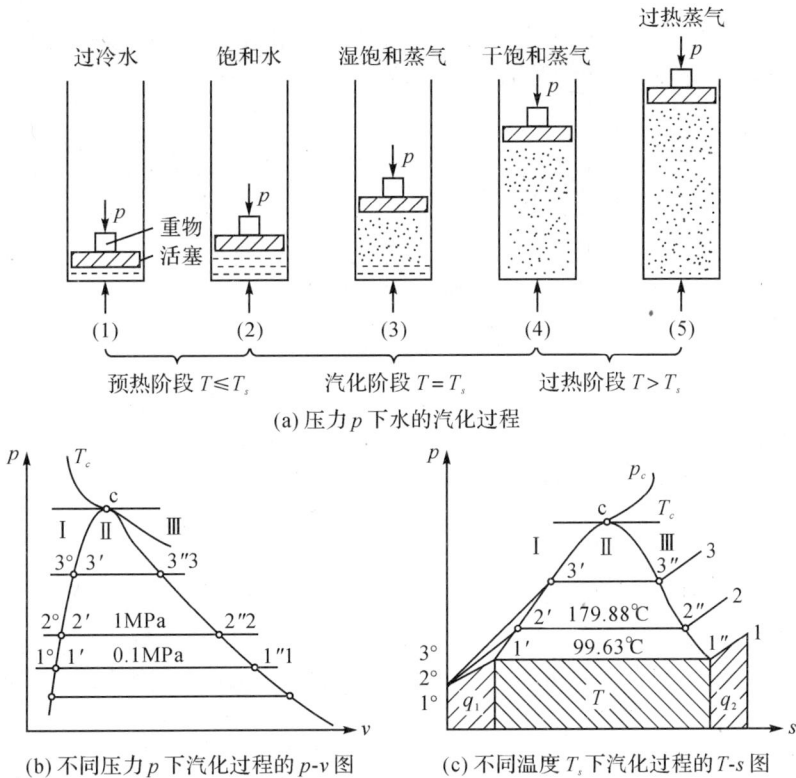

图 4.9　水的汽化过程

　　在湿蒸汽区,饱和液体和饱和蒸汽混合在一起,不同饱和蒸汽含量的湿蒸汽具有不同的物性,为确定湿蒸汽的状态需要引入干度的概念。所谓干度 x 是指湿蒸汽中所含饱和蒸汽的质量百分数。当 $x=0$ 时为 100% 的饱和液体(图 4.9(b)(c)中的 $1'2'3'c$ 线),$x=1$ 为 100% 的饱和蒸汽(图 4.9(b)(c)中的 $1''2''3''c$ 线),称为干饱和蒸汽。湿蒸汽的比体积 v、焓 h 和熵 s 等物性取决于干度 x,其物性值由饱和液体(图 4.9(b)(c)中的 $1'2'3'c$ 线)的参数和饱和蒸汽(图 4.9(b)(c)中的 $1''2''3''c$ 线)的参数按 $(1-x)$ 和 x 的比例计算确定。附录 B 中给出了两种常用工质水和制冷剂 R134a 在不同状态下的热力参数。

　　利用图 4.10 所示的等温压缩实验系统可以得到图 4.11 所示的 p-V 图。如用水作实验,在图 4.11 中可以看到,初始状态 A 点处于不饱和状态的水蒸气(过热蒸汽),在等温压缩过程中,压力 p 增大,体积 V 缩小,系统状态沿 AG 线变化,成为饱和蒸汽时到达 G 点,继续压缩,介质发生相变,压力和温度不变,沿 LG 线变化,汽相比例减小而液相比例增大,放出大量相变潜热(汽化潜热,如 1atm、100℃时水的相变潜热有 2263kJ/kg),当全部转变为液态饱和水时到达 L 点,进一步压缩液态水至 B 点,尽管压力变化很大,但体积变化很小,表现出水的不可压缩性。

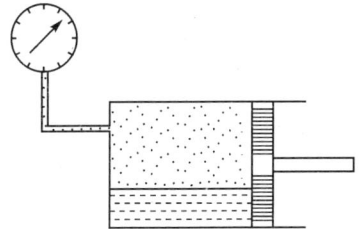

图 4.10　等温压缩实验示意图

　　我们在不同温度下做这个压缩实验,可以看到:随着温度的升高,汽液两相共存的相变段 LG 线逐渐缩短,达到临界温度 C 后,LG 线消失,汽液两相的差别也消失了。CL 的连线称为液相饱和线,CG 的连线称为汽相饱和线,C 点称为临界点。

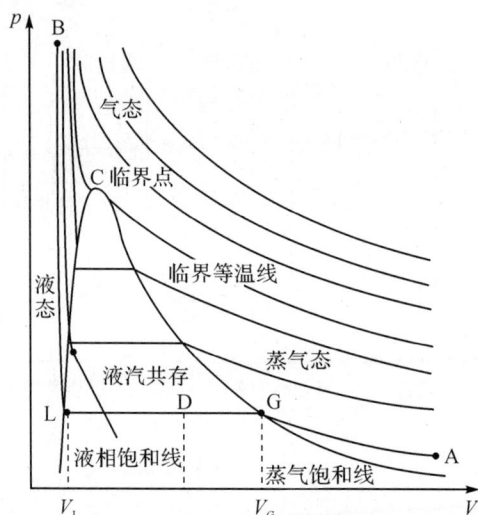

图 4.11　纯物质等温压缩过程的 p-V 图

温度高于临界温度后,不可能再通过压缩使物质液化,称为超临界状态。这时,液体和气体的参数相同,两者的差别消失,其物性兼具液体性质与气体性质,即密度大大高于气体、粘度比液体大为减小、扩散度接近于气体,随着压力和温度的改变,物性会发生相应的变化。

4.4　自然界的空气

4.4.1　湿空气

自然界的空气或者大气通常不是我们所说的一般空气——干空气,空气里总是含有一定量的"水份"——水蒸气,所以实际上是湿空气。湿空气是干空气和水蒸气的混合物。在某些场合,如天气预报、衣物、食品、药材、木材等的物料干燥、生活和工作场所的调温调湿和采暖通风、冷却塔等都会涉及湿空气。

在湿空气中,蒸汽分压力往往很低,一般不超过几十毫米汞柱,或者 $0.003 \sim 0.004$ MPa,水蒸气处于过热状态,所以大气中的水蒸气可以按理想气体处理,湿空气被视为理想气体混合物。在分析湿空气时,常作以下两个假设:

(1)湿空气中的水蒸气凝结成的水或冰中不含有空气;

(2)空气的存在不会影响到水蒸气与水或冰的相平衡,其相平衡温度为水蒸气分压力所对应的饱和温度。

4.4.2　道尔顿分压力定律

自学成才的英国化学家、物理学家约翰·道尔顿(John Dalton,1766—1844),毕生致力于研究气象、物理和化学科学。1793 年在他 27 岁时就出版了《气象观测与研究》一书,书中描绘了气压计、温度计、湿度计等装置,巧妙地分析了降雨和云的形成过程、水蒸发过程和大气层降水量的分布等现象。1799 年他认为要说明气体的特性就必须知道它的压力。于是他找到两种很容易分离的气体,分别测量了混合气体和各部分气体的压力。结果是装在容积一定的容器中的某种气体压力是不变的,引入第二种气体后压力增加,但它等于两种气体的分压之和,两种气体单独的压力没有改变。于是道尔顿得出结论:气体在容器中存在的状态与其他气体无关,混合气体的总压力等于各组分气体的分压之和(如图 4.12 所示)。他于 1801 年正式提出气体分压定律。

约翰·道尔顿(John Dalton,1766—1844)

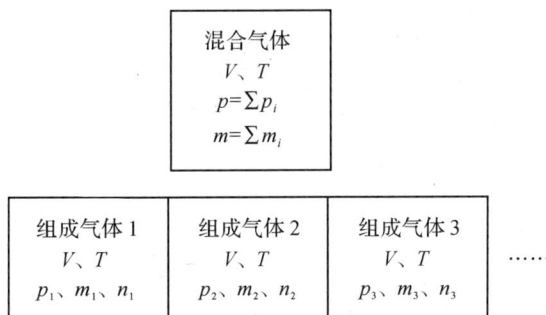

道尔顿用气体的微粒结构来解释上述定律:一种气体的微粒或

混合气体
V、T
$p=\sum p_i$
$m=\sum m_i$

| 组成气体 1 V、T p_1、m_1、n_1 | 组成气体 2 V、T p_2、m_2、n_2 | 组成气体 3 V、T p_3、m_3、n_3 | …… |

图 4.12　道尔顿气体分压力定律

原子均匀的分布在另一种气体的原子之间,因而这种气体的微粒所表示出来的性质与容器中没有另一种气体是一样的。道尔顿因在对原子的研究方面取得的非凡成果而被誉为"近代化学之父",成为近代化学的奠基人。

对于湿空气,如果用 p_a 表示干空气分压力、p_v 表示水蒸气分压力,则湿空气的压力 p 为

$$p = p_a + p_v \tag{4-20}$$

4.4.3　空气的湿度和露点

湿空气可以分为饱和湿空气和未饱和湿空气,前者湿空气中的水蒸气处于"饱和"状态,即湿空气的温度 $T=T_s$(等于其分压力 p_v 下的饱和温度),这时水蒸气的分压力等于该温度下的饱和蒸汽压力 $p_v=p_s$,水蒸气密度等于该温度下饱和蒸汽的密度,$\rho_v=\rho''$;后者湿空气中的水蒸气处于"过热"状态,即 $T>T_s$,$p_v<p_s$,水蒸气的密度小于该温度下饱和蒸汽的密度,$\rho_v<\rho''$。在温度不变的情况下,未饱和湿空气具有吸收水蒸气的潜力,水蒸气分压力 p_v 可以增大至达到其饱和压力 p_s 时为止。而饱和湿空气已达到极限,空气中再增加一点水分子就会使另外的水分子受到挤压而液化,这时汽化和液化达到平衡,因此无法再吸收任何水蒸气,这时水蒸气的分压力和密度是该温度下可能达到的最大值。某一温度下的饱和压力 p_s 或某一压力 p_v 对应的饱和温度 T_s 可以通过附表 B11、B12 的饱和水蒸气表查得。

我们用"湿度"来衡量湿空气中水蒸气的含量,即每 $1m^3$ 湿空气中所含的蒸汽质量(kg),应等于水蒸气密度 ρ_v:

$$\rho_v = \frac{m_v}{V} = \frac{p_v}{R_{gv}T} \tag{4-21}$$

其中水蒸气的气体常数 $R_{gv} = 8314.3/18.016 = 461.5\text{J}/(\text{kg} \cdot \text{K})$。

我们可以用"相对湿度"来表征湿空气吸收水蒸气——吸湿的能力(%),即

$$\varphi = \frac{\rho_v}{\rho_s} = \frac{p_v}{p_s} \tag{4-22}$$

天气预报中所提到的每日空气湿度就是相对湿度。相对湿度可以用图 4.13 所示的干湿球温度计来测定。干球温度就是用普通温度计测出的湿空气的实际温度,湿球温度是另一支包有湿纱布的温度计所测出的。当未饱和湿空气流过湿纱布时,由于未饱和的湿空气具有吸湿能力,因此湿纱布中就会有水分向空气蒸发,蒸发过程中需要吸收汽化潜热,使湿纱布中水分的温度下降,该温度计测出的就是低于空气实际温度的湿球温度。当流过温度计的是饱和湿空气时,测出的湿球温度就正好等于干球温度。

空气的相对湿度也可以用毛发式湿度计来直接测量,这种湿度计是用经过严格挑选和处理过的毛发在不同湿空气环境中因吸湿而伸张的原理事先做好标定,可以直接指示空气的相对湿度。

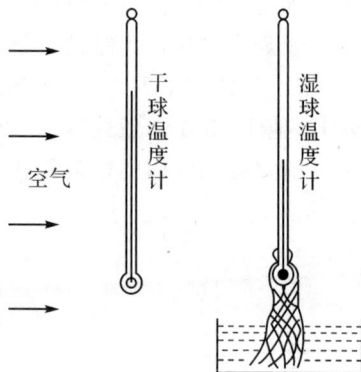

图 4.13　干湿球温度计
测量空气湿度

在水蒸气含量和压力不变的情况下,降低湿空气的温度可以使未饱和湿空气逐渐趋于饱和,也就是使未饱和湿空气的温度接近水蒸气分压力下的饱和温度,当完全达到饱和状态时,继续降低温度冷却表面上就会出现十分细小的水滴——结露,这个即将结露时的温度就是"露点温度",可用露点计或湿度计测量。根据这个露点温度,可以从附表 B11 的饱和水蒸气表中查得相应的水蒸气分压力 p_v。

在湿空气温度低于露点温度后,如果继续冷却,湿空气中的水分凝结析出——发生析湿过程,称为冷却去湿过程,水蒸气的分压力降低。这也是冬天空气比较干燥的一个原因。加热烘干过程在湿空气方面则是利用提高湿空气的温度使水蒸气的饱和蒸汽压力 p_s 提高,使相对湿度减小,提高了湿空气的吸湿能力。

4.5　绝对零度和第三定律

4.5.1　绝对零度

自从英国科学家威廉·汤姆逊(即开尔文勋爵,W·Thomson,1824—1907)1848 年创立了一种不依赖任何实际测温介质的绝对温标——根据卡诺循环的热量来定义的温标,才使温度测量摆脱了测温介质物性的影响,成为测量物体温度的一种共同标准,开氏温标因此

被称为热力学温标,其单位为"开尔文",单位符号为 K。

热力学温标的零度(0K)被称为绝对零度,相当于摄氏 $-273.15℃$。绝对零度应该是自然界中可能的最低温度,从理论上讲物体不可能达到或者低于这个温度,只能接近它。

1823 年著名实验物理学家迈克尔·法拉第(Michael Faraday,1791—1867)在一次氯气实验事故中领悟到:只要加大压强,任何气体都会被液化,而且液化的温度通常是极低的。到 1845 年,除了氧气、氮气、氢气、一氧化碳、二氧化碳和甲烷六种气体,法拉第几乎液化了所有的气体,制造出一系列低温库,最低温度达到 $-110℃$。后来人们采取逐级降温和定压气体绝热膨胀的方法把法拉第剩下的最后六种气体也液化了,液氢(20.15K,1atm)、液氦(4.15K,1atm)都是应用这个方法生产出来的。

1895 年氦气的发现使这方面研究又进入了一个新的高度。1908 年 7 月 10 日荷兰物理学家开默林·昂内斯(K. Onnes 1853—1926)首次成功液化了氦气,获得了 4.2K 的极低温度,1913 年他据此获得了诺贝尔物理奖。但是,任何气态物质由于温度降低转变为液态和固态后就不能再利用绝热膨胀来继续降低其温度。后来发现,在强磁场的作用下顺磁性物质(如硫酸铁铵或硝酸铈镁)的分子进行顺磁场排列时要放热,热量由液氦带走,突然撤去外磁场去磁时就要吸热,因此在绝热下去磁时就会降低温度,温度可以达到 10^{-3} K,称为绝热去磁制冷。进一步研究又发现使金属原子核的磁矩在强磁场中磁化后再绝热去磁可以得到更低的温度。

开默林·昂内斯(K. Onnes 1853—1926)

1995 年,美国国家标准研究所和科罗拉多大学的两位物理学家爱里克·科内尔和卡尔威曼利用激光束和"磁陷阱"系统使原子的运动变慢,成功地使一些铷原子达到了绝对零度之上的 $2×10^{-8}$ K(20nK),同时发现物质呈现出新的状态。目前实验室内已经获得的最低温度为 $2.4×10^{-11}$ K,非常接近 0K,但还不到 0K。自然界最冷的地方应该是在星际空间的深处,温度大约是 3K。

常温下气体原子通常以 1600 公里/小时的速度运动,在 3K 的温度下则是以 1 米/小时的速度运动,在 20nK 的温度下原子的运动速度就难以测量了,物体聚集成为一个单一的实体——超原子,完全不同于气液固等状态。

4.5.2 热力学第三定律

1906 年,德国物理化学家能斯特(W. Nernst,1864—1941)在研究化学反应在低温下的性质时得到一个结论:凝聚系的熵在可逆定温过程中的改变随绝对温度趋于零度而趋于零,即能斯特热定律:

$$\lim_{T→0K}(\Delta S)_T = 0 \qquad (4\text{-}23a)$$

或
$$\Delta S_{0K} = 0 \qquad (4\text{-}23b)$$

1912 年,他根据这个定律进一步推出热力学第三定律:不可能应用有限个方法使物体冷却到绝对温度的零度。换句话说,热力学零度(绝对零度)是不能达到的。他因此于 1920 年获诺贝尔物理奖。

根据能斯特的理论,任何凝聚系在绝对零度时所进行的任何反

能斯特(Walther Nernst,1864—1941)

应和过程中,系统的熵不变,各种物质的熵都相等,是一共同的绝对常数 $S=S_0$。根据热力学第二定律,熵常数是可以任意选择的。因此,最简单的选择就是 $S_0=0$,即在绝对零度时物体的熵等于零。由于在接近 $T=0$K 处有 $\left(\frac{\partial S}{\partial T}\right)_V=0$、$\left(\frac{\partial S}{\partial T}\right)_P=0$,因此根据热容的定义:$C_V=T\left(\frac{\partial S}{\partial T}\right)_V=0$、$C_p=T\left(\frac{\partial S}{\partial T}\right)_p=0$,由此可以推出在绝对零度下物体的热容也为零,这一结论已经被量子力学有关比热的理论及接近绝对零度时的实验数据所证实。

物体在接近绝对零度下进行等温过程时,系统的熵不变,而孤立系统的可逆绝热过程中系统的熵是不变的,这就意味着在接近绝对零度时,等温线与等熵线趋于重合,即绝热过程也就是等温过程,因此不可能再依靠绝热过程来进一步降低温度达到绝对零度,也不可能再依靠放热过程来使物体的温度进一步降低,同时也没有温度更低的物体可以用来吸热。

另外,在接近 $T=0$K 处有 $\left(\frac{\partial S}{\partial p}\right)_T=0$、$\left(\frac{\partial S}{\partial V}\right)_T=0$、$S=S_0=0$,根据麦克斯韦关系式有:

$$\left(\frac{\partial p}{\partial T}\right)_V=\left(\frac{\partial S}{\partial V}\right)_T=0,\left(\frac{\partial V}{\partial T}\right)_p=-\left(\frac{\partial S}{\partial p}\right)_T=0 \text{ 和 } S=-\left(\frac{\partial F}{\partial T}\right)_V=-\left(\frac{\partial G}{\partial T}\right)_p=0$$

其中 F、G 为自由能和自由焓。由此可见,在绝对零度附近,物质的性质发生了根本的变化,其所有的状态参数都不再与温度有关。

由于绝对零度的熵值为零,使得绝对零度问题与真空问题具有同一性。我们对真空的认识,就构成了我们对绝对零度本质的认识。

4.5.3 超流体现象

1908 年 7 月 10 日荷兰物理学家开默林·昂内斯在液化氦气的过程中发现氦 He 与氢、氧不太一样,它并不存在通常意义上的三相共存点,如图 4.14 所示,氦存在两个三相点,因为液态氦可以以氦 I(He I)和氦 II(He II)两种稳定状态存在。在温度 5.1K 到 2.18K 的等温压缩中形成氦 I。温度低于 2.18K 后形成氦 II。从 $T=2.18$K(下三相点,$p=5.08\times10^3$Pa)到 $T=1.8$K(上三相点,$p=3.04\times10^6$Pa)范围内,发生 He I—He II 转变的二级相变,比热在下三相点趋向无穷。

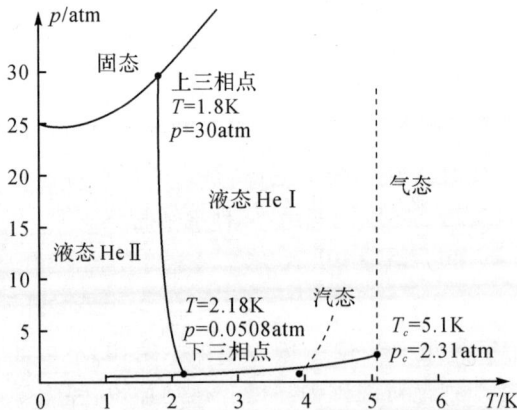

图 4.14 氦(He)的相图

氦 II 是一种特别的液体,具有超高的导热系数、超低的粘性、负的体积膨胀系数和超大定压比热,它可以迅速通过毛细管或压紧的多孔物质,称为超流体性。

在研究过程中昂内斯发现:金属的导电性不但没有随着温度的降低、自由电子平均动能的下降而下降,当温度达到某个临界点后导电性反而陡然上升,他记录道:"在 3K 附近,金属的电阻就降低到百万分之三欧姆以下,这几乎就是零,至少找不到和零的差异。"这就是人类第一次观察到的著名的超导性。

1933 年德国物理学家瓦尔特·迈斯纳又发现了低温下超导体具有完全的抗磁性。最先对超导电性作出解释的是德国物理学家弗里茨·伦敦和海因茨·伦敦两兄弟。他们将量子力学引入超导,认为在超导体中存在两类电子,一部分与普通电子一样,另一部分与超导性有关,且它们在运动时不受任何阻碍,1935 年成功解释了迈斯纳效应。他们提出了著名的伦敦方程,可与电磁学中的麦克斯韦方程、量子力学中的薛定谔方程媲美。

1911 年昂内斯液化氦气后发现这种液氦和其他普通液体的流体特性完全不同,当将它装入一个小烧杯,它会沿着壁面向上爬升直至溢出;A 烧杯中的液体会可逆地全部自动"倒"到位于同一水平面上的 B 烧杯中;如果插入毛细管,用强光照射使压实的红粉(Fe_3O_4 光粉)吸热升温,液氦可以自发地从温度低处透过棉花塞和极细小的红粉缝隙而进入温度高处,从红粉中吸收热量后会发生持续的喷泉现象,喷泉高度可达 30cm(如图4.15)。

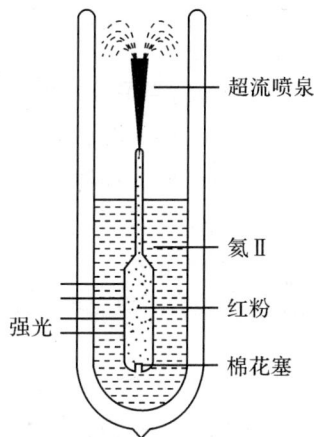

图4.15 超流体的"喷泉效应"

1938 年苏联科学家彼得·卡皮察(P. Kapitza 1894—1984)观测到液氦在 2.17K 以下,氦 II 能畅通无阻通过极细小(孔径小于 10^{-7}m)的小孔或毛细管而不损耗其动能,即其粘度为零,称为超流现象,他于 1978 年获得诺贝尔物理奖。

超流现象使有些与"热"相联系的自发过程成为可逆的,象在"喷泉效应"中,超流体将从强光照射中所吸收的能量无条件地、全部转化为机械功;超流体在机械热效应中可自发发生能量从低温区流动到高温区的现象。

这种超流体现象使很多科学家一筹莫展,1938 年蒂萨(Tisza)提出氦 II 的二流体模型,1941 年苏联科学家列夫·郎道(1908—1962)用凝聚态理论成功解释了该现象,并因此获得了 1962 年的诺贝尔物理奖。

郎道将氦 II 分成两部分流体:一部分是超流体,即是由热运动动量为零的粒子组成,其内能和熵均为零,具有高热导率;另一部分为正常流体,其粒子动量、内能和熵均不为零。

$$\rho_0 = \rho_{super} + \rho_{normal} \tag{4-24}$$

因此,超流体现象完全是由超流体粒子——超流原子产生的。超流原子是与绝对温度零度的原子一样不参与热运动,所以超流体的自发过程并没有与微观粒子的无规热运动相联系,所以不违背热力学第二定律。

4.5.4 负温度问题

热力学第零定律给出了温度的概念,同时它指出利用一种标准系统——温度计可以判别系统之间温度是否相同。通过温标可以确定温度的高低,如日常使用的温度计大多采用摄氏温标,它规定水的三相点温度为 0℃,所以当河水开始结冰,经验丰富的人们就知道气温已经低于摄氏零度,达到了负摄氏度。所以对于摄氏温标而言,负摄氏度是司空见惯的。

但是,热力学温标就完全不同了,它以水的三相点为基准值,规定其为+273.16K,它用卡诺循环定义为

$$\frac{Q_1}{Q_2}=\frac{T_1}{T_2} \tag{4-25}$$

根据以上的定义,热力学温度总是为正数,其最小值为零。那么负的热力学温度是否存在呢? 会是以怎样的方式存在的?

负热力学温度(简称负温度)$T<0K$ 的系统状态实际上是可以存在的。首先从理论上分析,根据热力学基本关系式有

$$T\mathrm{d}S=\mathrm{d}U+p\mathrm{d}V \tag{4-26}$$

可得

$$\frac{1}{T}=\left(\frac{\partial S}{\partial U}\right)_V \tag{4-27}$$

上式说明当熵 S——系统的微观无序度随着内能 U 的增大而增大时,$T>0K$,系统处于正温度状态;当系统的微观无序度 S 随着内能 U 的增大而减小时,$T<0K$,系统处于负温度状态。所以如果能使系统的熵随内能的增大而减小,就可以使系统达到负温度状态。但是对于一般的系统,内能增加(如对其加热)其系统的熵总是增大的,因此一般情况下系统总是处于正温度状态。

在实际情况下,$-300K$ 也是可能存在的,如激光管内正发射激光的气体,就处于 $T<0K$ 的负温度。负温度在激光器及微波激射量子放大器的研究中十分有用,所以讨论负温度具有重要的意义。

负温度只能发生在由有限个能级组成的子系中,如果原子能级无限就不存在负温度状态,例如氢原子从基态 -13.6eV 到电离态 0 之间有无穷多个能级,就不可能出现负温度状态。因为负温度是微观粒子能量反转状态的数学描述,如果能级无限,粒子的能量就会无限上升而不会出现反转。所谓子系是指处于局域平衡(整个系统尚未处于平衡态而某些自由度已经处于热平衡)的自由度系统。在正温度状态下,温度越高,微观粒子的热运动就会越激烈,微观无序度就会越大。波尔兹曼定律决定了高能量的粒子数总是少于低能量的粒子数,所以随着温度的升高,高能量粒子数逐渐增多,微观无序度逐渐增大。但是当所有粒子的能量无限增大后,就会出现高能量的粒子数多于低能量的粒子数的现象——出现粒子数反转,此时系统的微观无序度随着温度的进一步升高而减小,由无序状态转为有序状态,而且这样的状态能相对稳定地维持一定时间而处于局域平衡,这时就达到了负温度状态。

早在 1917 年,爱因斯坦在研究黑体辐射对气体平衡计算时,发现辐射具有两种形式,自发辐射和受激辐射,从而提出了受激辐射的理论。

1928 年,德国的兰登伯在研究氖气色散现象时,发现激发电流超过一定值时,氖气的反常色散效应增强,这个实验实际上间接证实了受激辐射的存在,也直接给出了受激辐射的发生条件是实现粒子数反转。

1950 年,美国物理学家莱姆西、庞德和珀塞尔等人在实验室中实现了核自旋系统的负温度状态。他们先将 LiF 晶体在通常温度($T>0K$)下置于磁场 B 中,晶体由 N 个原子核组成,这时大多数原子核的自旋磁矩 μ_0 与外磁场 B 平行,其微观无序度 S 和温度 T 处于图 4.14 所示的 $a-b$ 之间。然后突然 $180°$ 改变外磁场的方向,这时由于大多数核磁矩都来不及转向,核磁矩与外磁场方向相反的原子核数多于同向的原子核,其微观无序度 S 和温度 T

处于图 4.16 中 $b-c$ 之间,核自旋系统就处于负温度状态了。由此可见,正负温度不是通过 0K 而是从 $-\infty$ 到 $+\infty$ 连续过渡的。由于此时核自旋系统的能量极高,它在和晶体中的其他运动形式(如晶格振动)交换能量过程中易损失能量,最终也会和整个晶体达到热平衡状态而回到正温度,所以实验中处于负温度的时间只有几分钟。

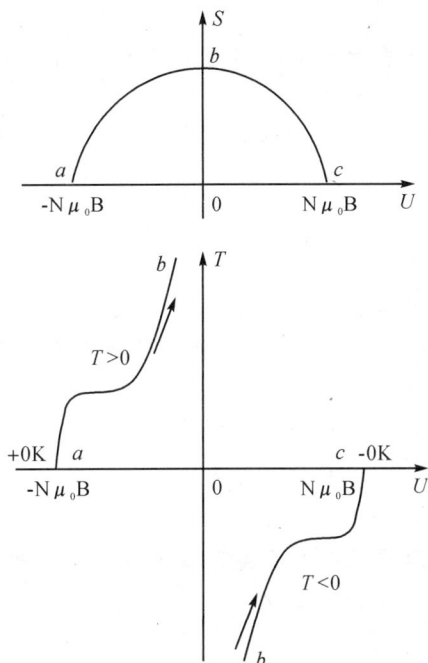

图 4.16 自旋系统的熵 S、温度 T 随内能 U 的变化

1951 年珀塞尔率先提出了"负温度"概念,他把粒子数反转称为"负温度"状态。负温度不是比正温度低,而是比任何正温度系统还要高。如果正负温度的两物体发生热接触,热量将从负温度物体传到正温度物体。$T \rightarrow -0\text{K}$ 温度才是最高温度。

负温度下,系统的状态变化仍然遵守热力学基本定律,但有些说法需要进行相应的修改。

思考题

4-1 什么是系统? 闭口系统? 开口系统? 绝热系统? 孤立系统?

4-2 请分别举几个例子说明尺度量和强度量。

4-3 系统的最基本的状态参数有哪些? 哪些参数可以直接测量得到?

4-4 有一金属棒,一端与沸水接触,另一端与冰接触,其余部分与外界隔绝。当沸水和冰的温度维持不变时,棒内温度分布达到稳定,这时(1)金属棒是否处于平衡态? 为什么?

(2)温度的概念是否还适用? 为什么?

4-5 太阳中心的温度有 10^7 K,太阳表面温度 6000K,太阳内部在不断地发生热核反应,产生的热量以恒定的值通过表面向四周散发,太阳是否处于平衡态?

4-6 判断下述系统是否处于平衡态:(1)在作匀速直线运动的车厢内放置一个不会变形且隔热的盒子,此盒中的气体;(2)桌上一杯放置了很长时间的水;(3)一个通有恒定电流的线圈;(4)静坐的一个人。

4-7 人坐在橡皮艇里,艇在水中有一定的深度,夜晚时分温度下降,但大气压强没变,这时橡皮艇浸入水中的深度将如何变化?

4-8 温度的实质是什么?对于单个分子能否问它的温度是多少?压力的实质是什么?对于单个分子能否判断它的压力是多少?

4-9 为何阴雨天衣服不容易晒干而晴天则容易干?

4-10 为何冬季人在室外呼出的气是白色雾状?冬天室内有供暖装置时,为什么会感到空气干燥?用火炉取暖时经常在火炉上放一壶水,目的何在?

4-11 理想气体的特征是什么?什么条件下实际气体的性质能很好地近似为理想气体?

4-12 一个氢气球可以自由膨胀,随着气球的不断升高,大气压强不断减小,气球就不断膨胀。如果忽略大气温度和空气平均摩尔质量随高度的变化,试问在气球上升过程中所受到的浮力是否变化?说明理由。

4-13 两个相同的球形容器里都装了氢气,两球之间用一根玻璃管连通,管中用一滴水银做活塞。当两容器中所充气体的温度分别为 10℃ 和 20℃ 时,水银液滴刚好在中间维持平衡。问:(1)若两边容器中的温度各提高 10℃,水银液滴是否会移动?若动,将移向哪边?(2)结论与两边容器中是否充同一种气体有无关系?

4-14 物质有几种物态(相)?在汽液相变过程中,如何确定混合物的物性?

4-15 什么是三相点?对于每种物质,三相点是唯一的吗?

4-16 什么是临界点?什么是超临界?

4-17 150℃ 的水放在一个密闭容器内,问这时水可能处于什么压力和什么状态?

4-18 若压力 $p=10$ bar,当温度分别为 100℃、200℃、300℃ 时,试确定水所对应的状态。

4-19 何谓湿空气的露点温度?解释降雾、结露、结霜现象,并说明它们的发生条件。

4-20 理想气体的 c_p 和 c_v 之差及 c_p 和 c_v 之比值是否在任何温度下都等于常数?

习　题

4-1 通过计算求压强为 0.1MPa、温度为 57℃ 的氧气的密度。(答案:1.167kg/m³)

4-2 用水银压差计测量容器中气体的压力,为防止有毒的水银蒸汽产生,在水银柱上加一段水。若水柱高 200mm,水银柱高 800mm,如图所示。已知大气压力为 735mmHg(1mmHg=133.322Pa),试求容器中气体的绝对压力为多少 kPa?(答案:206.7kPa)

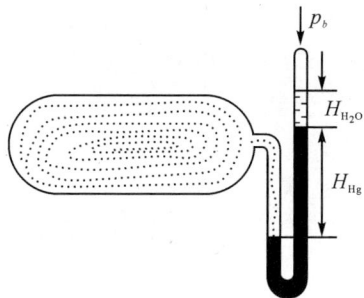

习题 4-2

4-3 一个容器内的气体压力用压力计测量,压力计的读数为 2.70bar,同时气压计显示大气压力为 755mmHg,求容器内气体的绝对压力。又若气体的压力不变,而大气压下降至 740mmHg,问压力计的读数有无变化? 如有,变化了多少? (答案:3.71bar,0.023bar)

4-4 锅炉烟道中的烟气常用上部开口的斜管测量,如图所示。若已知斜管倾角 $\alpha = 30°$,压力计中使用 $\rho = 0.8g/cm^3$ 的煤油,斜管液体长度 $L = 200mm$,当地大气压力 $P_b = 0.1MPa$。求烟气的绝对压力(用 MPa 表示)。(答案:0.0992MPa)

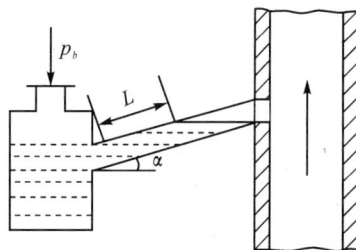

习题 4-4

4-5 钢瓶内储有温度 20℃、压强 5.0atm 的气体,问:(1)若将钢瓶浸入容积很大的沸水槽中,达到热平衡时瓶内气体压强为多大? (2)保持温度不变,允许气体逸出一部分,气体的压强重新降到 5.0atm,问逸出的气体质量占原有气体质量的百分数是多少? (3)如果钢瓶内剩余气体的温度重新降到 20℃,则最后的气体压强为多大? (答案:6.4atm;27%;3.9atm)

4-6 氧气瓶的容积是 32L,其中氧气的压强是 130atm,为防止混入其他气体而洗瓶,通常规定瓶内氧气压强降到 10atm 时就得充气。现有一玻璃房,每天需要 1.0atm 的氧气 400L,问一瓶氧气能用几天? (答案:9.6 天)

4-7 房间的容积为 300m³,问在标准状态下,这个房间内的空气质量为多少 kg? (已知空气的平均摩尔质量是 $29 \times 10^{-3} kg/mol$)(答案:$3.88 \times 10^2 kg$)

4-8 抽气机转速为 $\omega = 400r/min$,每分钟能够抽出气体 20L,容器的容积 $V = 2L$,问经过多少时间,才能使容器内的压强由 $p_0 = 1atm$ 降到 $p_1 = 1.32 \times 10^{-3} atm$? (答案:40.35s)

4-9 高 100cm、截面积为 $1.0cm^2$ 的粗细均匀的 U 形管,其中储有高度为 50cm 的水银,现将左侧的上端封闭,右侧与真空泵相连,问右侧抽空后,左侧的水银高度将下降多少? 设空气的温度保持不变,压强为 75cmHg。(答案:25cm)

4-10 一个空气泡在多深的水中时它的半径比在水面上小一半? 设水面上的压强为 p_0,水的密度为 ρ。(答案:$7p_0/g\rho$)

4-11 一氢气球在 20℃ 充气后,压强为 1.2atm,半径为 1.5m。到夜晚时,温度降为 10℃,气球半径缩为 1.4m,其中氢气的压强减为 1.1atm,求已经漏掉了多少氢气。(答案:0.32kg)

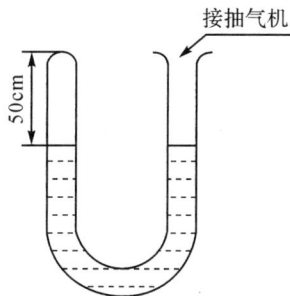

习题 4-9

4-12 体积为 $0.03m^3$ 的某刚性储气瓶内盛有 700kPa、20℃的氮气。瓶上装有一阀门，压力达到 875kPa 时阀门开启，压力降到 840kPa 时关闭。若由于外界加热的原因造成阀门开启，问:(1)阀门开启时瓶内气体温度为多少? (2)因加热,阀门开闭一次期间瓶内气体失去多少? 设瓶内氮气温度在排气过程中保持不变。(答案:93.3℃,9.65g)

4-13 一个大型热气球的容积为 $2.1×10^4m^3$,气球本身和负载质量共 $4.5×10^3kg$,若其外部空气温度为 20℃,要想使气球上升,其内部空气最低要加热到多少度? (答案:84℃)

4-14 温度为 27℃的 2mol 理想气体,体积是 $3.0×10^{-2}m^3$。问:(1)它的压强是多大? (2)保持温度不变,令压强改变 0.667kPa,体积变化多少? (3)保持体积不变,令压强改变 0.667kPa,温度变化多少? (答案:$1.66×10^5Pa$,$1.20×10^{-4}m^3$,1.20K)

4-15 一个篮球在室温为 0℃时打入空气,使其达到 $1.52×10^5Pa$,试计算:(1)在球赛时篮球温度升高到 30℃,这时球内的压强有多大? (2)球赛过程中,球被扎破一个小洞,开始漏气。球赛结束后,篮球逐渐回复到室温,最终球内剩下的空气是原有空气的百分之几? (篮球体积不变,室内外压强均为 $1.01325×10^5Pa$)(答案:168.7kPa,66.7%)

4-16 如图所示一根长 $L=100cm$ 的一头封闭的玻璃管,管口垂直向下插入盛满水的杯中至水面下深 $l=80cm$ 处,求管内水的水面距管口的高度 h 是多少? (答案:6.6cm)

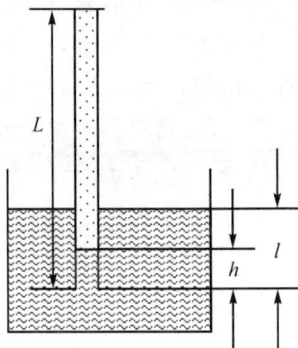
习题 4-16

4-17 28″自行车车轮直径为 71.12cm(相当于 28 英寸),内胎截面直径为 3cm。在 −3℃的天气里向空车胎里打气。打气筒长 30cm,截面半径 1.5cm。打了 20 下,气打足了,问此时车胎内的压强是多少? 设车胎内最后气体温度为 7℃。(答案:2.8atm)

4-18 如图所示一根长 $l=20cm$、一端封闭的玻璃管浸入水银中,超出水银面的部分 $l_1=15cm$。0℃时管内的水银面比容器内水银面高出 $h_1=5cm$,问使空气占满整个管容积,需要管内的空气温度升高多少? 大气压强 $p_0=10^5Pa$,容器中水银面高度可认为不变。(答案:351℃)

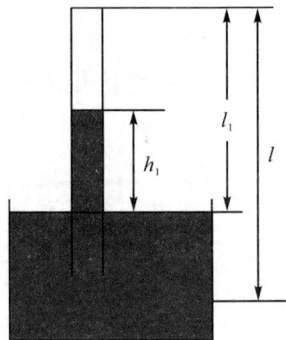
习题 4-18

4-19 一柴油机的气缸充满空气,压缩前其中空气的温度为 47℃,压强为 $8.61×10^4Pa$。当活塞急速上升时,可把空气压缩到原体积的 1/5,这时压强增大到 $1.25×10^6Pa$,求这时空气的温度。(分别以 K 和℃表示)(答案:929K,656℃)

4-20 刚性绝热的气缸由透热、与缸体无摩擦的活塞分成 A、B 两部分,初始时活塞被销钉卡住,A、B 两部分的容积各为 $1m^3$,分别储存有 200kPa、300K 和 1MPa、1000K 的空气。现拔取销钉让活塞自由移动,最终达到一个新的平衡态。若空气的内能 $u=cvT$,且空气的比热可取定值,问该系统达到终态的压力和温度是多少? (答案:600kPa,720K)

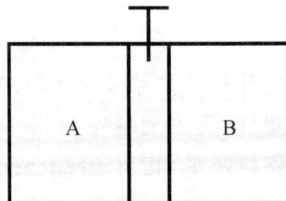
习题 4-20

第五章 热力装置和"永动机"

水蒸气只是一种手段,而且不是唯一的手段。一切物质都可用于这个目的,因为一切都可以发生冷热交换,都能收缩或膨胀,在发生体积变化的时候都有克服阻抗而做功的能力,因而能产生动力。

——萨迪·卡诺:《关于火的动力的思考》

第三种方式涉及对自然方面或者对技术方面施加动作时都很重大的工具,那就是使用热和冷。

——弗兰西斯.培根:《新工具》

5.1 热力设备分析

实际工程设备和装置中,很多系统都伴随着工质的流进和流出,因此利用热力学第一定律的相关能量方程可以帮助我们解决许多工程问题。

5.1.1 系统的能流和物流

如果系统与外界没有物质交换、只有能量交换,这种系统称为闭口系统。在闭口系中,系统的物流为零,而能流满足热力学第一定律:

$$\Delta U = Q - W \tag{5-1}$$

如果系统与外界不但有能量交换,而且有物质交换(如图 5.1 所示),有工质流进和流出系统,这种系统称为开口系。其物流为

$$\delta m_{cv} = \delta m_1 - \delta m_2 \tag{5-2}$$

对于稳定流动过程,系统内质量的增加量为零 $\delta m_{cv} = 0$,则工质进出质量平衡 $\delta m_1 = \delta m_2$,或 $m_1 = m_2$。若以流量来表示,则由于 $\dot{m} = \dfrac{\delta m}{\delta \tau}$,

$$\dot{m}_1 = \dot{m}_2 \tag{5-3}$$

在能量转换过程中,开口系不但有通过边界的能流——功和热量的交换,还有由于工质

流进、流出系统所携带的能流,即

$$\Delta E_{cv} = Q - W + \int_\tau (e_1 \delta m_1 - e_2 \delta m_2) \qquad (5\text{-}4)$$

式中系统与外界交换的功 W 不但包含通过转轴向外输出的轴功,还包含维持工质流动的流动功,即

$$W = W_{sh} + W_f = W_{sh} + \Delta(pV) \qquad (5\text{-}5)$$

对于稳定流动过程,系统总能的增加量为零 $\Delta E_{cv} = 0$,工质进出系统的质量也平衡 $\delta m_1 = \delta m_2$,即 $\int_\tau \delta m_1 =$

图 5.1 开口系的能流图

$\int_\tau \delta m_2 = m$,以及 $\int_\tau (e_1 \delta m_1 - e_2 \delta m_2) = (e_1 - e_2)m = E_1 - E_2$,而根据总能的定义 $E = U + \frac{1}{2}mc^2 + mgz$,引入状态函数焓 $H = U + pV$,则稳定流动开口系统的能流为

$$Q = \Delta H + \frac{1}{2}m(c_2^2 - c_1^2) + mg(z_2 - z_1) + W_{sh} \qquad (5\text{-}6)$$

若设技术功 $W_t = W_{sh} + \frac{1}{2}m\Delta c^2 + mg\Delta z$,有

$$\Delta H = Q - W_t \qquad (5\text{-}7)$$

5.1.2 工程设备的热力分析

应用上述的系统能流和物流方程可以分析不同的工程设备,在分析中可以根据具体条件作出合理的简化。例如:

(1)叶轮式机械

内燃机、蒸汽轮机、燃气轮机、压气机、泵、风机等都属于叶轮式机械。

能向外输出轴功的叶轮式机械称为叶轮式动力机,如图 5.2(a) 所示,当工质流经叶轮式动力机时,压力降低,体积膨胀,系统对外界做功。如果忽略工质进出口的宏观动能差、势能差和向外界的散热量,则稳定流动开口系统的能量方程可简化为

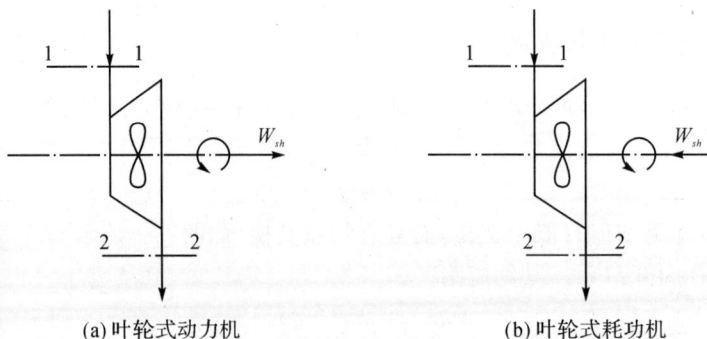

(a)叶轮式动力机   (b)叶轮式耗功机

图 5.2 叶轮式机械

$$W_{sh} = H_1 - H_2 \qquad (5\text{-}8)$$

对于每 1kg 流体

$$w_{sh} = h_1 - h_2 \qquad (5\text{-}9)$$

所以,叶轮式动力机对外输出的轴功等于工质进出口的焓差。

如果是外界对系统做功(向系统输入轴功),则外界所消耗的功使工质的焓增加,上式仍然成立,只是由于轴功为"一",使 $h_2 > h_1$,具体表现为工质的压力升高等,这种叶轮式机械称为叶轮式耗功机,如图 5.2(b)所示。

(2)热交换器

锅炉、加热器、冷却器、蒸发器、冷凝器等都属于热交换器,如图 5.3 所示。工质在热交换器中被加热或冷却,与外界发生热量交换而没有功量交换,如果忽略工质进出口的宏观动能差和势能差,则对于稳定流动有

$$Q = H_2 - H_1 \tag{5-10}$$

工质在热交换器中吸收热量后使工质的焓增加,或放出热量后使工质的焓减少。

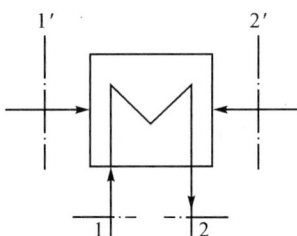

图 5.3　热交换器　　　　图 5.4　节流装置

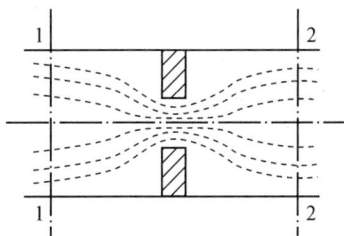

(3)节流装置

阀门、流量孔板等也是工程中常用的用于降低工质压力的装置,称为节流装置,如图 5.4 所示。由于实际节流孔附近存在摩擦和涡流,是一个非平衡过程,所以在分析中一般将系统的进出口截面取在离节流孔一定距离的稳定状态处。在节流过程中,工质与外界无热量、功量的交换,也可以忽略工质进出口的宏观动能差和势能差,则

$$H_2 = H_1 \tag{5-11}$$

在绝热节流过程中,工质的焓值不变。

(4)喷管

喷管在燃气轮机、喷气式发动机、火箭发动机中都有大量的应用。喷管通常是一个变截面的流道,是一种气流加速设备,如图 5.5 所示。气流高速流过喷管,无轴功的输入和输出,散热损失和工质进出口的势能差可以忽略,因此有

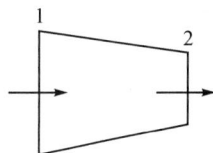

$$\frac{1}{2}m(c_2^2 - c_1^2) = H_1 - H_2 \tag{5-12}$$

图 5.5　喷管

喷管中气流动能的增加等于焓的减少。

例题 5-1:汽轮机进口的蒸汽参数压力是 13MPa,温度是 540℃,焓为 3443.25kJ/kg,进口速度为 70m/s。蒸汽在汽轮机中绝热膨胀,出口压力为 0.005MPa,蒸汽焓值为 2009kJ/kg,出口速度为 140m/s,当蒸汽质量流量为 400t/h 时,试求:

(1)若略去动能变化,汽轮机的输出功率为多少千瓦?

(2)动能变化对输出功率有多大影响?

(3)若汽轮机散热 6.81×10^5 kJ/h 时,对输出功率又有多大影响?

解：已知 $h_1 = 3443.25\text{kJ/kg}$，$c_1 = 70\text{m/s}$，$h_2 = 2009\text{kJ/kg}$，$c_2 = 140\text{m/s}$，$m = 400\text{t/h}$

求：(1)略去动能差时汽轮机的输出功率；(2)考虑动能差时对输出功率的影响；(3)若考虑散热 $6.81 \times 10^5\text{kJ/h}$ 时，对输出功率的影响。

(1)略去动能的影响时的做功量：

$$W'_{sh} = W'_t = (h_1 - h_2)m$$
$$= (3443.25 - 2009) \times 400 \times 10^3$$
$$= 57.37 \times 10^7\text{kJ}$$

汽轮机功率：

$$P' = \frac{W'_{sh}}{3600} = 159.3\text{kW}$$

(2)$Q = 0$，做功量：

$$W_{sh} = (H_1 - H_2) - \frac{m}{2}(c_2^2 - c_1^2)$$

$$= \left[(3443.25 - 2009) - \frac{1}{2}(140^2 - 70^2) \times 10^{-3}\right] \times 400 \times 10^3$$

$$= [1434.25 - 7.35] \times 400 \times 10^3$$

$$= 57 \times 10^7\text{kJ}$$

汽轮机功率：$P = \dfrac{W_{sh}}{3600} = 158.54\text{kW}$

$$\Delta P = \frac{|P - P'|}{P} = \frac{|158.54 - 159.36|}{158.54} = 0.515\%$$

(3)当存在散热时，做功量：

$$Q = (H_2 - H_1) + \frac{m}{2}(c_2^2 - c_1^2) + W_{sh}$$

$$W''_{sh} = \left[(3443.25 - 2009) - \frac{1}{2}(140^2 - 70^2) \times 10^{-3}\right] \times 400 \times 10^3 - 6.81 \times 10^5$$
$$= 57.00 \times 10^7 kJ$$

汽轮机功率：$P'' = \dfrac{W''_{sh}}{3600} = 158.36\text{kW}$

$$\Delta P = \frac{|P - P''|}{P} = 0.114\%$$

通过计算可知，虽然汽轮机工作中动能差、散热的绝对值较大，但相对汽轮机输出的功而言可以小到忽略不计的地步，对输出的功率影响很小。

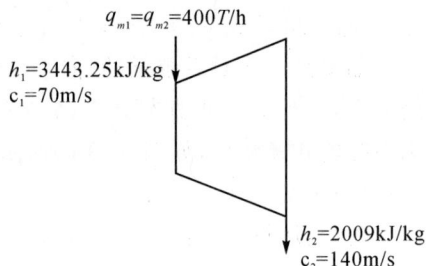

$q_{m1} = q_{m2} = 400T/h$

$h_1 = 3443.25\text{kJ/kg}$
$c_1 = 70\text{m/s}$

$h_2 = 2009\text{kJ/kg}$
$c_2 = 140\text{m/s}$

例题 5-1 汽轮机的工作示意图

5.2　热力过程分析

5.2.1　热力过程描述

在实际设备中,为了实现能量转换或达到系统要求的工质状态必须完成一个或多个热力过程,最常见而且也易于实现的四个热力过程是定容过程、定压过程、定温过程和绝热过程(绝热可逆过程又称为定熵过程),称为四个典型热力过程。在这些热力过程中,某一状态参数的值保持不变。

很多实际热力过程都可以理想化为这几个典型热力过程,生活中和工程上都有许多这些过程的实例。如过热蒸汽在锅炉内产生的过程可看作是一个定压加热过程;冰箱蒸发器管子中制冷工质的汽化吸热过程可认为是定压且定温的过程;燃气轮机的燃烧室里的过程常常近似为定压加热过程;汽车发动机的气缸内汽油与空气混合物的燃烧过程可理想化为定容加热过程;而蒸汽在汽轮机中的膨胀做功过程、燃气在发动机气缸内的膨胀做功过程和火箭发动机中高温高压燃气在尾喷管内的膨胀过程则都可视为绝热膨胀过程;家中烧开水的过程可作定压加热过程处理等等。

如果在实际过程中所有状态参数都是变化的,如空气压缩机(压气机)中气体被边压缩边冷却,压力、温度、体积等没有一个状态参数可视为定值,这种过程可称作多变过程,用下式表示其状态参数的变化规律:

$$pv^n = 常数 \tag{5-13}$$

其中 n 称为多变指数,在 $0 \sim \pm\infty$ 之间变化,上述四个典型热力过程是多变过程的特例,如图 5.6 所示:

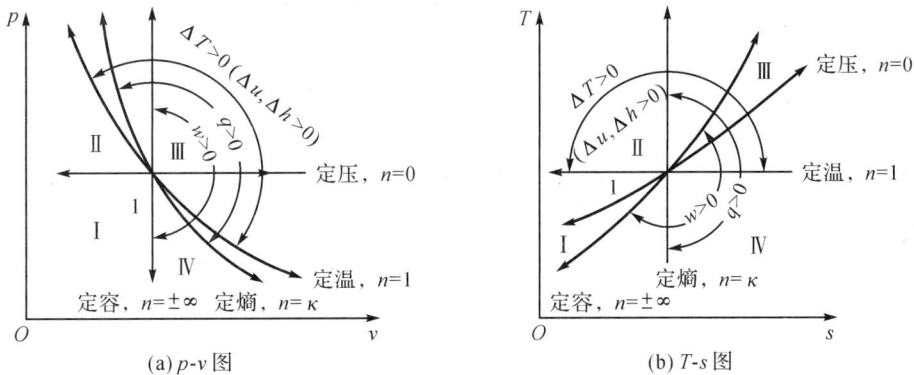

(a) $p\text{-}v$ 图　　　　　　　　　(b) $T\text{-}s$ 图

图 5.6　四个典型热力过程

定压过程:$n=0$,$p=$ 常数;

定温过程:$n=1$,$pv=$ 常数;

定熵过程:$n=\kappa$,$pv^\kappa=$ 常数;

定容过程：$n=\pm\infty$，$v=$常数。

5.2.2 典型热力过程分析

在定容过程中，$V=$常数，在一个小的变化过程中 $dV=0$，根据热力学第一定律有

$$(\delta Q)_v = U_2 - U_1 = m\Delta u \tag{5-14}$$

即在定容过程中，系统吸收的热量等于系统内能的增加。

在定压过程中，外界对系统所作的功为

$$W = p(V_2 - V_1) \tag{5-15}$$

根据热力学第一定律有

$$\Delta U = U_2 - U_1 = (\delta Q)_p - p(V_2 - V_1)$$

即 $\qquad (\delta Q)_p = U_2 - U_1 + p(V_2 - V_1) = (U_2 + pV_2) - (U_1 + pV_1)$

引入焓 $H = U + pV$，则对于定压过程，

$$(\delta Q)_p = H_2 - H_1 = m\Delta h \tag{5-16}$$

即在定压过程中，系统吸收的热量等于系统焓的增加。

如果热力过程中所使用的工质可以作为理想气体处理，由于理想气体的内能只是温度的函数，与体积无关，所以对于理想气体的任何过程，在定比热条件下有：

$$\Delta u = u_2 - u_1 = \int_{T_1}^{T_2} c_v \mathrm{d}T = c_v \Delta T \tag{5-17}$$

对焓的定义式引入理想气体状态方程后可得

$$H = U + pV = U + mR_g T \tag{5-18}$$

所以理想气体的焓也只是温度的函数，与体积无关，对于理想气体的任何过程，在定比热条件下有：

$$\Delta h = h_2 - h_1 = \int_{T_1}^{T_2} c_p \mathrm{d}T = c_p \Delta T \tag{5-19}$$

对于理想气体的上述各个热力过程，压力 p、体积 V 和温度 T 之间的关系、过程中的热力学能变化 Δu、焓变化 Δh、熵变化 Δs、功 w、技术功 w_t 和热量 q 等的详细计算公式可查阅附表 A3。

对于实际气体和液体，可以通过直接查附表 B 中相应工质的热力性质表或热物性表得到所需的状态参数，进而通过计算得到功和热。

例题 5-2：柴油机的气缸吸入 25 升温度为 50℃的空气，经过绝热压缩，空气的温度要求升高到远超过燃料的点火温度，以便喷入柴油时能随喷随烧。如果要求柴油喷入时气缸内的温度达到 720℃，问空气体积必须被压缩到多大时才能满足要求？压缩比是多少？

解：已知 $T_1 = 273 + 50 = 323\mathrm{K}$，$T_2 = 273 + 720 = 993\mathrm{K}$，$V_1 = 25\mathrm{L} = 0.025\mathrm{m}^3$，取空气的绝热指数 $n = \kappa = 1.4$，利用理想气体状态方程，定熵过程中有 $p_1 v_1^\kappa = p_2 v_2^\kappa$，则 $T_1 v_1^{\kappa-1} = T_2 v_2^{\kappa-1}$

$$V_2 = V_1 \left(\frac{T_1}{T_2}\right)^{\frac{1}{\kappa-1}} = 0.025 \times \left(\frac{323}{993}\right)^{\frac{1}{0.4}} = 1.52 \times 10^{-3}\mathrm{m}^3$$

压缩比 $\qquad\qquad \varepsilon = \dfrac{V_1}{V_2} = \dfrac{0.025}{1.52 \times 10^{-3}} = 16.5$

例题 5-3：证明：在气体的定温过程中，$w = w_t = q$。

证明：对于气体的定温过程，$T=$定值，按照 $pv=R_gT$，即 $p_1v_1=p_2v_2=pv$，将 $p=\dfrac{p_1v_1}{v}$ 代入过程功和技术功的定义式，分别有

$$w=\int_{v_1}^{v_2}p\mathrm{d}v=p_1v_1\int_{v_1}^{v_2}\frac{\mathrm{d}v}{v}=p_1v_1\ln\frac{v_2}{v_1}=R_gT_1\ln\frac{v_2}{v_1}=R_gT_1\ln\frac{p_1}{p_2}$$

$$w_t=-\int_{p_1}^{p_2}v\mathrm{d}p=-p_1v_1\int_{p_1}^{p_2}\frac{\mathrm{d}p}{p}=-p_1v_1\ln\frac{p_2}{p_1}=p_1v_1\ln\frac{p_1}{p_2}=R_gT\ln\frac{p_1}{p_2}=w$$

根据热力学第一定律表达式，因 $T_1=T_2=T$，所以 $q=\Delta u+w=c_v(T_2-T_1)+w=w$。

思考：$w=w_t=q$，即气体所接受的热量将全部转化为功，这是否违背了热力学基本定律？

例题 5-4：推导：取定比热时，气体可逆绝热过程，亦即定熵过程的过程功 w 和技术功 w_t 的计算式。

解：对于可逆绝热过程，$pv^\kappa=const.$，可表示为 $p_1v_1^\kappa=p_2v_2^\kappa=pv^\kappa$，$\kappa$ 为绝热指数。将 $p=\dfrac{p_1v_1^\kappa}{v^\kappa}$ 代入过程功的定义式

$$w=\int_{v_1}^{v_2}p\mathrm{d}v=p_1v_1^\kappa\int_{v_1}^{v_2}v^{-\kappa}\mathrm{d}v=p_1v_1^\kappa\left(\frac{v^{1-\kappa}}{1-\kappa}\right)_{v_1}^{v_2}=p_1v_1^\kappa\left(\frac{v_2^{1-\kappa}-v_1^{1-\kappa}}{1-\kappa}\right)$$

$$=\frac{p_2v_2-p_1v_1}{1-\kappa}=\frac{p_1v_1-p_2v_2}{\kappa-1}$$

又 $pv=R_gT$，上述功量计算式还可以写成 $w=\dfrac{R_g}{\kappa-1}(T_1-T_2)$

对于技术功有

$$w_t=-\int_{p_1}^{p_2}v\mathrm{d}p=-p_1^{1/\kappa}v_1\int_{p_1}^{p_2}p^{-1/\kappa}\mathrm{d}p=-p_1^{1/\kappa}v_1\left(\frac{p^{1-1/\kappa}}{1-1/\kappa}\right)_{p_1}^{p_2}$$

$$=p_1^{1/\kappa}v_1\left(\frac{p_1^{1-1/\kappa}-p_2^{1-1/\kappa}}{1-1/\kappa}\right)=\frac{\kappa}{\kappa-1}(p_1v_1-p_2v_2)$$

5.3　动力装置

5.3.1　内燃机动力装置

内燃发动机的发明和研制是人们长期劳动实践活动的结果。内燃机的发明是在使用外燃式蒸汽机的基础上，仿照蒸汽机的结构，在汽缸中燃烧照明煤气作为开端的。古代科学家们首先成功地创制了煤气机，在煤气机的基础上改进为汽油机，再创制为柴油机。从热能转换成机械能的方式来看，首先创制的是真空机，然后是爆发机、压缩机及点燃机，最后才是压燃机。往复活塞式发动机的原理和一尊大炮很相似：炮筒相当于汽缸，火药在炮筒内爆炸做功射出子弹，好比发动机完成了一个做功行程。

1673 年，法国巴黎科学院院士、荷兰物理学家惠更斯（Christiaan Huygense）首先提出

了真空活塞式火药发动机的方案,利用火药燃烧的高温燃气在竖立的汽缸内冷却后,形成真空而带动活塞做功。1824年,卡诺在他的书中提出"应制作使用大气、在点火前进行压缩的发动机"。他们的这些创造性思想是现代发动机的萌芽。1826年,英国的布朗(Samel Brown)发明了实用的煤气双缸发动机,有水冷式冷却装置,功率约为3千瓦(4马力),并获得了专利。1827年,英国牧师斯特林(R. Stirling)发明了热空气膨胀式发动机——斯特林发动机。这是一种用两个活塞工作的封闭循环的外燃机,外来燃料使封闭着的工质(氦和氢)膨胀和冷却来推动活塞做功。当时由于效率过低而没有得到发展。1833年,英国人莱特(W. L. Wright)提出了"爆发"发动机,它直接利用燃烧压力推动活塞,从而结束了真空机的历史。

克里斯蒂安·惠更斯(Christiaan Huygens,1629—1695)

1866年,德国工程师奥托(Nikolaus August Otto,1832—1891)在前人的基础上发明了活塞式四冲程发动机(如图5.7所示),据说他的设计受到烟囱冒烟的启发,使他的发动机能够平缓高效率燃烧。1864年,旅居奥地利的德国人马尔库斯(Siegfred Marcus)偶然发现汽油燃烧具有很大的爆发力,因此最先开始试制汽油发动机和汽油发动机汽车,他的手扶汽车没有离合器,而且噪声惊人。1879年,被后人誉为"汽车之父"的德国的卡尔·本茨(Karl Benz,1844—1929)制造出二冲程实验发动机。1883年,德国工程师戴姆勒(Gottlieb Dailmer,1834—1900)制成了今天汽车发动机的原型——高压点火卧式汽油机。

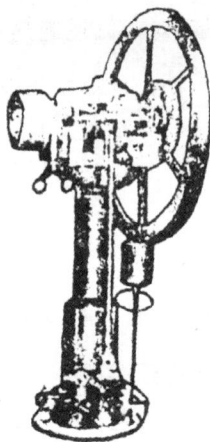

图 5.7 1866 年奥托发明的立式发动机

在柴油机发展史上,最重要的人物是德国工程师狄塞尔(Rudolf Diesel,1859—1913),1893年他发表了关于狄塞尔发动机原理和结构的论文,同年试制出柴油试验机,使内燃机得到了进一步发展。1899年,德籍美国人、酿造业者阿尔道夫·布什开始批量生产柴油发动机作为机器动力,并成功地装到了汽车上,开创了柴油机汽车的先例,引起交通运输业的突飞猛进。20世纪30年代开始,涡轮增压技术在柴油机上大量采用,使它的性能得到进一步提高。

四冲程内燃机(如图5.8)按引燃方法的不同可分为点燃式(汽油机)和压燃式(柴油机)两种,内燃机的活塞在气缸内往复运动两次,即曲轴旋转两周依次完成吸气、压缩、膨胀和排气四个工作过程。

狄塞尔(Rudolf Diesel,1859—1913)

汽油的挥发性较好,能和空气组成均匀的混合气体,点火后立即燃烧。汽油易发生爆燃,会降低功率、引起震动、损害机件,所以抗爆性(辛烷值)是一个重要指标。一般汽油中都要加入适量抗爆剂四乙基铅($Pb(C_2H_5)_4$)以提高辛烷值。

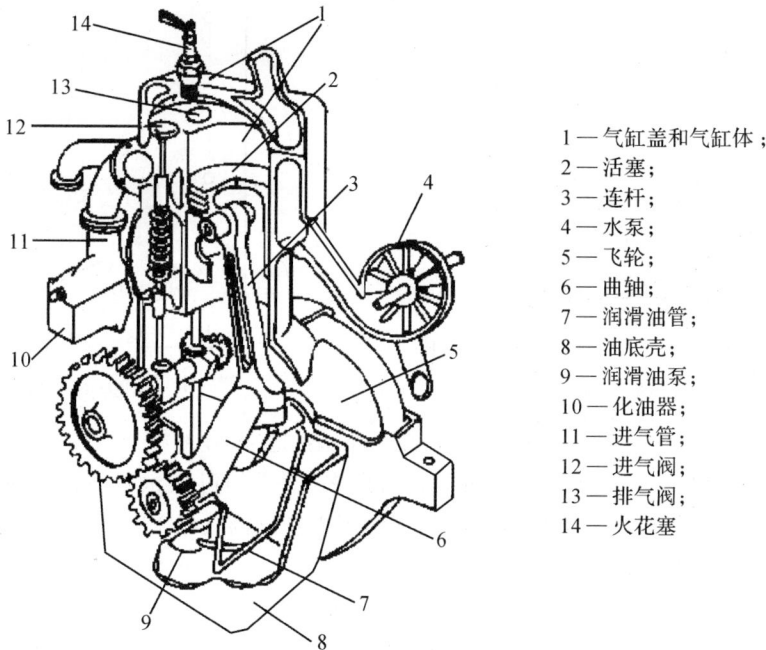

1—气缸盖和气缸体；
2—活塞；
3—连杆；
4—水泵；
5—飞轮；
6—曲轴；
7—润滑油管；
8—油底壳；
9—润滑油泵；
10—化油器；
11—进气管；
12—进气阀；
13—排气阀；
14—火花塞

图 5.8　单缸四冲程内燃机的结构

对于四冲程点燃式内燃机(汽油机)的工作过程,如图 5.9 所示,示功图如图 5.10 所示。

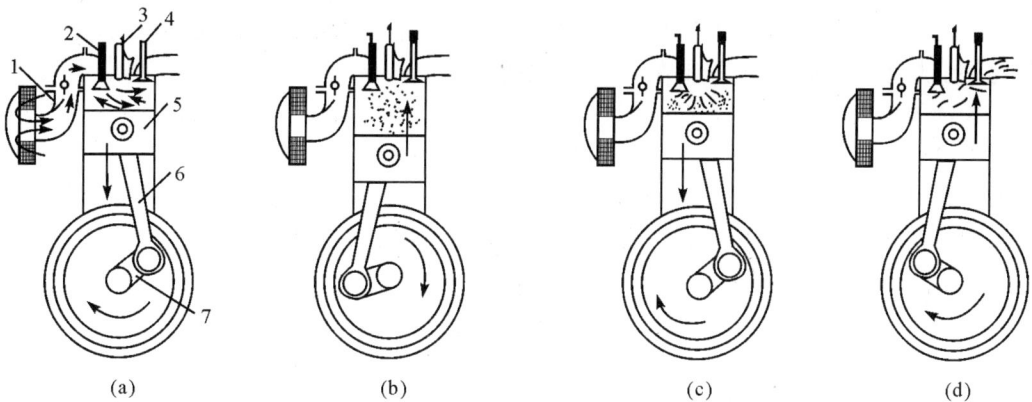

图 5.9　单缸四冲程汽油机工作原理图

1—化油器；2—进气阀；3—火花塞；4—排气阀；5—活塞；6—连杆；7—曲轴

第一冲程:进气冲程——1—2 等压进气(空气)过程(图 5.10);

第二冲程:压缩冲程——2—3 绝热压缩过程(图 5.10);

第三冲程:做功冲程——3—4 定容燃烧(加热)过程及 4—5 绝热膨胀过程(图 5.10);

第四冲程:排气冲程——5—2 定容放热过程(图 5.10)。

四冲程点燃式内燃机的实际做功量在理论示功图上就是线 2—3—4—5—2 所包围的面积,在实际示功图上是 A_1、A_2 面积之差。

在实际分析计算中,将四冲程点燃式内燃机理论化为空气在热源和冷源之间进行的定容加热循环,即习惯上所谓的"奥托循环",循环的四个过程——定熵压缩、定容加热、定熵膨

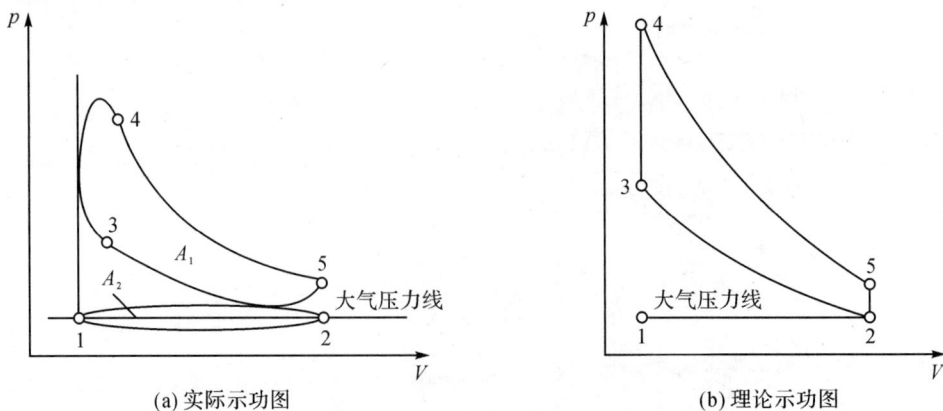

(a) 实际示功图 　　　　　　　　　　(b) 理论示功图

图 5.10　四冲程点燃式内燃机的示功图

胀和定容放热可以在 $p-v$ 和 $T-s$ 图上表示出来(同学们可以试着自己画画看)。对循环中各个过程中的热量或功量交换有兴趣的同学可以查阅附表 A3 得到相应计算公式。

定容加热循环热效率

$$\eta_t = 1 - \frac{q_2}{q_1} = 1 - \frac{1}{\varepsilon^{\kappa-1}} \tag{5-20}$$

其中 κ 为绝热指数;$\varepsilon = \dfrac{v_2}{v_3}$,称为压缩比,是内燃机在第二冲程绝热压缩过程中的容积减小的幅度,显然 $\varepsilon > 1$。

由此可见,汽油机的热效率与压缩比成正比,但压缩比也不能因此无限增大,过大的压缩比易引起爆燃,所以一般控制在 6.5～9 之间为宜。

柴油的挥发性较差,不能直接和空气混合,通常采用强制混合的办法,先将空气吸入气缸压缩升温,再将雾状柴油喷入,柴油进入燃烧室到自燃有一个迟燃期(10^{-3} 秒左右落后期),这个时间过长和过短都不利于工作,所以自燃性(十六烷值)是柴油的一个重要指标。

对于四冲程压燃式内燃机(柴油机)的工作过程,如图 5.11 所示。

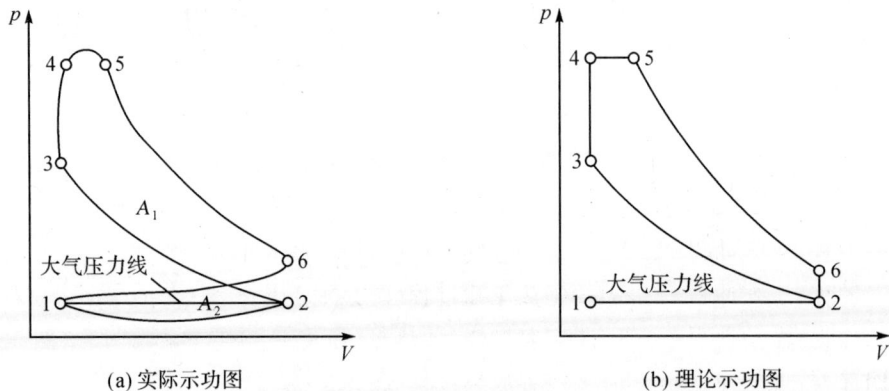

(a) 实际示功图 　　　　　　　　　　(b) 理论示功图

图 5.11　四冲程压燃式内燃机的示功图

第一冲程:进气冲程——1-2 等压进气(空气)过程(图 5.11);

第二冲程:压缩冲程——2-3 绝热压缩过程(图 5.11);

第三冲程:做功冲程——3-4 定容燃烧过程、4-5 定压燃烧过程和 5-6 绝热膨胀过程

(图 5.11);

第四冲程:排气冲程——6－2 定容放热过程(图 5.11)。

显然,四冲程压燃式内燃机的燃烧过程由定容和定压两个阶段组成,所以称为"混合燃烧循环",实际做功量在理论示功图上就是线 2－3－4－5－6－2 所包围的面积,在实际示功图上是 A_1、A_2 面积之差。

在实际分析计算中,将四冲程压燃式内燃机理论化为空气在热源和冷源之间进行的混合加热循环,或"萨巴德循环",循环的五个过程——定熵压缩、定容加热、定压加热、定熵膨胀和定容放热也可以在 $P-V$ 和 $T-S$ 图上表示出来(同学们可以试着自己画画看)。有兴趣的同学可以通过查阅附表 A3 得到循环中各个过程的计算公式。

与点燃式类似,可以得到混合加热循环热效率

$$\eta_t = 1 - \frac{q_2}{q_1} = 1 - \frac{1}{\varepsilon^{\kappa-1}} \cdot \frac{\lambda\rho^\kappa - 1}{(\lambda-1) + \kappa\lambda(\rho-1)} \quad (5-21)$$

其中 $\lambda = \frac{p_4}{p_3}$ 为"定容升压比",是第三冲程中定容燃烧过程中压力的提升幅度;$\rho = \frac{v_5}{v_4}$ 为"定压预胀比",是第三冲程中定压燃烧过程中容积增大的幅度;$\varepsilon = \frac{v_2}{v_3}$ 为"压缩比",是内燃机在第二冲程中绝热压缩过程中的压缩比。

混合加热的循环热效率与多种因素有关,但实践证明与定容加热循环一样主要取决于压缩比,而且与压缩比成正比。由于压燃式内燃机压缩的是吸入的空气,不会发生爆燃问题,压缩比可以增大,这使得柴油机的效率通常高于汽油机。当然过大的压缩比也会引起循环压力过高、设备笨重和噪音问题,目前一般控制在 14～22 左右。

如果取定容升压比 $\lambda = \frac{p_4}{p_3} = 1$,则四冲程压燃式内燃机的燃烧过程仅有定压燃烧阶段,所以称为"定压燃烧循环",理论上化为空气在热源和冷源之间进行的定压加热循环,即习惯上所谓的"狄塞尔循环",循环的四个过程——定熵压缩、定压加热、定熵膨胀和定容放热,在 $p-v$ 和 $T-s$ 图上的表示如图 5.12 所示。定压加热循环——狄塞尔循环的热效率为

$$\eta_t = 1 - \frac{q_2}{q_1} = 1 - \frac{1}{\varepsilon^{\kappa-1}} \cdot \frac{\rho^\kappa - 1}{\kappa(\rho-1)} \quad (5-22)$$

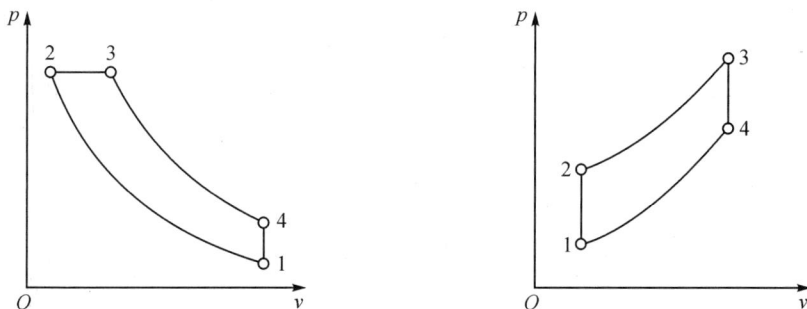

图 5.12 定压加热理想可逆循环的 $p-v$ 和 $T-s$ 图

比较汽油机和柴油机可以发现:(1)柴油机的热效率高于汽油机,省油且安全;(2)柴油机比较笨重,机械效率较低,喷油设备的材料和工艺要求较高;(3)柴油机比汽油机难于启动,噪音和振动较大;(4)柴油机适合于作为功率较大和固定场合的发动机,汽油机适用于轻

便及间断操作的场合。

5.3.2 燃气轮机动力装置

公元 10 世纪左右,我国古人发明了走马灯,利用空气受热上升、冷空气下沉的原理,推动整个装置转动。走马灯中间一根立轴,上部横装一个叶轮,下部有蜡烛座,当蜡烛燃烧时产生的上升热空气推动叶轮使其发生转动,带动绑在立轴上的纸制画片绕轴旋转。从原理上看,是现代燃气轮机的萌芽。1550年欧洲发明出类似装置,用于烤制食物。

燃气轮机也是一种内燃动力装置,与前述往复式内燃机不同的是,它的压气、燃烧和膨胀做功不是在同一气缸内进行,而是分开在压气机、燃烧室和燃气轮机三个设备里进行,如图 5.14 所示。它的结构与汽轮机类似,利用气体燃烧产物作为工质推动叶轮机械旋转做功,转速通常在 3000 转/分钟以上,运转平稳,而且启动快、体积小、重量轻、功率大,管理方便,可以

图 5.13 古代的走马灯

采用多种燃料。但是,燃气轮机要求使用耐高温和高强度的材料。目前主要用于机车、飞机、舰船,以及作为动力工厂的动力装置或备用装置。图 5.15 所示为安装在飞机机翼上采用环形燃烧室的燃气轮机喷气推进器的简图。

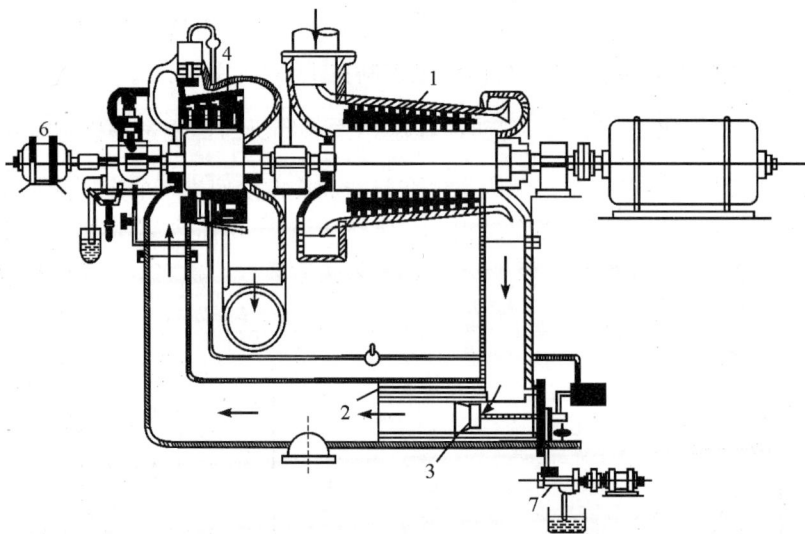

图 5.14 简单的燃气轮机发电装置

1—轴流式压气机;2—燃烧室;3—喷油嘴;4—燃气轮机;5—发电机;6—启动电机;7—燃料泵

如图 5.16 所示,空气经轴流式压气机 A 压缩升压后进入燃烧室 B,与由 D 喷入的燃料一起在定压下燃烧,产生的高温燃气进入燃气轮机 C 膨胀做功将轴功传输给发电机 E 或其他设备,做功后的废气直接或经热交换器后排入大气。

在实际分析计算中,将燃气轮机循环理论化为空气在热源和冷源之间进行的定压加热循环,习惯上称为"布雷顿循环",循环的四个过程——定熵压缩、定压加热、定熵膨胀和定压放热,即

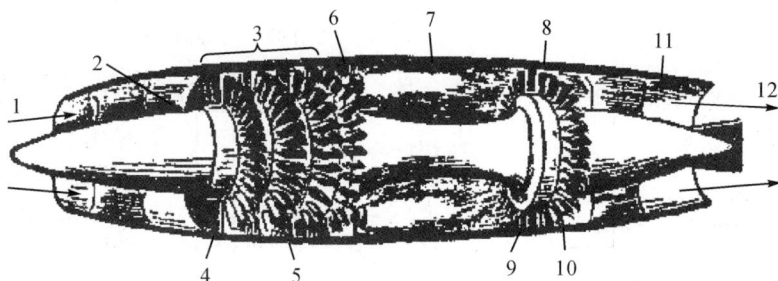

图5.15　燃气轮机喷气推进器简图

1—空气入口；2—扩压管；3—轴流式压气机；4、5—压气机的固定叶片与动叶片；6—喷油嘴；

7—环形燃烧室；8—燃气轮机；9、10—燃气机的固定叶片与动叶片；11—尾喷管；12—燃气出口

1—2 绝热压缩过程；

2—3 定压加热过程；

3—4 绝热膨胀过程；

4—1 定压放热过程。

循环四个过程所对应的计算公式有兴趣的同学可
以通过查阅附表A3推导得到。

布雷顿循环的热效率

$$\eta_t = 1 - \frac{q_2}{q_1} = 1 - \frac{1}{\beta^{(\kappa-1)/\kappa}} \qquad (5\text{-}23)$$

图5.16　燃气轮机工作原理图

A—轴流式压气机；B—燃烧室；

C—燃气轮机；D—供油泵；

E—发电机

其中 $\beta = \dfrac{p_2}{p_1}$ 为绝热增压比，是在设备 A 压气机中
进行绝热压缩过程的工质气体压力提升的幅度。

燃气轮机循环热效率仅与绝热增压比 β 有关，β 越大，循环热效率越高。燃气轮机装置
的增压比通常为 3～10。

用于压缩空气以提高气体的压力——增压的设备称为"压气机"，是燃气轮机三大设备
之一，一般由内燃机、电动机等原动机带动，需要消耗较大的功率。减少压气机的耗功也有
助于提高整个燃气轮机系统的效率。

除了在燃气轮机中的应用，压缩空气具有很多用途，如建筑通风、锅炉送风和引风、高炉
鼓风、风动工具、风动机械、气力输送、喷气织布、浆液搅拌、鱼雷发射、沉船打捞、顶吹转炉炼
钢、空气压缩式制冷等等。按照压力的大小，一般可将压气机分成三大类：出口空气的表压
小于 0.01MPa 的称为"通风机"（或"送风机"）；0.01MPa～0.2Mpa 称为"鼓风机"；出口表
压超过 0.2Mpa 的就是通常说的"压气机"；广义的压气机还包括抽真空的"真空泵"。按照
结构压气机还可以分为两大类：

（1）通过减小体积升压的容积型压气机——有往复式（活塞式）（图 5.17（a））和回转式
（螺杆式、滑片式、转子式）；

（2）通过提高速度升压的速度型压气机——有离心式和轴流式（图 5.17（b））。

一般，离心式和轴流式压气机的转速很高，气体在被压缩过程中来不及和外界交换热
量，可以视为绝热压缩过程；对于往复式压气机，当过程进行得很快而缸体的导热性不佳时
也可以按绝热压缩处理。

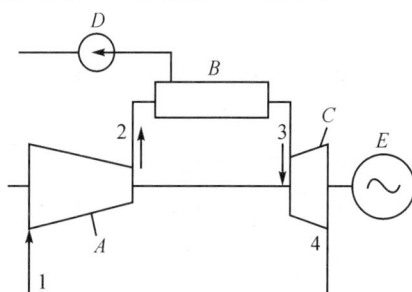

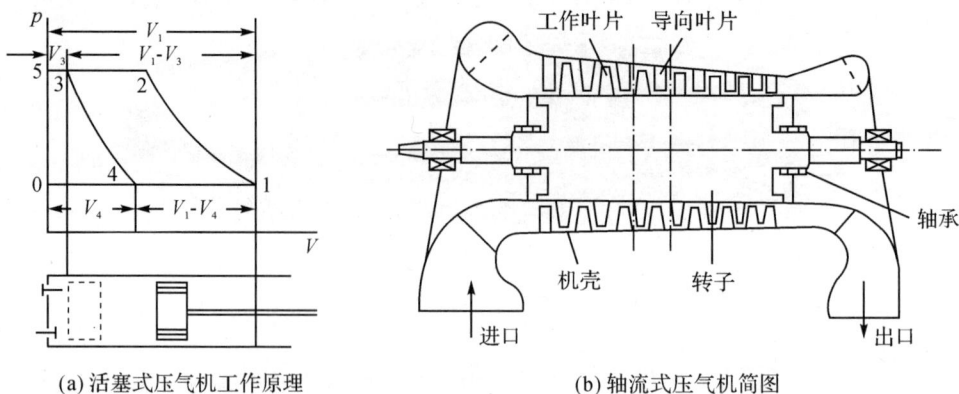

(a) 活塞式压气机工作原理　　　(b) 轴流式压气机简图

图 5.17　压气机

如果压缩过程进行得极慢,或气体在压缩过程中被充分冷却,则压缩过程可视为定温压缩。

图 5.18 所示是三种不同压缩过程的示功图,由图可知,定温压缩最省功,所以在压缩过程中采用冷却措施可以节省耗功。

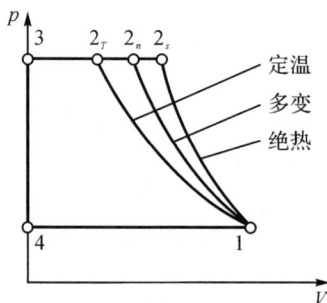

图 5.18　不同压缩过程的示功图

5.3.3　蒸汽动力装置

蒸汽动力循环是一种以水蒸气为工质、将自然能源转换为机械能的系统,是目前电力生产最主要的型式,它可以使用各种燃料和多种热源,如石油、煤炭、天然气、核燃料、工业余热、太阳能、地热等等。

蒸汽机的发明过程从 1690 年~1784 年历时近 20 年,法国科学家惠更斯的助手巴本 1690 年根据莱布尼茨的建议,改用蒸汽取代火药爆炸的燃气来推动活塞做功;1712 年纽可门(Newcomen,1663—1729)取得"将活塞下部的蒸汽冷凝和把活塞与联杆联接以产生往复运动"的专利,并制成可供抽水的蒸汽机;1765 年瓦特(James Watt,1736—1819)制成具有分离冷凝器的单作用式蒸汽机,1784 年完成了

瓦特(James Watt,
1736—1819)

双作用旋转式蒸汽机的发明。1785 年纺纱机第一次采用蒸汽机为动力装置,使手工工场转变为机器工厂,对英国工业的发展起了十分重要的作用,掀起了西方的第一次工业革命,同时也引发了科学的快速发展。

蒸汽动力循环系统的装置简图如图 5.19 所示,通常采用水蒸气作为工质,循环由吸热、

膨胀、放热、压缩四个过程组成。实现各个过程的四个主要装置是锅炉、汽轮机、凝汽器和给水泵,由管道将各部分连接组成一个蒸汽动力循环的能量转化系统。

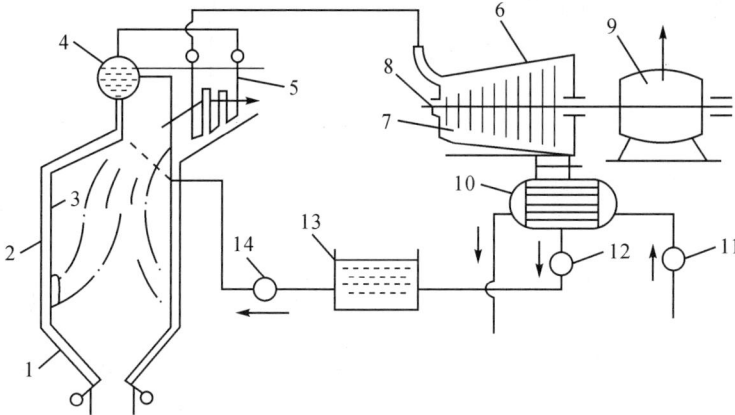

图 5.19　蒸汽动力循环装置简图

1—锅炉;2—炉墙;3—水冷壁;4—汽包;5—过热器;6—汽轮机;7—叶片;8—轴;
9—发电机;10—凝汽器;11—冷却水泵;12—冷凝水泵;13—供水箱;14—给水泵

如图 5.20(a)所示,液态水在锅炉里吸收燃料放出的热量,逐渐汽化成为高温高压的过热蒸汽,蒸汽进入汽轮机膨胀做功,向发电机输出轴功,蒸汽压力在汽轮机内逐步降低,完成做功的乏汽(低压蒸汽)进入凝汽器凝结,向冷却水放出热量,工质成为液态水后再由水泵加压至锅炉压力,重新送进锅炉吸热,如此周而复始,将燃料的热能不断转化为机械能,通过发电机源源不断地向外界输出电力。

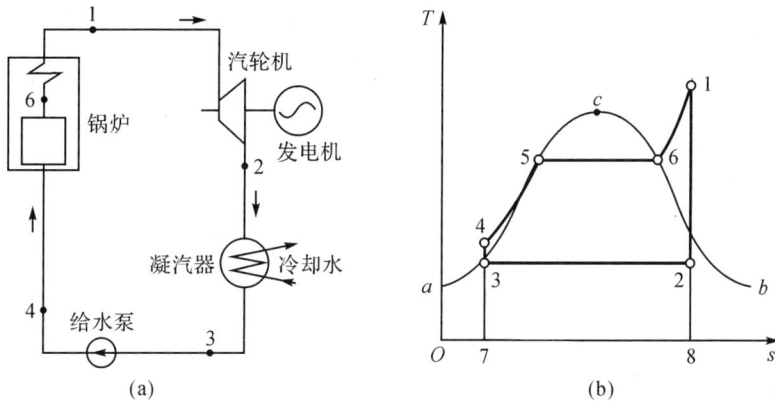

图 5.20　蒸汽动力循环

在实际分析计算中,将蒸汽动力循环理论化为水蒸气和水的两个定压过程和两个绝热过程,这是最基本的蒸汽动力循环,习惯上称为"朗肯循环",它是复杂蒸汽循环的基础。朗肯循环的四个过程——定熵膨胀、定压放热、定熵压缩和定压吸热在 $T-s$ 图上的表示如图 5.20(b)所示。由于锅炉产生的过热蒸汽由保温管道输入蒸汽轮机膨胀做功,水蒸气高速流过蒸汽轮机,每千克蒸汽散失到外界的热量通常可忽略,因此可以认为蒸汽在汽轮机中进行的是绝热膨胀过程;凝结水经过水泵提高压力后再进入锅炉,水在水泵中被压缩时向外界的散热极少,可以认为该过程是绝热压缩过程,即

101

1—2 水蒸气的绝热膨胀过程；

2—3 湿蒸汽的定压放热过程；

3—4 水的绝热压缩过程；

4—5—6—1 水和水蒸气的定压加热过程。

对计算循环中各个过程的功量和热量有兴趣的同学可以参考本章 5.1.2 节的内容得到对应的计算公式。

朗肯循环的热效率

$$\eta_t = \frac{w}{q_1} = \frac{汽轮机做功量}{锅炉吸热量} \tag{5-24a}$$

或

$$\eta_t = \frac{w}{q_1} = 1 - \frac{q_2}{q_1} = 1 - \frac{凝汽器放热量}{锅炉吸热量} \tag{5-24b}$$

由此可见，蒸汽动力循环效率与工质在汽轮机中的做功量成正比，即与进入汽轮机的蒸汽参数成正比，与离开汽轮机的蒸汽参数成反比，与工质在凝汽器中的放热量成反比。

尽管有各种提高蒸汽动力系统循环效率的手段，现代蒸汽动力循环的效率一般仍然低于 50％，即有 50％的热量通过凝汽器中的放热过程散失到大气中，如果采用热电联供循环，在发电的同时，用抽汽或背压机组的排汽进行供热，将大量的低品位热量以热能的形式供给工业或生活用户，则可以使热能的利用率大大提高，实现能源的梯级利用，其总的能源利用率为 70％～80％，热电联产比热电分产可节约能源 30％左右。热电联供按汽轮机的不同一般可分为背压式热电循环和抽汽式热电循环两种方式，如图 5.21 所示。

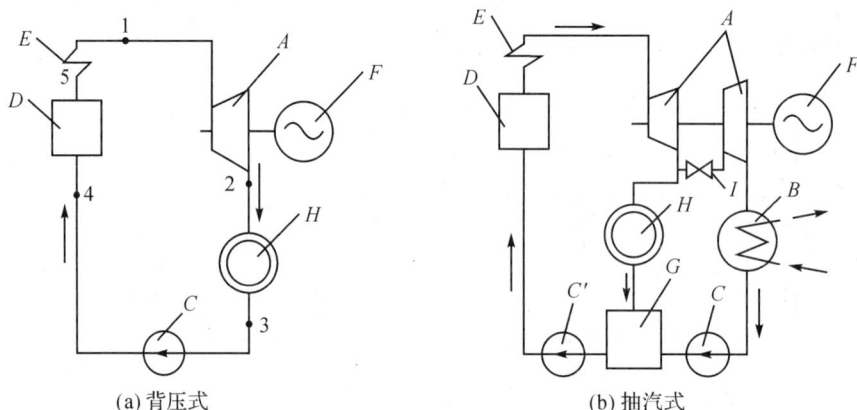

图 5.21　热电联合循环系统

A—汽轮机；B—凝汽器；C—凝结水泵；C′—给水泵；D—锅炉；

E—过热器；F—发电机；G—混合器；H—热用户；I—调节阀

蒸汽轮机在一个世纪的发展中，由于蒸汽参数的提高，采用蒸汽再热、三维设计、多级回热及复压式凝汽器等先进技术，使蒸汽轮机经济性不断提高。由于涂层技术、耐高温材料和冷却技术的进步，使燃气轮机的燃气初温、单机容量和压气机效率都逐步提高。蒸汽轮机和燃气轮机各自单独工作时的供电效率均已达到 35％左右，由于燃气轮机的排气温度较高，如果能将这部分余热用来加热蒸汽发电，从而将高温区工作的燃气轮机的"布雷顿循环"与在中低温区工作的蒸汽轮机的"朗肯循环"叠加，形成一种燃气—蒸汽双工质联合循环。

燃气—蒸汽双工质联合循环系统通常采用一台（或多台）燃气轮机配一台余热锅炉、一台汽轮机发电机组,不设置备用锅炉,这样的配置使汽轮机的效率较高,也简化了系统,如图5.22 所示。

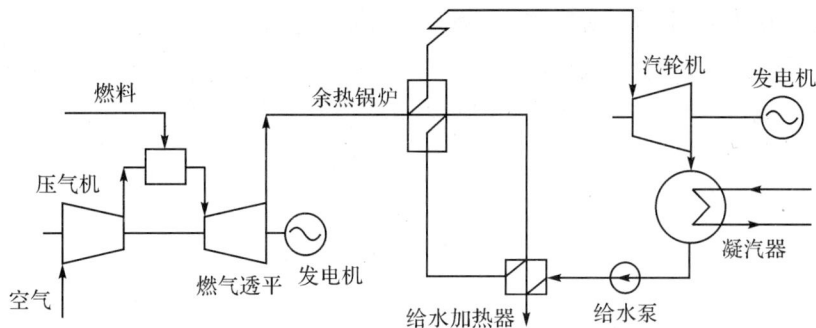

图 5.22　燃气—蒸汽双工质余热锅炉型联合循环系统示意图

燃烧产生的烟气先在燃气轮机中做功,完成一个"布雷顿循环",然后把燃气轮机排气送入余热锅炉,用以加热锅炉给水产生水蒸气,水蒸气再进入汽轮机做功,完成一个"朗肯循环"。这种双工质联合循环充分利用了燃气轮机和蒸汽轮机的各自优点,它有很高的燃气初温(1200℃～1500℃)和蒸汽做功后很低的终温(30～40℃),实现了热能的梯级利用,极大地提高了整体循环的热效率,其供电效率已接近 60% 左右,而基于单一水蒸气动力循环的常规火电厂的净效率尚不到 40%。

如果燃气－蒸汽双工质联合循环机组用于热电联产,即具有较高做功能力的燃气(1000℃以上)在燃气轮机中做功,其排气在余热锅炉中产生中等做功能力的蒸汽(500℃以上),驱动汽轮机继续做功,具有较低做功能力的抽汽或排汽用于工业或生活用汽、用热,形成双工质联合循环热电联产,则其总的能源利用率可达 80%～90%(理论极限为 93%)。

超临界压力蒸汽动力循环是指主蒸汽压力大于水的临界压力(22.12MPa)的蒸汽动力循环。习惯上将超临界蒸汽动力循环机组分为 2 个层次:

① 常规超临界参数机组,其主蒸汽压力一般为 24MPa 左右,主蒸汽和再热蒸汽温度为540～560℃;

② 超超临界机组——即高效超临界机组或高参数超临界机组,其主蒸汽压力为 25～35MPa 及以上,主蒸汽和再热蒸汽温度为 580℃ 及以上。

机组的蒸汽参数是决定机组热效率、提高热经济性的重要因素。对于提高蒸汽参数(蒸汽的初始压力和温度),理论和实践证明常规超临界机组的效率可比亚临界机组高 2.5% 左右,而对于超超临界机组,其效率可比常规超临界机组再提高 4% 左右。

表 5-1　蒸汽参数与供电效率的对应关系

蒸汽参数	供电效率	机组类型
16.7MPa/538℃/538℃	41.8%	亚临界机组
25MPa/540℃/560℃	43.3%	超临界机组
27MPa/585℃/600℃	44.4%	超临界机组
30MPa/600℃/620℃	45.1%	超临界机组
31.5MPa/620℃/620℃	45.5%	超临界机组
31.5MPa/620℃/620℃	45.5%	超临界机组
35MPa/700℃/720℃	47.6%	超临界机组

目前,超临界和超超临界机组的发展已日趋成熟,其可用率、可靠性、运行灵活性和机组寿命等方面已接近亚临界机组。超临界机组的单台机组发电热效率最高可达 50％,每千瓦时煤耗最低仅有 255g(丹麦 BWE 公司),较每千瓦时煤耗最低约有 327g 左右的亚临界压力机组低得多;同时采用低 NOx 燃烧技术,在燃烧过程中减少 65％的 NOx 及其他有害物质的形成,脱硫率超过 98％,可实现节能降耗、环保的目的,因此具有无可比拟的经济性。

5.4　制冷装置与热泵

5.4.1　蒸汽压缩制冷装置

"制冷"就是人为地降低和维持某一对象(物体或空间)的温度使其低于周围环境温度。在空调、食品冷藏和生产中有大量的应用。采用天然冷源(如天然冰或低温井水)和人工制冷的方法都可以达到制冷的目的。

我国古代《诗经·国风》中就提到:"二之日凿冰冲冲,三之日纳于凌阴。";《周礼》中写:"凌人,掌冰。"就是描述利用冰窖储藏天然冰用于降温防腐和安排专人负责储冰之事。使用天然冰和地下水固然简便,但会受到温度、时间和地域的限制,而且不易控制调节,远不能满足生产和生活中对制冷的要求。因此,在《关尹子·七釜》中甚至提到夏季制冰术:"人之力可以夺天地造化者,如冬起雷,夏造冰。";唐《意林》引用《淮南万毕术》注曰:"取沸汤置瓮中,密以新缣,沈(井)中三日成冰。";宋代苏轼的《物类相感志·总论》中也记载:"夏月热汤入井成冰。"等等,当然现代人对这种古代夏造冰技术的可行性颇多质疑,但也从另一方面反映出人们对于制冷的迫切需求。

1755 年,苏格兰科学家发现乙醚蒸发会引起降温,于是在真空罩下制得了少量的冰,并发表了《液体蒸发制冷》的论文。1834 年美国人帕金斯(Perkins)制成乙醚为工质的制冷机,它是现代蒸汽压缩式制冷机的雏形。1844 年美国医生高里(Gorrie)用封闭循环的空气绝热膨胀制冷机建立了一座医用空调站。1860 年,法国人卡列(Carre)发明了氨水吸收式制冷系统。1874 年林德(Linde)设计成功氨制冷机,被公认为制冷机的始祖。1913 年美国工程师拉森(Larsen)制造出世界上第一台手操纵家用电冰箱,1926 年美国通用公司研制成功世界上第一台全封闭式制冷系统——自动电冰箱。1920 年美国开利(Carrier)公司制造出第一台空调器。

人工制冷需要消耗机械功或其他能量作为代价。压缩式制冷装置(又称为制冷机)是目前广泛使用的一种制冷装置,按工质的状态变化情况可以分为空气压缩式和蒸汽压缩式。前者可以按空气的逆布雷顿循环处理,蒸汽压缩式制冷装置的工作过程是:压缩机将汽态工质压缩,高压蒸汽进入冷凝器向外界放出热量,凝结成液体,经节流阀降压后进入蒸发器吸热蒸发,产生冷效应,工质又从液态变为汽态,再进入压缩机升压,如此循环住复。

制冷剂是实现制冷循环的媒介,需要有良好的热力性能和物理、化学性能。在蒸气压缩式制冷循环中常用的制冷剂有氯氟烃物质 CFC(如 CFC12 或称 R12)、含氢氯氟烃物质

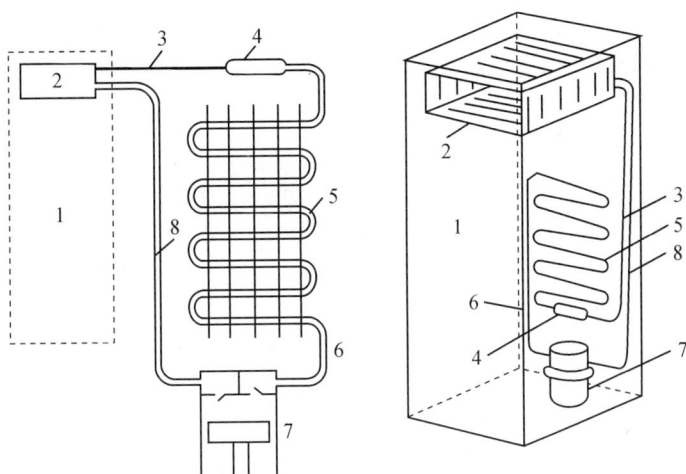

图 5.23　冰箱

1—冷藏室；2—蒸发器；3—毛细管；4—过滤器；5—冷凝器；6—排气管；7—压缩机；8—吸气管

HCFC（如 HCFC22 或称 R22）和氨等。氨是最早使用的制冷剂，目前仅用于大型冷藏库制冷系统中，在空调中极少使用。氯氟烃物质即俗称的"氟利昂"，是性能良好的制冷剂（如 CFC12、CFC11 和 HCFC22），曾极大地促进了制冷技术的应用和发展。但是，1974 年两位美国科学家发现 CFC 和 HCFC 物质进入大气后对大气同温层中的臭氧层产生严重的破坏作用，使臭氧的浓度减小，大大削弱了对紫外线 B 的吸收能力，使大量紫外线 B 直接照射到地球表面，导致人体免疫功能下降，农、畜、水产品减产，破坏生态平衡，并且还会加剧温室效应。保护臭氧层是全球性的环境保护问题，为此 1985 年联合国通过了《保护臭氧层维也纳公约》，1987 年又通过了《控制破坏大气层臭氧层物品的蒙特利尔议定书》，限制和禁用了 CFC 和 HCFC 类物质。按《蒙特利尔议定书》的规定，我国将在 2010 年前禁止使用与生产 CFC 物质。

目前，一系列新的氟利昂制冷剂 HFC134a（CH_2FCF_3）、HFC152a（CH_3CHF_2）、HCFC123（$CHCl_2CF_3$）和 HFC404A、HFC407C 及 HFC410A 等一些共沸和近共沸制冷剂等绿色环保型工质逐步替代了 CFC12、CFC22、CFC11 等传统工质。研究和试验表明 HFC134a 又称 R134a，是一种较好的 CFC12 替代工质，它的正常沸点和蒸汽压曲线与 CFC12 十分接近，热工性能也接近 CFC12。它是一种含氢的氟代烃物质，由于不含氯原子，因而不会破坏臭氧层，对温室效应的影响也仅为 CFC12 的 30％ 左右。其热力性质见附表 B14、B15、B16。

图 5.23 和 5.24 分别是冰箱制冷装置和空调制冷装置，它们的工作原理完全相同，都是蒸气压缩式制冷循环，由压缩、冷凝、节流和蒸发四个过程组成，如图 5.25（a）所示，主要四个部件是压缩机、冷凝器、节流阀和蒸发器。

在实际分析计算中，可将蒸气压缩式制冷循环理想化为可逆的绝热压缩、定压放热、绝热节流（不可逆）和定压吸热四个过程，在 $T-s$ 图上的表示如图 5.25（b）所示，即

1—2 绝热压缩过程；

2—3 定压放热过程；

3—4 绝热节流过程；

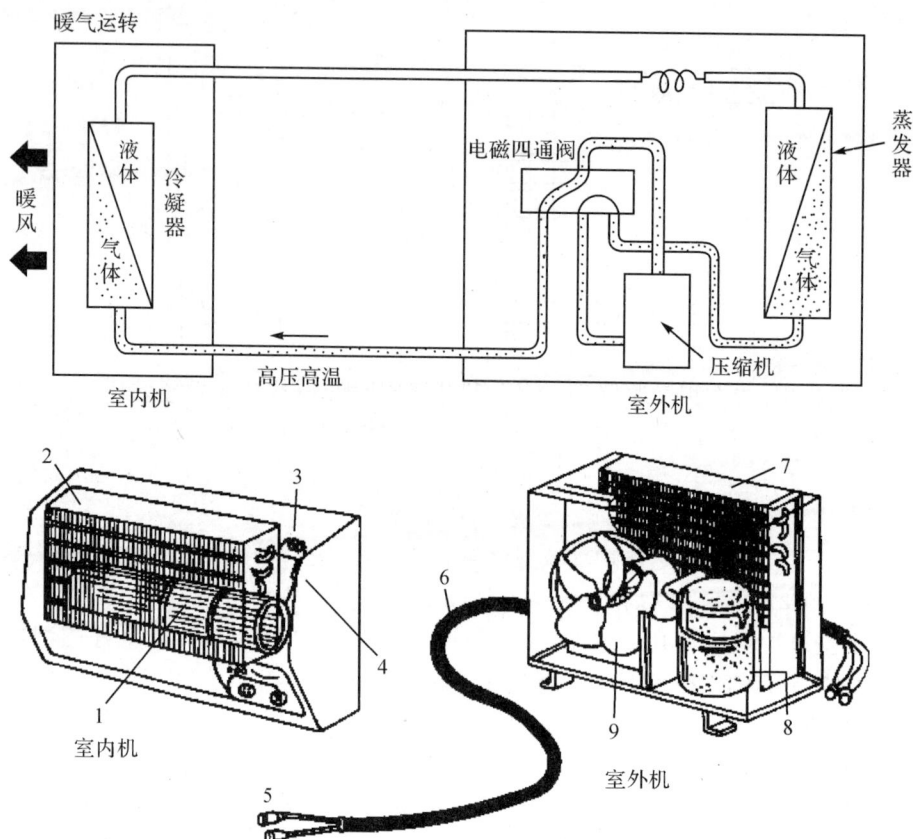

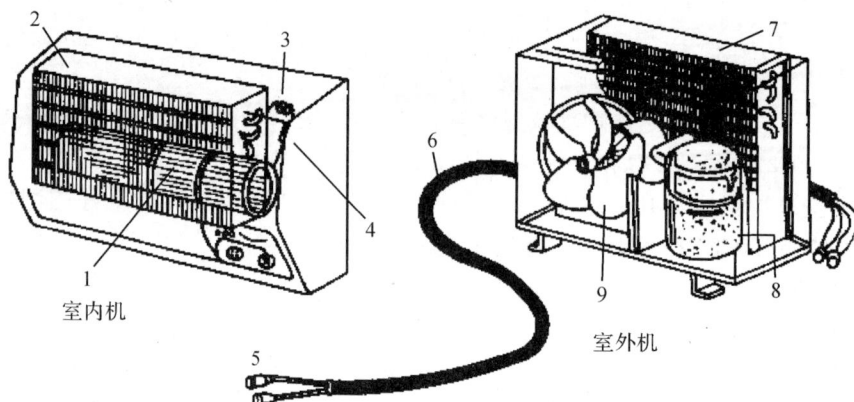

图 5.24　空调系统

1—贯流风扇;2—蒸发器;3—毛细管;4—过滤器;5—快速接头;6—制冷管;7—冷凝器;
8—压缩机;9—排风风扇

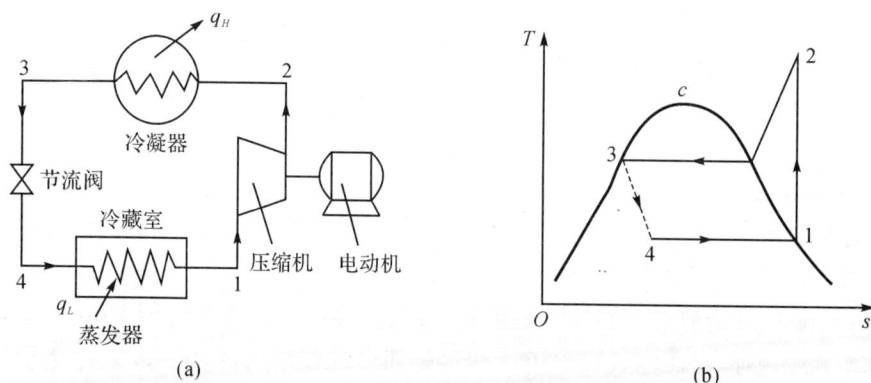

(a)   (b)

图 5.25　蒸汽压缩式制冷循环

4—1 定压吸热过程。

对计算有兴趣的同学可以参考本章 5.1.2 节的内容得到循环中各过程的对应计算
公式。

需要指出的是,制冷剂在冷凝器中凝结放热的温度 T_3 称为冷凝温度 T_c,冷凝温度总是高于冷却介质(如冷却水、室外空气)的温度;在蒸发器中的蒸发吸热温度 T_4 称为蒸发温度 T_e,蒸发温度总是略低于被冷却介质(如室内空气、冷媒水)的温度。

蒸气压缩式制冷循环的制冷系数

$$\varepsilon = \frac{q_2}{w} = \frac{\text{蒸发器吸热量}}{\text{压缩机耗功量}} \tag{5-25}$$

增大蒸发器的吸热能力、减少压缩机的耗功都有助于有效提高制冷循环的 COP 值。

5.4.2 吸收式制冷装置

蒸气压缩式制冷循环中主要应用压缩机,采用"机械式"压缩,消耗电能或机械能;而在吸收式制冷循环中,主要依靠吸收剂,采用"热化学"压缩,消耗的是热能,如图 5.26 所示,其热源可以采用太阳能、地热和工业余热等低品位热源,温度甚至可以低于100℃,也可以采用直接燃烧气体或液体燃料的直燃式。

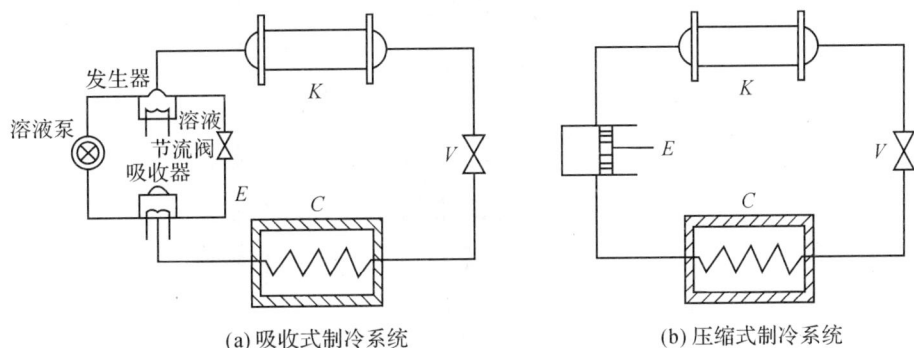

图 5.26 吸收式和压缩式制冷原理比较

C—蒸发器;E—压缩机及其原动机;K—冷凝器;V—节流阀

吸收式制冷机中,冷凝器、蒸发器和节流阀的作用与压缩式制冷机基本相同,但压缩部分改变了,包括发生器、吸收器、溶液节流阀和溶液泵。具体制冷过程:制冷剂工质在发生器中被加热,分离出制冷剂蒸汽,蒸汽在冷凝器中凝结成液体,经节流阀后进入蒸发器吸热蒸发,产生制冷效应;在吸收器中,制冷剂蒸汽被来自发生器的另一部分工质——吸收剂所吸收,然后由溶液泵输送,重新进入发生器,在发生器中被加热蒸发,吸收剂溶液经节流阀回到吸收器,吸收来自蒸发器的制冷剂蒸汽。

在吸收式制冷装置中,必须至少有制冷剂和吸收剂两种工质,称为"工质对":

制冷剂:在相同压力下沸点低于吸收剂,易于被吸收和分离;

吸收剂:具有强烈吸收制冷剂的性能,可以是液态的或固态的。

目前应用较多的工质对是

(1)溴化锂—水($LiBr-H_2O$):水为制冷剂,溴化锂为吸收剂;

(2)氨—水(NH_3-H_2O):氨为制冷剂,水为吸收剂。

图 5.27 是单效溴化锂吸收式制冷机系统示意图。溴化锂溶液在发生器中被热源加热后,释放出制冷剂水蒸气,水蒸气在冷凝器中利用冷却水凝结成制冷剂水,然后导入蒸发器中在低压下蒸发,以冷却冷媒水,产生制冷效应。由于水的沸点较高,为了使制冷过程能连续循环进行,需要维持蒸发器的真空度,因此蒸发过程中产生的制冷剂水蒸气要在吸收器中

用溴化锂溶液来吸收,吸收以后的溴化锂稀溶液由发生器泵经过热交换器送到发生器吸收热量,被热源加热后再蒸发,释放出制冷剂水蒸气,蒸发后的溴化锂浓溶液又经过热交换器被送回吸收器。因此,吸收制冷包括发生、冷凝、蒸发和吸收四个过程。

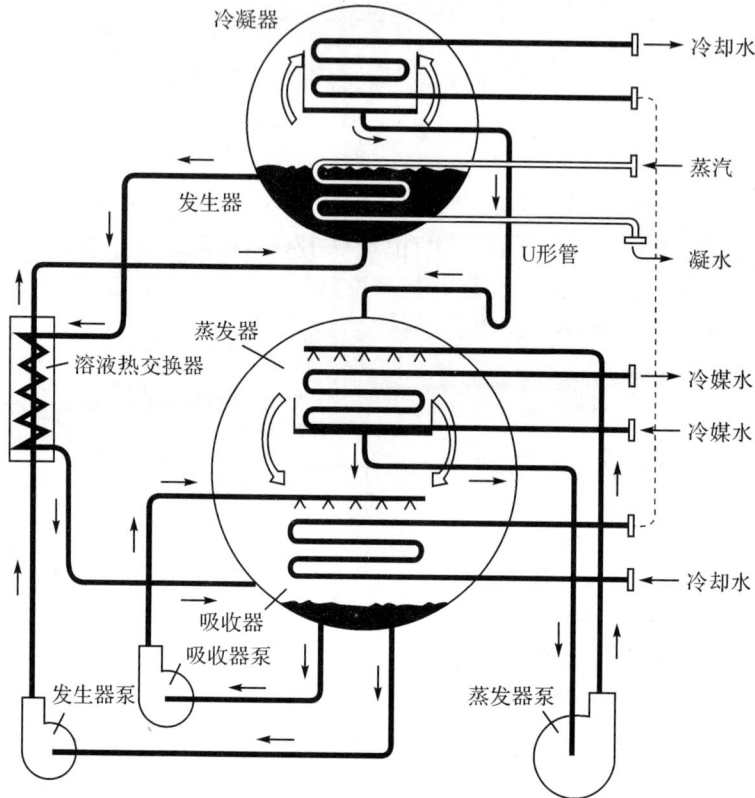

图 5.27 单效溴化锂吸收式制冷机系统示意图

吸收式制冷循环的经济性用热系数 ζ 来衡量:

$$\zeta = \frac{Q_2}{Q_1} = \frac{\text{蒸发器中的制冷量}}{\text{吸收器中的耗热量}} \qquad (5\text{-}26)$$

热系数越大的吸收式制冷装置,经济性越佳。

5.4.3 热泵

早在 1852 年,凯尔文(L. Kelvin)就提出可以利用从制冷机的冷凝器中释放出的热量来供热。假如直接利用电加热,供热量只能等于消耗的电功率,而用冷凝器来供热,所供的热量将大于驱动制冷机所消耗的功率,因为还有一部分热量是通过制冷机的蒸发器从温度较低的环境介质(如空气或水)中取得,因此比直接加热更为经济。这种用作供热的制冷机被称为热泵,因为它的作用是通过消耗一部分功把热量由低温处转移到高温处,就像水泵一样将水从低处输送到高处,所以热泵循环本身是制冷循环。只是制冷机从温度较低的被冷却物吸热,向周围环境放热,而热泵则从周围环境或低温热源处吸热,向温度较高的被加热物体放热,所以两者的工作温度区间不同,目的也不同。

如图 5.28 是常见的分体式冷暖空调的原理图,在炎热的夏季,蒸发器置于室内机里,冷凝器在室外机中,空调器是一个制冷系统,利用机械功将室内的热量转移到室外;当冬季来临,室内机里的换热器变成了冷凝器,室外机中的换热器是蒸发器,空调器变身为一个热泵系统,它用少量机械功作为代价将周围环境中的热量转移到了室内,再加上机械功转化的热量,因此所供热量远远大于机械能。而室内外两个换热器角色的转换通过一个四通换向阀来实现,这一点可以更清楚地从图5.29中看出来。

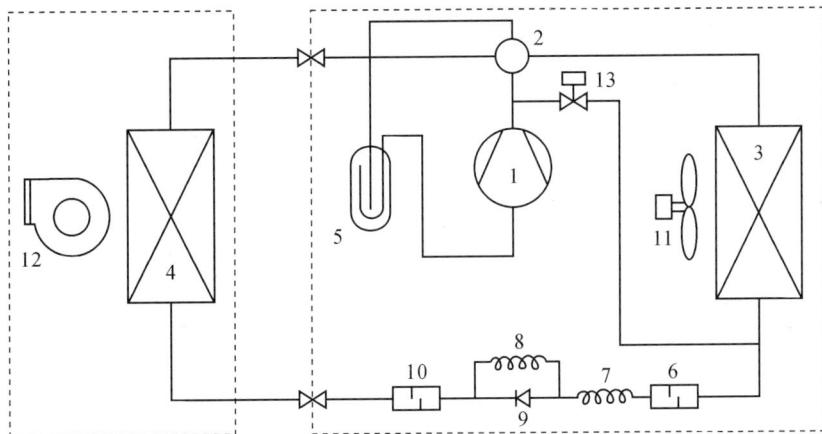

图 5.28 家用分体热泵空调器原理图

1—压缩机;2—四通换向阀;3—室外换热器;4—室内换热器;5—液体分离器;6—过滤器;

7—主毛细管;8—副毛细管;9—单向阀;10—过滤器;11—室外机风机;

12—室内机风机;13—融霜电磁阀

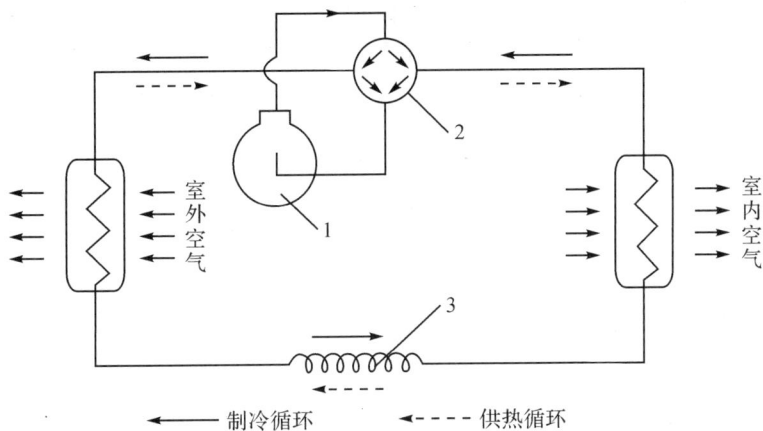

图 5.29 热泵型冷暖空调系统简图

1—压气机;2—四通换向阀;3—毛细管节流装置

供热可以采用锅炉直接供热、电加热和热泵供热三种不同方式,从经济性角度分析,燃烧同样数量的燃料,可以产生1000kJ的热量,如果采用锅炉直接供热的话,由于锅炉效率不可能是100%,所以假设它为75%,实际供热量为750kJ;如果采用电加热,按电厂效率35%计,1000kJ的热量可以发电350kJ,用电加热器100%转换成热量,实际供热量为350kJ;如果采用热泵供热,利用350kJ的电功驱动压缩机工作,设热泵的供热系数为3.5,则实际供热量为1225kJ,为电加热的3.5倍、锅炉直接供热的1.6倍。而且热泵系统没有烟尘,符合环保和洁净的要求。

随着石油价格的猛涨,能源资源的成本日益提高,资源的数量越来越少,热泵在回收低品位余热方面的作用受到关注。在暖通空调方面热泵型空调器受到普遍的欢迎,在加工业热泵可用于干燥木材、食品、茶叶、纸张和布匹等。当然,热泵需要初投资和维护费用,其经济性也受到室内外温差的影响。实际热泵的供热系数必小于同温度下的逆卡诺循环,

$$\varepsilon' \leqslant \frac{T_1}{T_1 - T_2} \tag{5-27}$$

即室内外温差 $(T_1 - T_2)$ 越小,供热系数的上限越大,热泵的实际供热系数也会比较高。如果室内外温差太大,如在严寒的北方地区,热泵的供热系数就会显著下降,达不到预期的经济性,需要使用辅助加热热源。

常用的热泵热源有大气、土壤和水三种,称为空气源热泵、地源热泵和水源热泵,近年来都有推广。当然也可以采用工业排放热或余热。图5.30所示是一个水源热泵采暖系统的示意图,系统利用一台蒸发器从井水中取热,将热量泵送到冷凝器,再通过热交换将热量传送给地板采暖排管,通过压缩机的工作实现热量从低温处向高温处的传递。

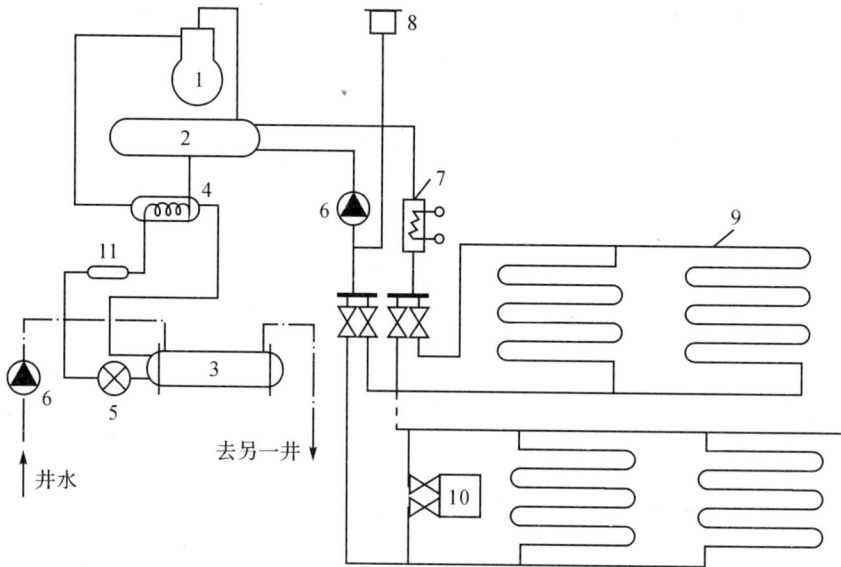

图 5.30 单户住宅的水源热泵采暖系统

1—压缩机;2—冷凝器;3—蒸发器;4—换热器;5—膨胀阀;6—水泵;7—备用电加热器;

8—膨胀水箱;9—地板采暖排管;10—散热器;11—干燥过滤器

使用空气源热泵时,由于空气与换热面的传热系数较小,受热面必须很大,在环境温度较低时要注意受热面的结霜问题;使用地源热泵时,同样由于土壤的导热系数不太大,需要较大的受热面,同时需要防治土壤的冻结和受热面的腐蚀问题;使用水源热泵时则要使水温高于 0℃,采用大流量,以免发生结冰问题,同时还要防治腐蚀和结垢。

在热泵循环中,用供热系数来衡量热泵循环性能的优劣。供热系数为热泵的供热量与消耗的功量之比,也是制冷系数与1之和,

$$\varepsilon' = \frac{q_1}{w} = \frac{q_2 + w}{w} = \varepsilon + 1 \tag{5-28}$$

由上式可见,供热系数永远大于1,制冷系数越高,供热系数也越高。热泵优于其他供热装置的原因是因为热泵的供热量中不仅包含了由功 w 转化的部分而且还有从环境中吸收的热量 q_2,因此是一种比较合理的供热系统。

5.5 永动机

在人类经济技术的发展历程中,从中世纪开始永动机走入人类的梦想。人们迫切希望能够发明出一种能够一劳永逸、永不停息地向外输出机械功或电功的机器。有一些人为此耗费了大量的财力、物力和精力,在理想主义的基础上,再加入许多新生的物理元素,但最终都落得失败的结局。究其原因,是它从根本上违背了自然规律——热学基本定律。

利用热学原理分析历史上形形色色的永动机方案,一般可分为两类:

(1)不消耗任何能量而实现永恒做功的机器,称为第一类永动机;

(2)从单一热源吸热而实现永恒做功的机器,称为第二类永动机。

显然,第一类永动机违背了热力学第一定律,第二类永动机虽然满足了第一定律,但是仍然违背了热力学第二定律。早期提出的永动机大都是第一类永动机,人们期待着能够拥有完全不需要负出任何代价的机器;后期,以及近年来仍然在不断出现的永动机基本上是第二类永动机,因为人们都认识到了这种"完全不负代价原则"的荒谬性,于是开始期待着拥有能够将无用功也完全转化为有用功而只负极少代价的机器,但是,这种"廉价代价支付原则"和"热完全变功原则"也是不切实际的。尽管1775年法国巴黎科学院宣布永不接受永动机,美国专利与商标局现在也严禁将专利证书授予永动机类申请,但是第二类永动机因为在运行过程中付出了一些"廉价代价"而更具欺骗性,尤其是一些最新物理概念的加入更加混淆了人们的视线,甚至于专利局审查人员也会被蒙蔽。

永动机的想法最早起源于印度,公元1200年前后从印度传到伊斯兰教世界,再逐渐传播到了西方。13世纪时,一个叫亨内考的法国人提出了第一个永动机设计方案"魔轮",如图5.31(a)所示,魔轮中间有一个转动轴,通过安放在转轮上一系列可动的悬臂实现永动,悬臂外端都装有一个铁球,向下行方向的悬臂在重力作用下会向下落,远离转轮中心,使得下行方向力矩加大,而上行方向的悬臂在重力作用下靠近转轮中心,力矩减小,力矩的不平衡驱动魔轮的转动,这样轮子就会永无休止地沿着箭头所指的方向转动下去,并且带动机器转动。后来,这个设计被不少人以不同的形式复制出来,如采用轮摆方案、长杆臂方案、链条重球方案、链条齿轮方案、重球浮力方案、磁力方案等等(如图5.31(b)(c)(d)(e)(f)所示)。15世纪,达·芬奇也曾经设计了一个同原理的类似装置,1667年曾有人将达·芬奇的设计付诸实践,制造了一部直径5米的庞大机械,但这些著名的永动机方案从未实现不停息的转动。只要稍加仔细分析就会发现,虽然右边每个球产生的力矩大,但是球的个数少,左边每个球产生的力矩虽小,但是球的个数多。因此,轮子不会持续转动,只能摆动几下便会停在平衡位置上了。

17世纪和18世纪时期,人们又提出过各种永动机设计方案,有采用"螺旋汲水器"的,

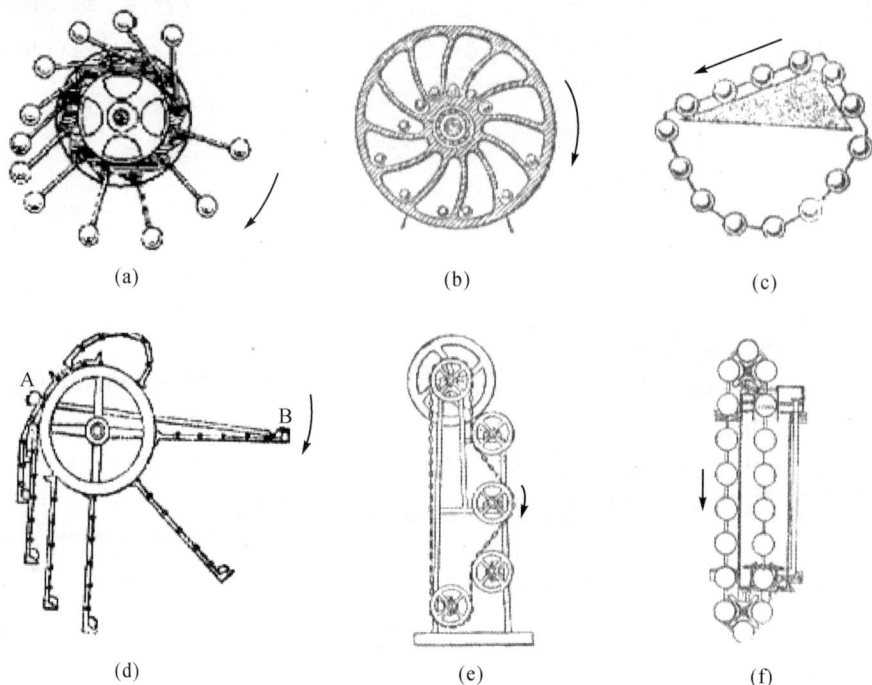

图 5.31　初期的永动机方案示例

有利用轮子的惯性、水的浮力或毛细作用的,也有利用同性磁极之间排斥作用的。皇家宫廷里聚集了形形色色的想以这种虚幻的发明方案来挣钱的设计师。有学识的和无学识的人都相信永动机是可能的。如图 5.32 所示为这一时期的一些永动机方案。图 5.32(a) 所示是一个关于永动机的错觉图。在图示的建筑里,尽管水没有动力,却在无休止沿着水槽上上下下地循环流动。

　　1714 年,德国人奥尔菲留斯宣称发明了一部名为自动轮的永动机,如图 5.32(b) 所示,这部机器每分钟旋转六十转,并能够将 16kg 的物体提升,当他进行了公开实验后,声名远扬。1717 年,波兰国王把这位博士请到了波兰,并派了一位名叫格森·卡赛尔斯基的州长鉴定其真伪。这位州长在查看了安放自动轮的房间后,派卫兵昼夜看守这座房子,100 多天后发现自动轮轮子确实"永动",一直没有停止转动,于是就颁发了鉴定证书。奥尔菲留斯靠展出自动轮获取了大量的金钱,俄国沙皇彼得一世甚至与他达成价值 10 万卢布的购买协议。但是最终,由于奥尔菲留斯的太太与女仆发生矛盾,女仆愤而曝光,大家才知道原来这间安放自动轮的房子里修了一个夹壁墙,自动轮是依靠隐藏在房间夹壁墙中的缆绳由博士的弟弟或女仆牵动运转的。

　　通过分析大量失败的案例,一些著名科学家斯蒂芬、惠更斯等都开始认识到了用力学方法不可能制成永动机。于是又有人提出,设计一些从周围环境,如海洋、大气乃至宇宙中吸取热能的装置,经过热力循环将其全部转化为有用功,来驱动机器或输出功。自然界中的热量是取之不尽的,这样就可以得到源源不断的输出功,如大海中的一艘轮船,安装上这样的装置后就可以源源不断地从海水中吸取能量,永远在海上航行而不再需要输入其他能量。

　　有意思的是,1881 年,美国人约翰·嘎姆吉真的为美国海军设计了一个零能发动机,这是一种利用海水的热量将液氨汽化来推动机械运转的装置。但是,这一装置也是无法持续

(a)

(b)

图 5.32　第二期的永动机方案示例

运转的,因为汽化后的液氨在没有低温热源存在的条件下无法重新液化。

　　1980 年代,在法国巴黎博览会上曾经展出了一种新奇的装置——"永动机装置",这是一个不需要能源输入的、不停转动的大轮子,难道真的发明出永动机了? 好奇的观众纷纷驻足察看,并不断有人用手去逆向旋转轮盘,以期阻止轮子的转动,但都不成功。其实装置的设计者正是利用了观众的好奇心来维持这个装置的运转的。大家可以想想看他是如何做到的呢?

　　历史上曾经有很多人热衷、甚至痴迷于永动机的设计和制造,这些人也分三类:科学家、"民间科学爱好者"和为了牟取钱财的投机分子和骗子。第一类人如达·芬奇、焦耳这样的学术大家,很多是在热学基本定律确立之前,他们在这方面的研究推动了热学体系的建立和机械制造技术的进步;第二类人如中国国民革命军将领黄维,他在被解放军俘虏后一直从事永动机的研制直到去世;第三类人就像德国的奥尔菲留斯等,故意设下骗局欺骗大众。

　　1984 年,中国哈尔滨的司机王某声称他攻克了"永动机"这一世界尖端科技,他展示的永动机是一个用几块木板组装并连接着一堆子弹壳组成的蓄电器装置,在家中他当着公安局局长及其下属们的面进行了演示,并拍摄了录像四处传播。这个设备可以自动转动,还能发电,驱动电视机、电冰箱、洗衣机、电风扇等等工作,使很多人信以为真。但是,不久他的骗局就被揭穿了。当他被请到某研究院进行现场表演时,由于研究人员事先拉下了全院的电闸,于是用他的永动机就无法启动任何电器,而且连"水动机"空转也成了问题。原来这个永动机模型是一个用隐藏的纽扣电池来驱动的微型电动机,而供应他家里洗衣机、电扇运转的则是暗藏在地下的电线。

　　1992 年,此人又声称发明一种能将水变油的"水基燃料",加入此种配方,清水可以变成油料。于是被一些报刊冠以"中国第五大发明"的称号。他最大的一次表演是在众目睽睽之下,将一个能容纳 11 吨水的水泥池里的水变成了能点火燃烧的油,玩了一个人类历史上最大、最神奇、最令人震惊的科学游戏。其实他演示中的所有手法和 1939 年日本的"发明家"搞水变油试验时将瓶子调包欺骗当时的日本联合舰队司令山本五十六是一样的。1993 年的一份报告甚至用常温核聚变反应来解释'以水代油'的形成机理。据称这种燃料溶解于

500倍水中,可产生16410大卡热量。几年中,先后有300多家企业上当受骗,他因此大赚了3亿元。几年过去了,这些企业没有获得任何效益,只剩下几万元一吨买来的"膨化剂"(据交代其原料是肥皂、表面活性剂OP-10,再加上一些高锰酸钾或者菠菜水)。1998年,他的骗局终于被揭穿,被判入狱十年。

图5.33　永动机漫画(引自人民网)

2004年,一个自称新加坡籍华人、留学美国、通晓八种语言、获美国核物理哲学博士学位的梁星人公开宣称发明了宇宙引力能发动机(永动机),并申请了专利。据报道,这种"永动发电机结构简单、原理深奥、造价不高、但高科技含量达100%"。安装了这种永动机的宇宙引力能轿车,利用地球引力的加速度,不用任何燃料,启动的时候只要用电瓶打一下火就可以永远高速行驶,没有污染和噪音,续航里程无限大。他将建设装机总容量300万千瓦的宇宙引力能发电厂及年产10万辆的宇宙引力能小轿车厂。其实,如果果真有这么好的永动机,所有的煤矿、油田、加油站都可以歇业了,核电站似乎也多此一举,这样划时代的伟大发明,颁他10个诺贝尔奖都不算多。

永动机的想法已经持续了几百年,这个神话不断地被驳倒,又不断地以各种新的面目出现,使一些被骗的人和企业蒙受了重大的损失。现代出现的一些永动机大多是第二类永动机,利用电、磁、布朗运动、虹吸、纯机械式、半透膜、溶液扩散作用等,例如一种利用扩散作用的永动机,设计者是这样写的:在一个引力场中,建一座极高的水塔,内装均匀溶液,在塔顶建一装置使溶质与水分离,分离出来的水倒入溶液,而分离出来的密度比溶液大的溶质密封后从塔顶自由落到塔底(在溶液中下落),撤除密封,让溶质重新回到溶液中,等待扩散完成后开始下一个周期。

又如,根据流体力学中的伯努利定理开发出一种能源消耗小、用途广泛和受环境制约小的热源动力机,并申请到了专利。该动力装置是由原动机、固定格栅、筒状壳体及旋转体组成,高速转动的原动机通过轴带动旋转体转动,旋转体底部的格栅使下部流体旋转起来,底板的上表面压力下降,而下表面压力基本不变,因此上下表面之间产生压力差,使底板获得向上运动的动力。旋转体的上表面与下表面也产生压力差,使旋转体获得向上的动力。原动机的动力抵消了轴摩擦阻力和流体阻力并保持旋转速度。

2004年,某报头版报道了一种能将环境中的热能转化为电能的专利产品"无偏二极管",它由3层物质组成,外边两层是彼此平行的金属板,中间一层是半导体硅层。两个金属电极板,其中一个是平的,另一个电极上有很多小坑(直径为$0.7\ \mu m$的井)的铬层。利用环境温度,二极管能同时输出直流电流、电压,能带动负载电阻。无偏二极管与负载电阻构成一个回路,回路中有一开关,平时总是断开的,即与环境温度是相通的、相等的。如果将它关闭,无偏二极管的温度即行下降。它获得了俄、英、美、中4国的发明专利,专利名称为"平行板二极管"。工作时,它不需要外加电能、化学能、太阳能等能量,只要环境温度高于$-273℃$(0K),通过这种特定设计形成的不对称结构,就能从外界环境吸取热量,将半导体中电子的无序热运动转化成有序的流动,该器件就能输出电流。坑的直径愈小电流愈大,如果能将坑的直径缩小到现在的1%,输出的电流就有可能带动家用小型汽车。从1986年开始,1988年、2000年都曾多次介绍或报道过这项利用内能发电的发明。如果发明成立,这将是一种取之不尽、完全没有污染的新型能源,同时可以有效地对抗大气温室效应的影响。对于这个无偏二极管是否是永动机的问题,在社会上引起了轩然大波。

2008年,据说曾学过物理和无线电的一位来自美国佛罗里达萨尼贝尔岛(Sanibel Island)的居民约翰·康祖斯(John Kanzius)在研究高频波RF(Radio-Frequency)癌症疗法的时候发现使用RF能够将盐水燃烧起来,无需任何其他的支持,他只用了200瓦能量的RF就分解了开水中的氢和氧,并将氢气点燃,火焰温度高达3000华氏度。这个方案如果是真实的话,那么我们就可以期待很快得到用海水来作燃料的绿色能源了。其实这个问题、前面的"无偏二极管",以及以后仍将层出不穷的各式各样的发明,大家可以自行进行分析和思考其可行性,只有这样才能不断地提高我们的识别力和判断力。

还有一种"饮水鸟"(如图5.34),据说是中国古代的一种玩具,只要在它的面前放一杯冷水,这种玩具鸟——鸭子就会一下一下地自己喝水,一直地喝下去,不需要任何动力。据说当年爱因斯坦来中国时看到这一装置后也惊讶得合不拢嘴。难道古代中国人已经发明出一种永动机了吗?原来我国聪明的先人是这样设计的:鸭子的颈部有一根长管子通到其腹部,鸭子腹部内的球形容器中有一定量的沸点较低的液体,如酒精、乙醚等,可以产生较高的蒸汽压。整个装置是密闭的。在鸭子旁边放一水杯,当鸭子倾斜后头部可以蘸到水。当鸭子头部有水时,水的蒸发作用使头部温度降低,使该处的压力低于腹部内的压强,因此腹部内压强的作用使液体沿着中心管上升至鸭头,整体重心上升的结果使鸭子的身体倾斜,鸭头倒向水杯,鸭嘴沾上水,同时使内部达到压力平衡,倾斜的身体使头部处的液体顺着长管回流,重心重新降低,恢复直立状态。直立后鸭嘴上的水又在空气中蒸发,使头部温度下降,鸭子就不断进行着倾斜、直立的喝水动作,就像一台永动机。其实这个装置巧妙利用了蒸发吸热形成的温度差和压力差以及重力的作用,并不是一台永动机。

图5.34 中国古代玩具"饮水鸟"

思考题

5-1 在一个房间里,有一台电冰箱正在工作着,如果打开冰箱的门,会不会使房间降温?或者会使房间升温?用一台热泵为什么能使房间升温?

5-2　理想气体经历了图示的等压、等温和绝热过程,使体积增加 1 倍。试指出:图中哪条是等温线? 哪条是绝热线? 哪个过程引起的温度变化最大? 哪个最小? 哪个过程吸热最多? 哪个最少?

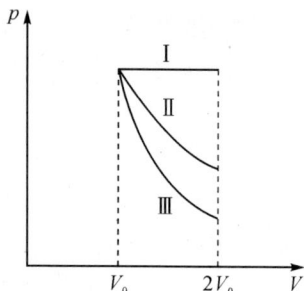

思考题 5-2

5-3　对于一定量的理想气体,若只能发生体积改变做功,问下列过程是否可能:(1)恒温下绝热膨胀;(2)恒压下绝热膨胀;(3)体积不变而温度升高,并且是绝热过程;(4)吸热而温度不变;(5)对外做功,同时放热;(6)吸热,同时体积缩小。

5-4　两条绝热线与一条等温线是否可以构成一个循环? 为什么?

5-5　一条等温线与一条绝热线是否能有两个交点? 为什么?

5-6　内燃动力装置是什么? 它有哪些实际用途? 请尽可能多地列举。

5-7　什么是奥托循环? 什么是狄塞尔循环? 并说明两者的区别和联系。

5-8　什么是布雷顿循环? 分析一下如何提高布雷顿循环的热效率。

5-9　压气机有什么用途? 采用定温压缩过程与采用绝热压缩过程对压气机有何不同影响?

5-10　燃气轮机装置循环中的最佳增压比对应着最大循环净功,此时,循环的热效率是否最高?

5-11　什么是朗肯循环? 分析一下如何提高朗肯循环热效率。

5-12　什么是热电循环? 有什么优势?

5-13　什么是燃气—蒸汽联合循环? 请画出它的 $T-s$ 图。

5-14　在朗肯循环中能否将汽轮机排出的乏汽直接压缩后送入锅炉中加热而不用凝汽器?

5-15　各种实际循环的热效率都与工质的热力性质有关,这是否与卡诺定律相矛盾?

5-16　吸收式制冷与蒸汽压缩式制冷有何不同? 吸收式制冷的原理是什么?

5-17　热泵与制冷机有何相同与不同之处?

5-18　利用制冷装置产生低温,再利用低温物体做低温热源以提高热机循环的效率,是否科学?

5-19　永动机有哪几类? 谈谈你听说过的永动机案例,你对此的看法如何?

5-20　你认为永动机是否存在? 请谈谈你的观点和理由。

习　题

5-1　一定量的工质经历了一个由四个过程组成的循环,试填补下列表中缺少的数据,并判断这是一个热机循环还是制冷循环。

过程	Q(kJ)	W(kJ)	ΔU(kJ)	过程	Q(kJ)	W(kJ)	ΔU(kJ)
1—2	1390	0		3—4	−1000	0	
2—3	0		395	4—1		0	

5-2　设有一卡诺热机工作于 600℃和 30℃热源之间。试求:

(1)卡诺热机的效率为多少?

(2)若工质每分钟从高温热源吸入 1000kJ 热量,求该热机的功率(以 kW 表示)。

(3)每分钟向低温热源排出的热量。(答案:65.29%,11kW,347.2kJ/min)

5-3　某简单燃气轮机装置最高温度为 1100K,循环最低温度为 290K,循环最高压力为 0.5MPa,循环最低压力为 0.1MPa,绝热指数 $\kappa=1.4$,试求其卡诺循环热效率和实际布雷顿循环的热效率。(答案:73.6%,36.86%)

5-4　证明:系统等压过程中吸收的热量等于它的焓增量。

5-5　试证明:一定量的气体在节流膨胀前的压强为 p_1、体积为 V_1,经过节流膨胀后压强变为 p_2、体积为 V_2,则总有 $H_1=H_2$。

5-6　(1)夏季为使室内保持凉爽,需将热量以 2kW 的散热率排至室外。此项工作用一制冷机完成,设室温为 27℃,室外为 37℃,求制冷机所需的最小功率。

(2)冬季制冷机从室外取热传入室内使室内保持温暖,即"热泵"。设冬天室外温度为 −3℃,室温仍然保持 27℃,仍采用上述功率,则每秒供给室内的热量理论上有多少?(答案:66.7W,666.7W)

5-7　设一制冷机,低温部分温度为 −10℃,散热部分温度为 35℃,所耗功率为 1500W。设制冷机的实际制冷系数是理想制冷系数的 1/3,若用此制冷机将温度为 25℃的水制成 −10℃的冰,已知冰的熔解热和比热分别为 334.4J/g 和 2.09J/(g・K),问此制冷机每小时能制多少冰?(答案:22.9kg)

5-8　一台冰箱工作时,其冷冻室中的温度为 −10℃,室温为 15℃。若按理想卡诺制冷循环计算,则此制冷机每消耗 1kJ 的功,可以从冷冻室中吸出多少热量?(答案:10.5kJ)

5-9　外面气温为 32℃时,使用空调器维持室内温度为 21℃。已知漏入室内的热量的速率是 $3.8×10^4$kJ/h,求所用空调器需要的最小机械功率是多少?(答案:0.39kW)

5-10　某凝汽式发电厂的发电量为 125000kW,电厂效率 30.73%。已知煤的发热量是 29400kJ/kg,试求:(1)该厂每昼夜消耗的煤量是多少?(2)每发一度电要消耗多少千克煤?(答案:1195.4t/d,0.398kg/kWh)

5-11　在初态相同、循环最高压力和最高温度相同的条件下,试在 $T-s$ 图上利用平均温度的概念比较定容加热、定压加热和混合加热的内燃机理想循环的热效率。

5-12　试证明附图中 $q_{1-2-3} > q_{1-4-3}$ 。

5-13　某蒸汽动力厂输入锅炉的每 1MW 能量就要从凝汽器排出 0.58MW 能量,同时水泵要消耗 0.02MW 的功,问该电厂汽轮机的输出功率和电厂的热效率是多少?(答案:0.4MW,42%)

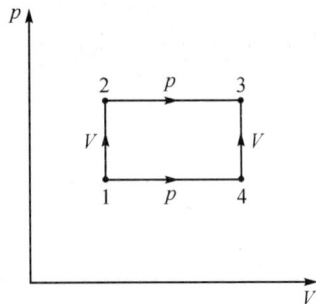

习题 5-12

5-14　汽车发动机的热效率是 35%,车内空调器的工作性能系数 COP 为 3,求从车内排除 1kJ 热量需要消耗多少燃油的能量?(答案:0.952kJ)

5-15　某空调器输入功率 1.5kW,需向环境介质输出热量 5.1kW,求空调器单位时间的制冷量和制冷系数。(答案:3.6kW,2.4)

5-16　一所房子利用供暖系数为 2.1 的热泵供暖,维持温度为 20℃。据估算室外大气温度每低于房间温度 1℃,房子向外散热为 0.8kW。若室外温度为 -10℃,求驱动热泵所需的功率是多少?(答案:11.43kW)

5-17　克劳修斯在 1854 年的论文中曾设计了如图所示的一个循环过程,其中 ab,cd,ef 分别是系统与温度为 T,T_2 和 T_1 的热源接触而进行的等温过程,bc,de,fa 则是绝热过程。他还设定系统在 cd 过程吸热和 ef 过程的放热相等。设系统是一定质量的理想气体,而 T,T_2 和 T_1 是热力学温度,试计算此循环的效率。(答案:$1-\dfrac{T_1 T_2}{T_1 T_2 + (T_2 - T_1)T}$)

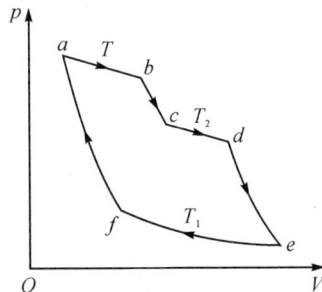

习题 5-17

5-18　已知空气的初参数为 $T_1 = 600K$、$p_1 = 0.62MPa$,可逆绝热膨胀到 $p_2 = 0.1MPa$,且 $\Delta u = c_v \Delta T$,空气的 $c_p = 1.01kJ/(kg \cdot K)$,绝热指数 $\kappa = 1.4$,试求终参数 T_2 以及功 ω。(答案:356K,176kJ/kg)

5-19　有一暖气装置如下:用一热机带动一热泵,热泵从河水中吸热而供给暖气系统中的水,同时这暖气中的水又作为热机的冷却器。热机的高温热源的温度是 $t_1 = 210℃$,由燃煤提供热量,河水温度是 $t_2 = 15℃$,暖气系统中的水温为 $t_3 = 60℃$。设热机和热泵都以理想气体为工质,分别以卡诺循环和逆卡诺循环工作,那么每燃烧 1kg 煤,暖气系统中的水得到的热量是多少?是煤所发热量的几倍?已知煤的热值是 $3.34 \times 10^4 kJ/kg$。(答案:99.8MJ,2.99)

5-20　一个平均输出功率为 50MW 的发电厂,热机循环的高温热源温度为 $T_1 = 1000K$,低温热源温度 $T_2 = 300K$,试求:(1)理论上热机的最高效率是多少?(2)这个厂只能达到这个效率的 70%,为了生产 50MW 的电功率,每秒钟需要提供多少焦耳的热量?(3)如果低温热源是一条河流,其流量为 $10m^3/s$,试问电厂释放的热量会引起河水温度升高几度?(答案:70%,$1.02 \times 10^8 J$,1.25K)

第六章　热传递的基本原理

科学和艺术并不像它们表面看来的那样不同。真和美的领域里的规律,是由那些建立不朽功绩的大师们安排下来的。

——麦克斯·玻恩:《关于因果和机遇的自然哲学》

不再有任何疑问:一切物质都是不稳定的。如果这句话不对,那么恒星就不会照耀,太阳就不会发出热和光,地球上就不会有生命。稳定性和生命是不相容的。因此生命必然是一种危险的冒险,它的结局可能是快乐的,也可能是不幸的。今天的问题是,怎样才能把人类的最大的冒险引向欢乐的结局。

——麦克斯·玻恩:《我的一生和我的观点》

6.1　热传递的条件

热量传递(热传递,简称传热)是一种非常普遍的自然现象,在日常生活中也存在,如平时的穿衣戴帽、喝水吃饭、睡觉、出行等,可以举出很多很多的实例。

热力学第二定律指出,热量总是自发地从温度较高的部分向温度较低的部分传递,热机能够将热量连续转换为功的前提必须存在温度差,即同时存在热源和冷源。只要存在温度差,热量就会自发地从高温物体或高温部分向低温物体传递。当温差一定时,热量的传递可多、可少,并不是一个定值,完全取决于物体本身的传热特性及周围环境的不同影响。

由于自然界中物体间的温度差处处存在,所以传热存在于各种各样的场合。温差传热是一种复杂

图 6.1　自然界中的热传递

的过程,属于典型的不可逆过程。前面我们研究了各种平衡态及其相互转换时所生产(或消耗)的热量及功量,这里重点研究的是热量传递的过程与方式,即热传递的规律。

对热与冷现象本质的探究,使人们很早就开始探索热传递的规律,如弗兰西斯·培根在《新工具》一书中就提出:"热在传递给一个物体时,并不传递原热和散播其自身,而只是把物体的分子诱到作为热的法式的运动,这就是我在有关热的性质的初次探究中所描述的那种运动。正因如此,要在石头中或金属中来诱发热就比在空气中要慢得多和困难得多,原因就在那些物体不适合和不便于来接受诱发运动。""热是一种膨胀的、被约束的而在其斗争中作用于物体内部较小的粒子之上的运动。"

由于宇宙航行和原子能应用等尖端科技的发展,以及近年来在电子产品、微器件、能源开发和节能等方面所不断出现的强化传热、保护性冷却和高效隔热等关键问题,促使传热研究得到了愈来愈迅速的发展。传热真正成为一门系统的科学只有几十年的历史。在科技领域中,传热现象存在于以下各领域:能源(锅炉、发电机组的冷却、核能、太阳能、地热能等的利用等)、化工、冶金、机械制造、电气电子(大规模集成电路、微型机械等)、建筑(隔热保温、空调等)、农业(温室栽培、养殖等)、生物、环保、气象(风起云涌、下雨降雪等)、航天(仪器恒温、舱内人工环境等)……。

所有传热问题归纳起来不外两大类:一类是需要强化传热,增加传热量、缩小设备尺寸、控制运行温度或提高生产能力;另一类是需要削弱传热,减少传热量、避免散热损失或保持合适的工作温度。

6.2 传热的基本模式

为了便于分析研究,将所有传热现象都归纳为热传导、热对流和热辐射三种最基本的热传递方式在具体场合下的单一或复合作用。

6.2.1 导热

又称"热传导",是物体各部分之间不发生相对位移的情况下,依靠分子、原子及自由电子等微观粒子的热运动而产生的热量传递过程。如:固体与固体之间及固体内部的热传递。

导热可发生在固体、液体、气体中,从微观角度分析气体、液体、导电固体与非导电固体的导热机理如下:

(1)气体:导热是气体分子不规则热运动时相互碰撞的结果,温度升高,动能增大,不同能量水平的分子相互碰撞,使热能从高温处传到低温处。

(2)导电固体:其中有许多自由电子,它们在晶格之间像气体分子那样运动。自由电子的运动在导电固体的导热中起主导作用。

(3)非导电固体:导热是通过晶格结构的振动所产

图 6.2 导热就像排队运砖

生的弹性波来实现的,即原子、分子在其平衡位置附近通过振动来实现能量的传递。

(4)液体:存在两种不同的观点:第一种观点类似于气体,只是复杂些,因液体分子的间距较近,分子间的作用力对碰撞的影响比气体大;第二种观点类似于非导电固体,主要依靠弹性波(晶格的振动,原子、分子在其平衡位置附近的振动产生的)的作用。

6.2.2 对流

又称"热对流"或"对流换热",是指由于流体的宏观运动,使流体各部分之间发生相对位移、冷热流体相互掺混所引起的热量传递过程。如流体流过一个温度不同的物体表面时发生的热量传递。

对流仅发生在流体(气体或液体)中,对流的同时必伴随有导热现象。对流的分类有很多:

根据对流换热时是否发生相变:分为有相变的对流换热和无相变的对流换热。有相变的对流换热是伴随相变(沸腾、凝结)的对流换热,如液体在热表面上沸腾及蒸汽在冷表面上凝结;无相变的对流换热是单相流体的对流换热,如流体的被加热或被冷却。

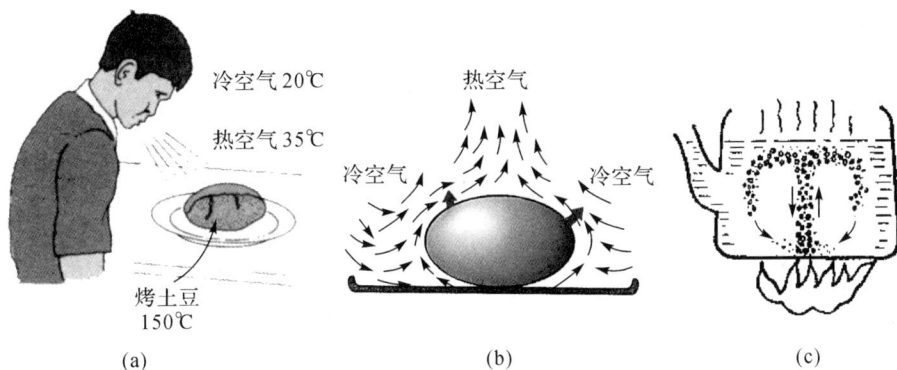

图 6.3 对流换热

根据引起流动的原因:分为自然对流和强迫对流。自然对流是由于流体冷热各部分的密度不同而引起流体的流动,如:暖气片表面附近受热空气的向上流动;强迫对流是由于水泵、风机或其他压差作用(如烟囱)所造成的流体的流动,工程应用中,单相流体,如空气、烟气、水、油、水蒸气等,在管内的强制对流换热现象十分普遍,如水在水冷器管内的流动换热、蒸汽在过热器管内的流动换热、冷却水在冷凝器管内的流动换热、电脑芯片和电源用风扇散热等等。

6.2.3 辐射

又称"热辐射",是物体因温度(热)原因而发出电磁波传递能量的方式。热辐射现象仍是微观粒子性态的一种宏观表象。

物体的辐射能力与温度密切相关,这是热辐射区别于导热和对流的一个特点。任何物体只要温度高于绝对温度 0K 就会发出热辐射,例如电炉、人体都能发出热辐射。辐射可以穿过真空,不需要任何介质,如太阳将辐射能传给地球。自然界中的物体都在不停地向空间发出热辐射,同时又不断地吸收其他物体发出的辐射热,所以一个物体既是发射体,也是吸收体。在辐射过程中,伴随能量的转移,能量发生形式上的改变,热能转变为辐射能,辐射能转变为热能。

　　辐射换热是一个动态过程,即不仅高温物体向低温物体辐射热能,而且低温物体也在向高温物体辐射热能,辐射与吸收过程的综合作用造成了物体间以辐射方式进行热量传递。当物体与周围环境温度处于热平衡时,辐射换热量为零,但辐射与吸收过程仍在不停地进行,只是辐射热与吸收热相等而已。

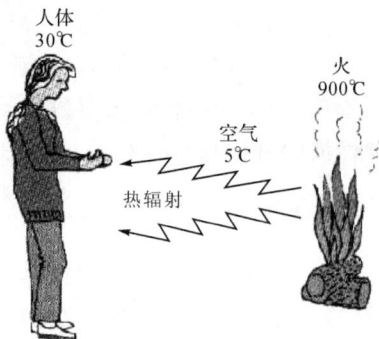

图 6.4　辐射换热

6.3　导　热

6.3.1　导热基本定律

　　导热现象广泛存在于现实生活和工程实际中,如我们所住的房屋的墙壁就每时每刻进行着导热过程,茶杯将杯内热水的热量传导到外面,冬天我们用棉花、羊毛等导热系数小的材料做衣服以减少人体热量的散失,锅炉的水冷壁将炉膛内的辐射热通过管壁传导给管内的水,过热器将高温烟气的热量从壁面一侧传导到另一侧以加热管内蒸

图 6.5　压铸型散热片

汽,冷凝器通过壁面将蒸汽凝结放出的热量传给冷却水带走,人们给热力管道加保温材料以减少通过导热向外界散发的热量,飞行器表面加隔热瓦进行热防护,使用肋片将换热表面的热量传导到肋片上来增加换热面积、电子芯片散热等等。

　　1804 年,法国科学家傅里叶(J. B. J. Fourier 1786—1830)根据实验得到导热基本定律——后人称为“傅里叶定律”。1822年,他发表了著名的《热的解析理论》一书,书中详细提出了导热基本定律、导热微分方程和求解导热微分方程的无穷级数(傅里叶级数)法,得到导热问题的理论解,成功地创建了导热基础理论,成为热学中导热部分的奠基人。他详细研究了热在物质中的传播问题,认为热流量(即单位时间内通过物体的热量)与该物体的温度梯度及截面积成正比。

傅里叶(Fourier,1768—1830)

　　以平板为例,如图 6.6 所示,该平板的导热可看作一维导热,平板的厚度为 δ,两侧表面维持恒定的壁温,分别为 t_{w1}、t_{w2},在稳态热传递条件下,由表面 1 传递到表面 2 的热流量 Φ(单位:W)与温差($t_{w1}-t_{w2}$)、表面积 A 成正比,与厚度 δ 成反比,即有

$$\Phi = \lambda A \frac{t_{w1} - t_{w2}}{\delta} = \lambda A \frac{\Delta t}{\delta} \qquad (6\text{-}1)$$

用热流密度(单位:W/m²)表示为

$$q = \lambda \frac{t_{w1} - t_{w2}}{\delta} = \lambda \frac{\Delta t}{\delta} \qquad (6\text{-}2)$$

更一般情况下,如任意坐标下,傅里叶定理的向量表达式可写为

$$\vec{\Phi} = -\lambda \mathrm{d}A \frac{\partial t}{\partial n} \vec{n} \qquad (6\text{-}3)$$

或

$$\vec{q} = \frac{\mathrm{d}\vec{\Phi}}{\mathrm{d}A} = -\lambda \frac{\partial t}{\partial n} \vec{n} \qquad (6\text{-}4)$$

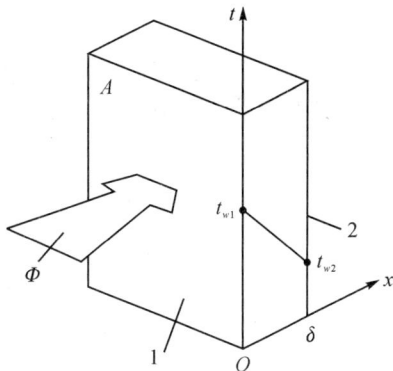

图 6.6 通过平板的导热

傅里叶定理是普遍适用的实验定律,不论物质的形态(固、液、气)、物体几何形状、是否变物性、是否有内热源、是否稳态都适用;式中"—"的意义表示热量传递方向和温升方向相反,热量传递总是指向温度降低的方向,这一点符合热力学第二定律。

6.3.2 导热系数

导热系数 λ,又称热导率,是一个比例系数,单位:W/(m·K),其大小表示材料导热性能的优劣,和比热一样是一个物性参数,可以通过实验测量或查附表 B4~B9 得到。表 6-1 为 20℃时几种典型材料的导热系数。

表 6-1 材料的导热系数(20℃)

材料	λ/ W/(m·K)
纯铜	398
纯铝	236
钢(含碳量 1.5%)	36.7
水	0.599
空气	0.0259

一般情况下,固体材料的导热系数大于液体,液体的导热系数大于气体。如在 0℃时,

金属的导热系数范围大致为 3.0~410 W/(m·K);

非金属材料的导热系数范围为 0.02~70 W/(m·K);

液体的导热系数大致在 0.07~0.7 W/(m·K)(液态金属除外,如汞为液态金属,导热系数为 8.21 W/(m·K);

气体的大致范围为 0.005~0.6 W/(m·K)。

工程中常见的水垢的导热系数范围为 0.05~5.8 W/(m·K),与水质有关,平均可取为 1 W/(m·K);灰垢的导热系数可取为 0.1 W/(m·K)。

水是导热系数最大的液体(液态金属除外);干空气是导热系数较小的气体,所以静止的干空气是最好的隔热材料。

保温材料,又称隔热材料、绝热材料,根据国家标准 GB4272—92 规定,平均温度不高于

350℃时导热系数不大于 0.12 W/（m・K）的材料才能称为保温材料。导热系数小于 3×10^{-4} W/(m・K)的材料,被称为超级保温材料。目前的超级保温材料一般采用多层真空结构或蜂窝状多孔性结构,是当前新材料和传热研究的方向之一。

多层真空结构将夹层中的空气抽掉,从根本上避免了导热和对流的发生;对于多孔性结构,如图 6.7 所示,也有较好的效果,因为空气的导热系数很小,为 0.024W/(m・K),多孔或纤维材料中有很多小空气隙,将空气限制在狭小空隙内,使其自然对流受到限制,难以开展,因而极大地提高了材料的保温性能。例如,玻璃的导热系数为 0.8W/(m・K),做成玻璃纤维后导热系数变为 0.04W/(m・K),就是这些空气隙的功劳。当然太大的空气隙将使自然对流易于开展,反而不利于保温。

导热系数与物质种类和温度有关,如图 6.8 所示。大部分材料的导热系数可以认为与温度呈线性关系,

$$\lambda = \lambda_0(1 + bt) \qquad (6-5)$$

式中 λ_0 为 0℃时材料的导热系数,b 是比例系数,对某一物质为常数。

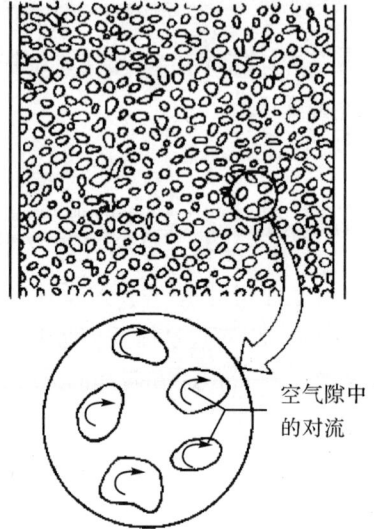

图 6.7　多孔性结构保温材料

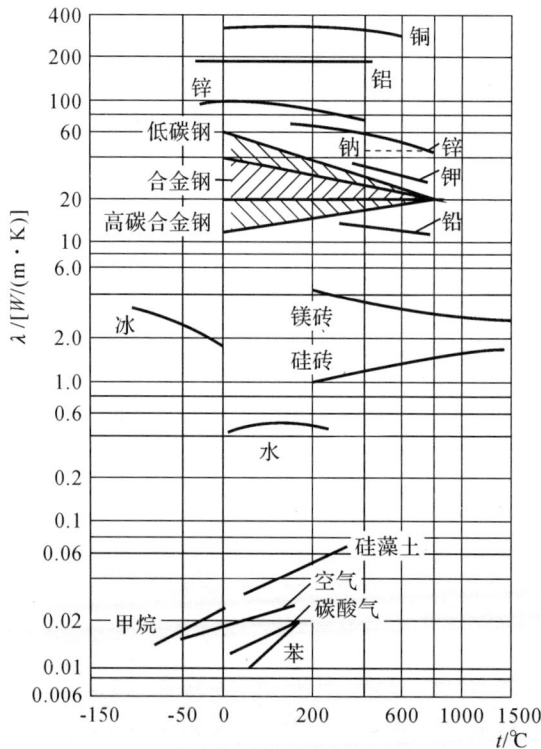

图 6.8　材料的导热系数

例题 6-1: 用一厚 35mm 的聚氨酯泡沫塑料进行物体保温,测得保温后泡沫塑料两表面

的温度差有 15℃。若聚氨酯泡沫塑料的导热系数为 0.023 W/(m·K),试计算用该材料保温后单位面积的散热量。

解:这是一个通过大平壁的一维导热问题,根据式(6-2)可得

$$q = \lambda \frac{\Delta t}{\delta} = 0.023 \times \frac{15}{0.03} = 11.5 \text{W/m}^2$$

问:若该题已知条件中没有聚氨酯泡沫塑料的导热系数值,如何处理?

6.3.3 非稳态导热

导热过程中物体的温度分布(或称温度场)随时间而改变,称为非稳态导热过程。非稳态导热也是我们日常生活和工作中经常可以遇到的一种现象,如,设备的启动、停机、改变工况,物体忽然被放进冰箱,热处理的金属放进加热炉、金属热处理淬火、地球气温的变化、激光手术、激光加工等等。图 6.9 所示为一杯正在冷却中的热咖啡,它的温度随时间而逐渐下降。

图 6.9 冷却中的一杯热咖啡

可以认为在实际工程、自然界和我们的日常生活中,大多数的导热过程严格来讲都是非稳态的,有些具体情况可以理想化为稳态和准稳态导热过程,以便于分析和计算。

非稳态导热过程都伴随加热或冷却的过程,随着加热或冷却情况的不同可分为瞬变和周期性变化两种情况,如因四季气温变化地球土壤温度以一年为周期改变,因日照情况不同房屋的墙壁温度以 24 小时为周期变化,金属热处理中淬火是瞬间被冷却,因此是瞬变的。

下面以两个典型实例来阐述非稳态导热的概念。

实例 1:大平壁单侧受热时的非稳态导热(如图 6.10)。

有一大平壁,初始温度为 t_0,其左侧壁面突然受热温度从 t_0 上升到 t_1,而这时平壁内部温度仍然为 t_0(温度分布如图中 HAD 线),平壁右侧的空气温度一直维持在 t_0;随着时间的进行,平壁内的温度分布随时间变化(图中 $HAD \rightarrow HBD \rightarrow HCD \rightarrow \cdots HG$),当壁内温度变化传播到 D 点时,右侧壁温才开始从 t_0 逐步上升,当右侧壁温达到 t_2 后,平壁的温度分布 GH 不再随时间而改变,达到了稳态导热。由此可见,非稳态导热的温度分布是随时间而改变的,稳态导热则不随时间而变。

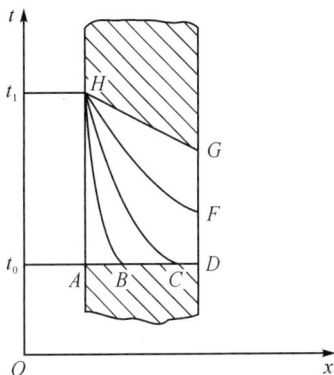

图 6.10 实例 1 的温度变化

图 6.11 所示为该平壁两侧壁面上的热流量随时间的变化情况,热流量 Φ 时时处处不等,当达到稳态后,$\Phi_1 = \Phi_2 =$ 常数。

另外,非稳态导热需要时间。例如,如果不小心将一杯滚烫的开水放到桌子上,若放下后马上拿起,桌子表面并不会被烫坏,但若放一段时间后再拿开,则桌子表面就可能被烫坏。非稳态导热所需要的时间与距离(热传递的深度)的平方成正比,与热扩散率 a 成反比。

热扩散率 a 又称为"导温系数",表示材料传播温度变化能力的大小,$a \equiv \lambda/\rho c$,单位:m^2/s。导热能力 λ 越大,储热能力 ρc 越小,a 越大,表明物体传递温度变化的能力越大,非稳态

导热所需时间越短。反之，如果储热能力大于导热能力，a 值较小，非稳态导热所需时间 τ 可以很大，如井水"冬暖夏凉"现象，由于土壤的热扩散率 a 值较小，根据半无限大物体的非稳态导热计算，地面上的温度变化传到地下十多米处所需的时间约为半年，因此造成了夏季的升温效果到冬季才在地下水中体现出来，而冬天的低温现象到夏天才在井水中出现。图 6.12 所示为不同导热问题的温度变化速率。再如，20℃时水的导热系数 λ 是空气的 23 倍，水的热容量 ρc 是空气的 3447 倍，所以水的热扩散率大约是空气的 1/150，在非稳态导热中，若忽略对流换热，初始温度分布相同的同厚度水层和空气层，达到同样的温度分布的时间，空气比水快得多。

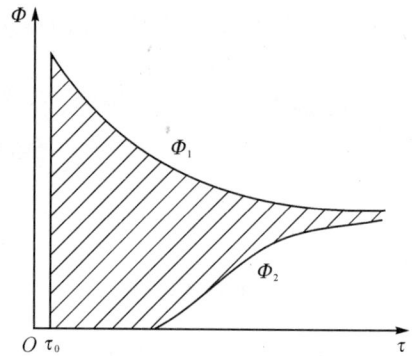

6.11 非稳态导热两侧面上的热流变化

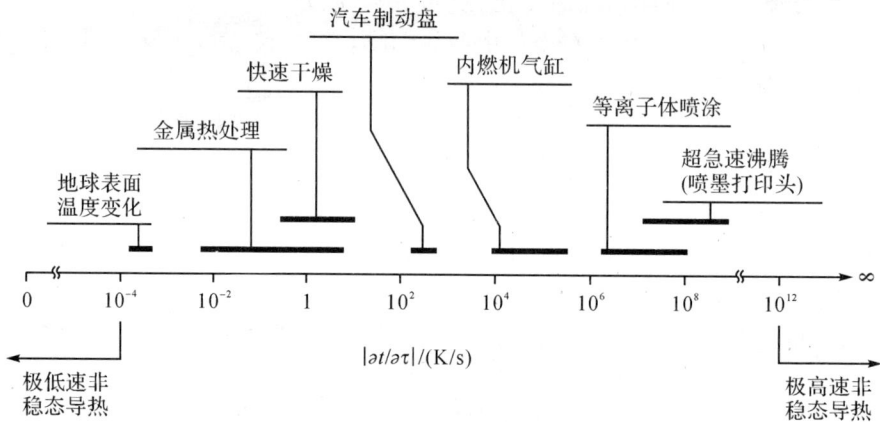

图 6.12 不同非稳态导热问题的温度变化速率

对于非稳态导热与时间的相互关系方面我们还可以举出一些例子，比如汽轮机启、停过程中汽缸壁的导热过程也是上述大平壁单侧受热非稳态导热过程的一个工程实例。汽缸壁可看作平壁，在启动过程中内侧受到蒸汽的冲刷，外侧为防止散热设有保温层，冷态启动时若蒸汽的升温速度过快或保温层局部损坏、失效，会使汽缸壁两侧壁温的温差过大，由此引起很大的热应力，造成汽缸的变形、起翘或裂纹；在停机过程中蒸汽停止冲刷，汽缸的温度逐渐下降，由于上下汽缸的外表面散热情况不同，内部蒸汽低于饱和温度后会发生凝结与积液现象，造成上下汽缸壁的降温速度的不同，引起壁温的较大差异，由此也会损坏汽缸。

实例 2：平壁两侧同时受热（或冷却）时的非稳态导热（如图 6.13）

图 6.13 实例 2 的温度变化

有一平壁，初始温度为 t_0，忽然放入温度为 t_∞ 的低温环境中，如金属淬火处理或将食物放入冰箱等，其左、右两侧壁温同时从 t_0 下降。内部温度也随时间逐渐下降，最后达到环境温度 t_∞。随着时间的进行，热流量 Φ 也逐渐减小，最后达到热平衡。

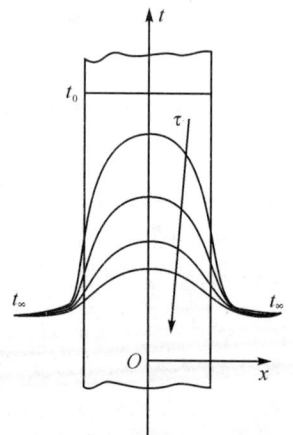

物体非稳态导热的延迟性与物体的体积与表面积之比 V/A 有关，V/A 称为物体的特征尺寸，这个值很重要；当然延迟性也与 λ/h 有关，λ 是物体材料的导热系数，h 是环境中流体对该物体的表面对流传热系数。

法国物理学家毕渥(J. B. Biot，1774—1862)比傅里叶早 1~2 年开始进行导热研究。1804 年，他根据平壁导热的实验，发表了学术论文，提出了导热量 Φ 正比于两侧温差 Δt、反比于壁厚 δ，即导热基本定律的雏形。

在非稳态导热条件下，毕渥提出毕渥数 Bi(Biot number)的大小反映了物体内温度场的分布规律。毕渥数 Bi 是一个无量纲量，定义为

$$Bi \equiv \frac{h\delta}{\lambda} = \frac{\delta/\lambda}{1/h} \tag{6-6a}$$

$$Bi_v = \frac{h(V/A)}{\lambda} = \frac{(V/A)/\lambda}{1/h} \tag{6-6b}$$

毕渥(J. B. Biot，
1774—1862)

当毕渥数 $Bi \to 0$ 时，可以认为平板内部各点的温度几乎相同，此时可以采用集总参数法求解。这时，无论物体是怎样的形状和大小，都可以视为一个点，用 V/A 表示它的特征尺寸，可以得到物体温度随时间的变化关系式。集总参数法是一种比较简单的非稳态导热问题的计算方法，其原理是：物体表面上与外界的热交换量等于其内部内能的改变量。通常，当 $Bi < 0.1$ 时，采用集总参数法求解物体的温度响应误差不大。

当 $Bi > 0.1$ 时，非稳态导热问题需要采用解析法或数值法等求解。

6.4 对流换热

6.4.1 对流换热基本定律

对流换热时时处处存在于我们的日常生活和工作中，如刮风下雨、采暖空调、电脑机箱中风扇对芯片和主板的冷却、锅炉内的高温烟气与各种换热器表面之间的热交换、工质水流过省煤器、冷凝器或水冷壁表面所发生的换热、蒸汽在过热器、再热器中的进一步加热过程、汽轮机排气在冷凝器中的凝结、制冷剂在蒸发器内沸腾汽化等等。

对流换热是流体由于各种原因发生宏观流动而产生的热量传递方式，具体来讲是流体流过温度不同的固体壁面时所发生的热量交换现象。发生对流换热的流体包括气体和液体。

对流换热基本定律是牛顿冷却公式(Newton's law of cooling)。1701 年，英国科学家艾萨克·牛顿爵士(Isaac Newton，1642—1727)在估算烧红铁棒的温度时，提出

$$\frac{\mathrm{d}t_w}{\mathrm{d}t} \propto (t_w - t_f)$$

后人在他的基础上进一步完善，提出了现在的牛顿冷却公式：

$$\Phi = hA\Delta t \tag{6-7a}$$

或 $$q = h\Delta t \qquad (6\text{-}7b)$$

其中 h 为对流表面传热系数,W/(m²·K);Δt 为物体壁面与流体的温差,℃。

牛顿冷却公式并没有彻底解决对流换热问题,因为它远没有揭示出对流换热的机理。事实上,如图 6.14 所示对流换热的形式有很多。按流动起因可分为强迫对流和自然对流两大类;按流体有无相变可分为单相对流换热和相变对流换热;按流体的流态可分为层流、紊流和过渡流;按换热表面的几何形状分,可分为外掠平板强迫对流(图 6.14(a))、管内强迫对流(图 6.14(b))、外掠圆管强迫对流(图 6.14(c))、外掠管束强迫对流、竖板自然对流(图 6.14(d))、水平板热面向上自然对流(图 6.14(e))、水平板热面向下自然对流(图 6.14(f))、横管外自然对流、竖管外自然对流、水平夹层自然对流、竖夹层自然对流、膜状凝结换热、大容器沸腾等等。其分类情况如图 6.15 所示,对流换热与导热完全不同,表面传热系数 h 不是一个物性参数,它受很多因素的影响,是热传导和热对流综合作用的结果。不同流体和不同对流换热形式的表面对流传热系数 h 的数值范围见表 6-2。在工程上应用最多的通常是在相似准则意义上得出的实验关联式。

艾萨克·牛顿(Isaac Newton,1642—1727)

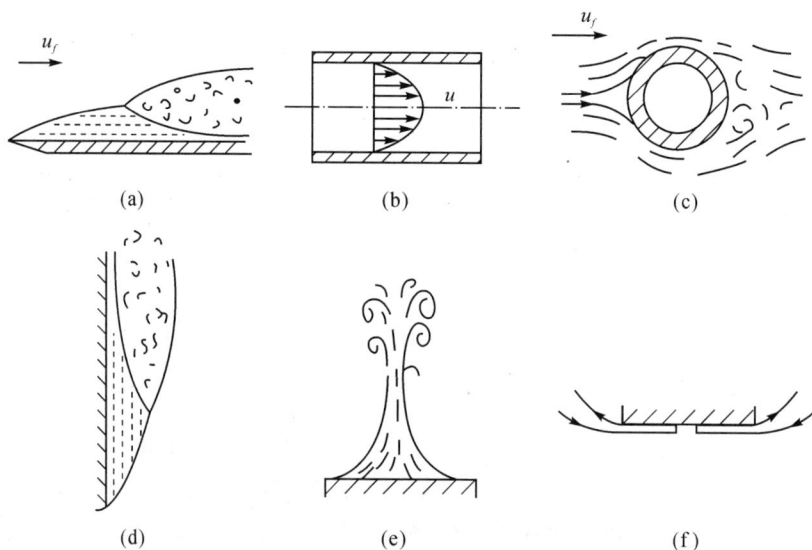

图 6.14 不同种类型和形式的对流换热

无相变对流换热 {
　强迫对流换热 {
　　内部换热问题 {
　　　圆管内 { 层流 / 紊流
　　　非圆管内
　　}
　　外部换热问题 {
　　　外掠平板 { 层流 / 紊流
　　　外掠管束
　　}
　}
　自然对流换热 {
　　大空间自然对流 {
　　　平板
　　　圆管外 { 垂直 / 水平
　　}
　　有限空间自然对流
　}
}

相变对流换热 {
　沸腾换热 {
　　大容器沸腾
　　管内沸腾
　}
　凝结换热 {
　　竖板上凝结
　　管外凝结 { 垂直管外凝结 / 水平管外凝结
　　管内凝结
　}
}

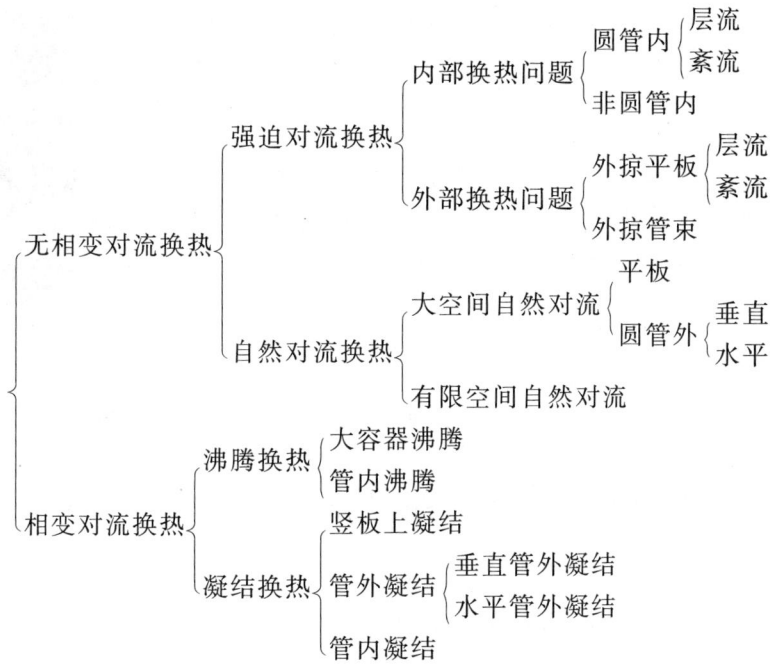

图 6.15　对流换热的分类图

表 6-2　表面传热系数 h 的大致数值范围

对流换热形式	$h[\text{W}/(\text{m}^2 \cdot \text{K})]$
自然对流：	
空气	3～10
水	200～1000
油	10～60
强迫对流：	
气体	20～100
高压水蒸气	500～3500
水	1000～15000
油	50～2000
相变换热：	
水沸腾	2500～25000
水蒸气凝结	5000～15000
有机蒸气凝结	500～2000

6.4.2　对流换热边界层

对流换热的真正发展是 19 世纪末叶以后的事情。1880 年,英国科学家雷诺(O. Reynolds 1842—1912)提出了后来被称为雷诺数的无量纲量——Re，

$$Re = \frac{\rho u L}{\eta} = \frac{uL}{\nu} \tag{6-8}$$

式中 u 为流体流速，m/s；ρ 为流体密度；η,ν 为流体的粘度，kg/(m·s)和 m²/s；L 为特征尺寸，对于平板，一般取板长 L 为特征尺寸；对于圆管内的对流换热，特征尺度一般取管道内径 d_i，对于圆管外的对流换热则取外径 d_o；对于非圆管内和槽道内的流动换热，特征尺寸取当量直径 d_e，

$$d_e = \frac{4 \times 截面积}{湿周} = \frac{4A_c}{P} \tag{6-9}$$

雷诺(O. Reynolds 1842—1912)

如管槽内的流动换热，不仅指圆管内，而且包括非圆管内和槽道内的流动换热，如矩形管道内、椭圆形管道内、环形通道内、方形槽道内等。如，对于内、外管径为 d_1 和 d_2 的同心套管的环形通道，$d_e = 4A_c/P = d_2 - d_1$；对于边长为 $a \times b$ 的矩形通道，$d_e = 2ab/(a+b)$。

雷诺认为 Re 对流体流动起决定性影响。接着，他又通过实验发现了管内流动中从层流向紊流转变的临界雷诺数 Re_{cr} 值，这个发现解释并澄清了实验数据上的混乱，对以后的实验研究和流体力学的发展有重大的指导意义。

例如，对于管内流动，临界雷诺数 $Re_c = 2200 \sim 2300$，取 2300：

$Re < 2300$ 为层流（如图 6.16(a)）

$2300 < Re < 10^4$ 为过渡流（如图 6.16(b)）

$Re > 10^4$ 为旺盛紊流（如图 6.16(c)）

对于横掠大平板流动，一般可取 $Re_c = 5 \times 10^5$；

对于膜状凝结，$Re_c = 1600$。

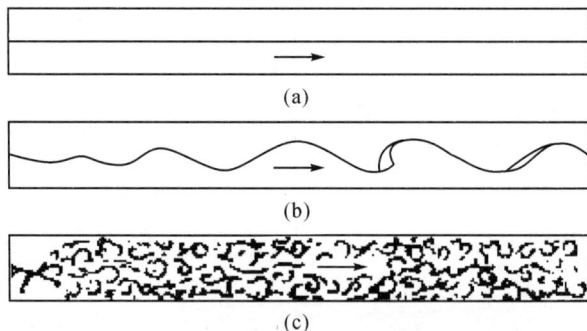

图 6.16 流体在管内的流动特性
(a)层流；(b)过渡流；(c)紊流

1904 年德国物理学家普朗特(L. Prandtl 1875—1953)在总结了长期从事水力学观察实验的研究结果后，提出了边界层概念。他认为流体的粘滞力起作用的区域只集中于靠近壁面的薄层内，在该薄层以外区域，由于速度梯度很小，可以忽略不计，因此粘滞力对流体的流动不起作用，可以用理想流体的伯努利方程求解。普朗特运用数量级比较法将流动边界层内的纳维埃－斯托克司方程简化为边界层微分方程。1908 年，普朗特的学生柏拉修用边界层方程求得了流体横掠大平板的理论解，并得到了实验的验证。流动边界层概念的提

出,使微分方程得到了合理的简化,为后续的理论求解铺平了道路。

流动边界层的定义是:在流场中将壁面附近流速发生急剧变化的薄层称为流动边界层。习惯上将速度达到主流速度 u_f 的 99% 处的距离规定为流动边界层的厚度 δ,如图 6.17 所示。流场可分为边界层区 $(0 \leqslant y \leqslant \delta)$ 和主流区 $(y > \delta)$。

我们将边界层的概念推广到对流换热流体的温度场中。在对流换热条件下主流与壁面之间也存在温度差,温度在壁面的法线方向发生剧烈变化,如图 6.18 所示,对于流体的对流换热,有流体被加热(图 6.18(a))和流体被冷却(图 6.18(b))两种情况。

普朗特(Ludwing
Prandtl 1875—1953)

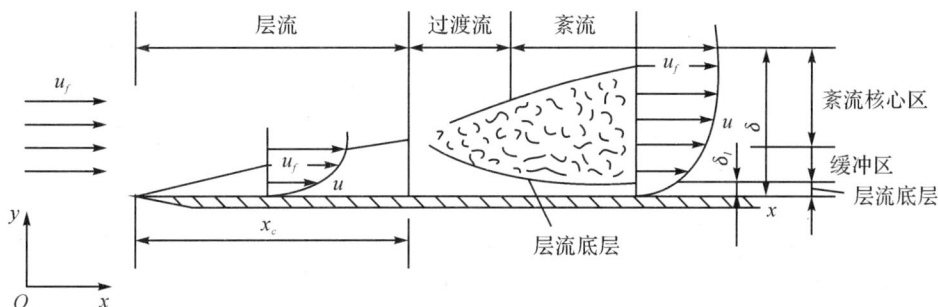

图 6.17 掠过平板时流体边界层的形成和发展

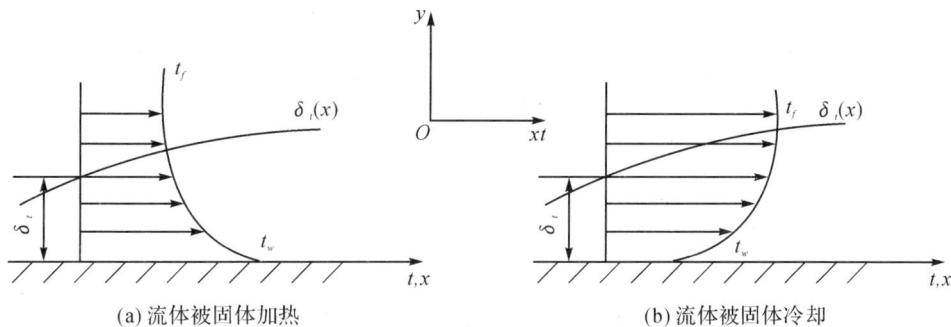

(a) 流体被固体加热

(b) 流体被固体冷却

图 6.18 热边界层

与流动边界层的概念相似,温度边界层定义为在流体的温度场中,将壁面附近温度发生急剧变化的薄层称为热边界层,或温度边界层。习惯上将流体温度达到来流温度 t_f 的 99% 处的距离规定为温度边界层的厚度 δ_t。温度场也可分为热边界层区 $(0 \leqslant y \leqslant \delta_t)$ 和主流区 $(y > \delta_t)$。

边界层主要有以下两个特性:(1)边界层厚度与板长相比要小得多;(2)在边界层中,沿 x 向的速度梯度(或温度梯度)可忽略不计,因为沿 y 向的速度梯度(或温度梯度)远大于 x 向。

边界层有层流与紊流之分,用临界雷诺数 Re_c 来分界,如前述的流体横掠大平板问题中,一般可取 $Re_c = 5 \times 10^5$,边界层开始从层流向紊流转变的临界板长 $x_c = \dfrac{5 \times 10^5 \nu}{u_\infty}$。当 $x <$ x_c,或流体的雷诺数 Re 小于临界雷诺数 Re_c,流体作有序的分层流动,各层之间互不干扰,

称为层流边界层,在层流边界层中,沿 y 方向的热量传递靠相对滑动的流体层间的导热,其温度分布呈抛物线形;当流体的雷诺数 Re 超过临界雷诺数时,或 $x > x_c$ 后,流动由层流向紊流过渡,层流底层逐渐减薄,最终发展成为旺盛紊流,分为层流底层、缓冲层、紊流核心层三层,称为紊流边界层,紊流边界层沿 y 方向的热量传递主要是靠流体微团的法向掺混,传热阻力主要在层流底层处。

速度边界层与温度边界层的厚度之间有下述关系:

$$\begin{cases} Pr=1, & \delta=\delta_t \\ Pr>1, & \delta>\delta_t \\ Pr<1, & \delta<\delta_t \end{cases} \tag{6-10}$$

其中 Pr 称为普朗特数,由普朗特提出,

$$Pr = \frac{\nu}{a} = \frac{\eta c_p}{\lambda} \tag{6-11}$$

普朗特数 Pr 是代表流体物性的一个无量纲量,反映流体的动量扩散率 ν 与热量扩散率 a 之比,也反映了流体流动换热中速度边界层厚度 δ 与温度边界层厚度 δ_t 之比。普朗特数 Pr 的范围大致如下:

无摩擦流体——$Pr=0$;

液态金属——$0.005 < Pr < 0.05$(由于其 λ 较大,因此 Pr 较小);

气体——$0.5 < Pr < 1.5$(其中空气的 $Pr \approx 0.7$);

一般液体——$0.8 < Pr < 1000$(其中水的 $Pr = 0.8 \sim 1.5$);

很粘的油——$1000 < Pr < \infty$。

6.4.3 对流表面传热系数

对流表面传热系数 h 反映了对流换热的强弱,但它不是一个物性参数,求解对流换热问题的关键是求解 h。

h 与多种因素有关:如换热表面的形状、大小、布置、流体的流速、流体的物性(λ、η、c_p、ρ)等。根据牛顿冷却公式,表面传热系数 h 是换热面上的平均热流密度与平均传热温差之比,

$$h = \frac{q_{平均}}{\Delta t_{平均}}$$

$h_x = \dfrac{q_{局部}}{\Delta t_{局部}}$,称为局部表面传热系数,$h_x$ 在整个换热面上的平均值就是平均表面传热系数 h,

$$h = \frac{\int_A h_x \mathrm{d}A}{A} \tag{6-12}$$

求解表面传热系数的具体方法有:解析求解(精确解):求解对流换热边界层微分方程组;积分求解(近似解):求解对流换热边界层积分方程组;比拟求解(比拟解):根据动量传递和热量传递的比拟理论求解;数值求解(数值解):利用数值方法通过计算机求解对流换热微分方程组;实验求解(实验解):根据相似理论(或量纲分析),通过实验得出实验关联式。附表 A5、A6、A7 给出了常见的各种对流换热形式的计算公式。

1909 年和 1915 年,德国科学家努谢尔特(E. K. W. Nusselt 1882—1957)发表了两篇论

文,对强制对流换热和自然对流换热的微分方程和边界条件进行量纲分析,获得了有关无量纲量之间的原则关系式,为从理论和实验上正确理解和定量研究对流换热奠定了基础。

以强迫对流层流流过大平板的换热问题为例,影响对流表面传热系数 h 的因素可表示为:

$$h = f(\lambda \, , \rho \, , c_p \, , \eta(\nu) \, , u \, , L) \tag{6-13}$$

通过量纲分析可以整理为:

$$Nu = f(Re, Pr) \tag{6-14}$$

其中努谢尔特数 Nu

$$Nu = \frac{hL}{\lambda} \tag{6-15}$$

努谢尔特(E.K.W. Nusselt 1882—1957)

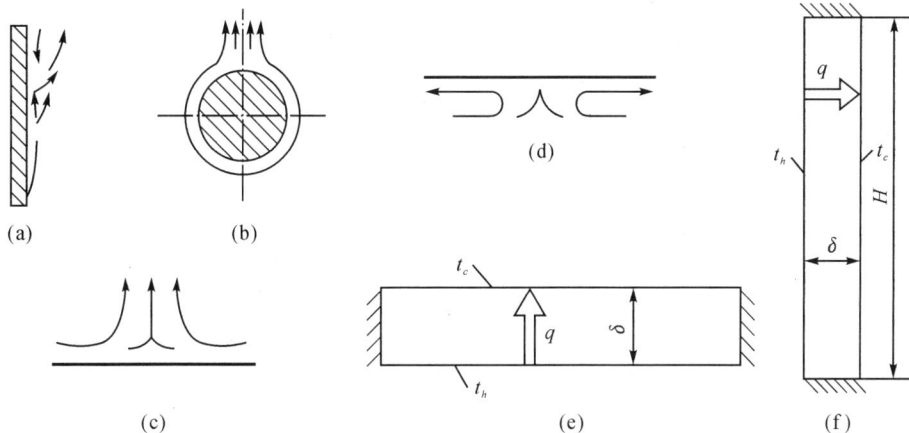

努谢尔特数 Nu 是一个反映流体对流换热强度的无量纲量。

由于流体内部温度不同造成冷热部分的密度不同所产生的流体流动称为自然对流。许多热力管道的散热、冰箱散热片向周围的散热、暖气片加热室内的空气、电线、变压器等输变电系统的散热、大气的环流、洋流、地幔对流、锅炉表面的热损失、汽轮机缸体表面的散热、制冷剂蒸发器对冰箱内空气的冷却等大多数是自然对流换热。利用自然对流散热是一种节能的无源冷却系统,如核电站安全壳在无动力状态下依靠自然对流冷却,因此强化自然对流也是一个十分重要的课题。

如图 6.19(a)(b)(c)(d)所示是流体在热的平板和热的横圆柱表面发生的大空间自然对流换热,其贴壁处的流动及热边界层不受空间局限,可自由发展;如图 6.19(e)(f)是流体在两个相距很近的壁面之间发生的自然对流,流体的加热和冷却因受到空间限制发生互相干扰,称为有限空间自然对流换热。对于被同样加热的两个竖平板形成的空气夹层,研究表明,如果底部封闭时,当夹缝的宽度大于高度的 0.28 倍时,壁面上的对流换热可视为大空间自然对流换热;如果底部不封闭时,只要夹缝的宽度大于高度的 0.01 倍,壁面上的对流换热就可按大空间自然对流处理。

图 6.19　各种自然对流

图 6.20(a)是热竖壁上空气自然对流的干涉条纹照片,图 6.20(b)是横圆柱(直径 50mm)表面空气自然对流的纹影成象照片,当平行于热壁面的一束光线穿过壁面上的热边

界层区域时,空气密度的变化会引起光线向远离壁面的方向偏射。在热边界层外,光线依然平行于壁面,只有在热边界层内光线才向远离壁面方向偏射,所以在热边界层范围内出现黑色阴影,形象地揭示出壁面上的热边界层。由于密度变化率正比于温度梯度,密度变化率最大处,即紧贴壁面的射线偏射最厉害,形成亮影外缘的亮线。所以这条亮线与物体表面的距离就代表换热强度。

自然对流也有层流与紊流之分,判定准则数是格拉晓夫数 Gr 或 Gr 和普朗特数 Pr 的乘积 $(GrPr)$,又称雷利准则 Ra。对于流体在竖壁和横圆柱上发生的自然对流换热,当 $Ra<10^9$ 时,流动处于层流状态,$Ra>10^9$,流动达到紊流。

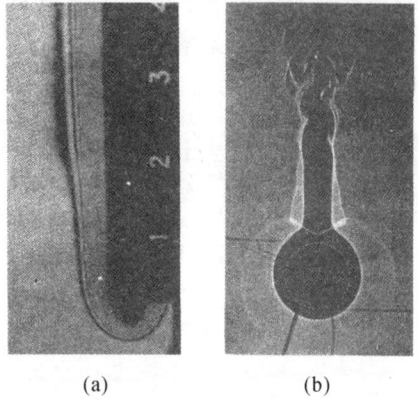

(a)   (b)

图 6.20 竖板与横圆柱外的自然对流

$$Gr=\frac{g\alpha_v \Delta t L^3}{\nu^2} \tag{6-16}$$

$$Ra=Gr \cdot Pr=\frac{g\alpha_v \Delta t L^3}{a\nu} \tag{6-17}$$

其中 $Pr=\nu/a=\eta c_p/\lambda$;$\alpha_v$ 为流体的容积膨胀系数,对于理想气体 $\alpha_v=1/T$,K^{-1};g 为重力加速度;Δt 为流体与壁面的温差;L 为换热表面的特征尺寸;ν 为运动粘度;η 为动力粘度;a 为导温系数;λ 为导热系数;c_p 为定压比热。

凝结与沸腾过程中流体发生了汽液两相之间的转变,称为相变换热。凝结换热是蒸汽同低于其饱和温度的冷壁面接触后由气相转变为液相,并放出汽化潜热的过程;沸腾换热是液体吸收热量,由液相转化为气相的过程。相变换热与单相流体的换热有很大的不同。

(1)凝结

凝结液在壁面上联成液膜的凝结形式被称为膜状凝结,这种情况发生在液体的湿润性较好、与壁面的湿润角较小时,液膜覆盖整个壁面,将蒸汽与壁面隔开,因此凝结液膜的导热热阻是它的主要热阻。膜状凝结表面传热系数 h 的大小与液体的种类和壁面有关,水的膜状凝结表面传热系数 $h=5000\sim15000W/(m^2 \cdot K)$;有机液为 $h=500\sim2000W/(m^2 \cdot K)$。到目前为止,工程上的绝大部分的凝结形式仍是膜状凝结。不凝性气体是影响膜状凝结表面传热系数的一个最主要的因素,如果水蒸气中含 1%(质量含量)的空气,凝结表面传热系数将下降 50%。

凝结液在壁面上不能联成液膜,而是聚集成一个个的小液珠的凝结形式称为珠状凝结,如图 6.21 所示,这种情况发生在液体的湿润性较差、与壁面的湿润角较大时,凝结液珠沿壁面滚落,使壁面暴露在

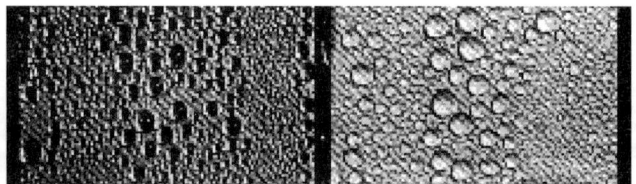

图 6.21 珠状凝结

蒸汽中,因此其凝结表面传热系数远大于膜状凝结,一般,珠状凝结表面传热系数 $h\geqslant 10^5 W/(m^2 \cdot K)$,所以是一种非常理想的凝结方式。但目前珠状凝结只能短时期维持,如何保持长久的珠状凝结形式仍是一个研究课题。

（2）沸腾

液体汽化有两种相变方式：沸腾和蒸发，这两种方式的差别在于沸腾有汽泡产生，而蒸发则不产生气泡。存在过热度 $\Delta t=(t_w-t_s)$ 或失压都能导致沸腾的发生。一般，加热表面都凹凸不平，这些凹穴成为气泡产生的核心，称为汽化核心（如图6.22）。在加热壁面处的过热度最大，即 (p_v-p_l) 最大，使得气泡最小生成半径 R_{min} 最小，这有利于气泡的生成，并使已生成的小气泡核心容易生存下来和长大，对沸腾是有利的。

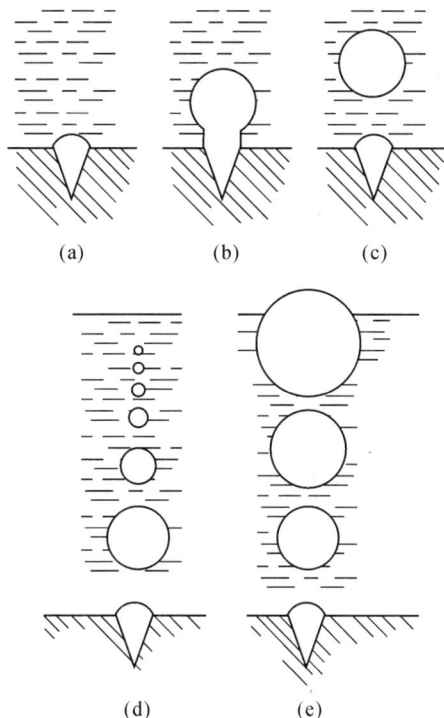

图6.22　气泡的生成和发展

在沸腾过程中有四个换热特性完全不同的区段：自然对流、核态沸腾（图6.23(a)(b)）、不稳定膜态沸腾和稳定的膜态沸腾（图6.23(c)）。核态沸腾具有过热度小，换热强烈的特点，$\Delta t\leqslant55℃$（沸腾压力小于10个大气压），$h=2500\to25000\mathrm{W/(m^2\cdot K)}$，因此是沸腾换热设备的主要工业设计范围。核态沸腾区以热流密度的最大值临界热流密度 q_c 为终点。水在1个大气压下的临界热流密度 $q_c\approx1.1\times10^6\mathrm{W/m^2}$。

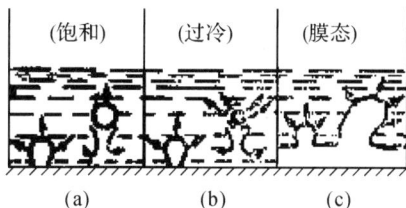

图6.23　沸腾的类型

由于临界热流密度是一个峰值，较难监视，常用热流密度改变较为缓慢的、接近临界热流 q_c 的一个点——偏离核态沸腾点（DNB点）作为监视点。

在采用控制壁面热流 q_w 加热法时，当核态沸腾达到了临界热流密度 q_c 以后，其热流密度不出现降低的过程，而是水平飞跃直接到达稳定的膜态沸腾区，表面过热度迅速达到1100℃以上，导致设备的烧毁，因此在电加热和核反应堆等控制热流密度的系统和设备中，临界热流密度 q_c 又称为"烧毁点"或沸腾危机，在设计和运行中是应监测的和注意避开。临界热流密度的大小与液体的种类和压力有关,对于水来说,其最高的临界热流密度出现在压力为 6~8MPa 时,约为 $3.9 \times 10^6 \text{W/m}^2$。

例题 6-2:在一次测定空气横向流过单根圆管的对流换热实验中,得到下列数据:管壁平均温度 $t_w = 69℃$,空气温度 $t_f = 20℃$,管子外径 $d = 14\text{mm}$,加热段长 80mm,输入加热段的功率 8.5W,如果全部热量通过对流换热传给空气,试问此时的对流换热表面的表面传热系数有多大?

解:根据牛顿冷却公式

$$h = \frac{\Phi}{A \Delta t} = \frac{8.5}{3.14 \times 0.014 \times 0.08 \times (69-20)} = 49.3 \text{W/(m}^2 \cdot \text{K)}$$

例题 6-3:一长、宽各为 10mm 的等温集成电路芯片安装在一块底板上,芯片顶面高出底板的高度为 1mm。温度为 20℃的空气在风扇作用下冷却芯片,芯片与冷却气流间的平均表面传热系数为 $175\text{W/(m}^2 \cdot \text{K)}$,芯片最高允许温度为 85℃。不考虑辐射时,试确定芯片的最大允许功率是多少?(答案:1.59W)

解:根据牛顿冷却公式

$$\Phi = h_c A \Delta t = 175 \times [0.01 \times 0.01 + 4 \times 0.01 \times 0.001] \times (85-20) = 1.59\text{W}$$

6.5 辐射换热

6.5.1 辐射换热基本定律

1803 年人们发现了红外线后,确认了热辐射的存在。热辐射是指物体因自身具有温度而辐射出能量的现象。既然辐射能是一种电磁波,热辐射与光辐射一样也具有波粒二重性。在工程上,我们注重其波的特性,因此认为热辐射是一种"波",具有波长 λ,用微米(10^{-6}m)来度量,单位是 μm,或简化为 μ。

热辐射与其他电磁波一样,都以光速($\approx 3 \times 10^8 \text{m/s}$)在空间中传播,可以在真空中传播,不需要任何介质。太阳就是以辐射方式向地球传递着巨大的能量。电磁波有许多种,不同的电磁波具有不同的波长区段,如图 6.24 所示。热辐射的波长理论上可以覆盖整个波谱($\lambda = 0 \rightarrow \infty$),在工程上有实际意义的主要位于 $0.38 \sim 100 \mu m$,其中

$$0.38 \rightarrow 0.76 \mu m \quad \text{可见光区段(属短波辐射)}$$

$$\begin{cases} 0.76 \rightarrow 100 \mu m \quad \text{红外线区段(属长波辐射)} \begin{cases} 0.76 \rightarrow 4 \mu m \quad \text{近红外} \\ 4 \rightarrow 100 \mu m \quad \text{远红外} \end{cases} \end{cases}$$

热辐射的波长范围以红外线区段为主。任何温度大于绝对零度的物体都具有热辐射能力,也都能吸收周围环境和物体对它的辐射。辐射和吸收的综合效果而导致的热量转移现象称为辐射换热。

1879 年,斯蒂芬(J. Stefan, 1835~1893)在实验中发现了黑体辐射力与绝对温度的四次方成正比。1894 年,玻耳兹曼(L. E. Boltzmann, 1844~1906)从理论上证明了黑体辐射基

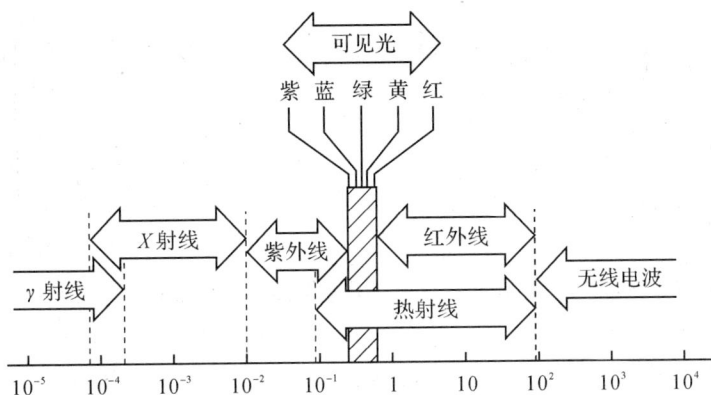

图 6.24　电磁波波谱

本定律之一的四次方定律,于是后人将该定律称为斯蒂芬－玻耳兹曼定律(Stefan-Boltz-mann law),又称为四次方定律。

对于黑体(一种理想辐射体),若温度为 T,它向半球空间发射的总能量(如图 6.25 所示)为

$$E_b = \sigma T^4 \tag{6-18}$$

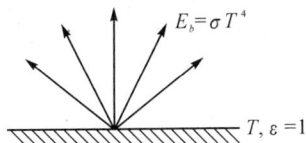

图 6.25　黑体辐射

斯蒂芬(J. Stefan, 1835~1893)

玻耳兹曼(L. E. ltzmann,1844~1906)

其中 E_b 称为黑体的辐射力,是指物体单位时间、单位面积、向半球空间所有方向、发射所有波长的辐射能的总量,它表明物体发射热辐射的总能力,单位:W/m²;$\sigma = 5.67 * 10^{-8}$ W/(m² · K⁴),称为黑体辐射常数;T 为热力学温度(又称开尔文温度),单位是 K,数值上可以用 $T(K) = t(℃) + 273$。对于实际物体的辐射力 E,有

$$E = \varepsilon E_b = \varepsilon \sigma T^4 \tag{6-19}$$

6.5.2　固体表面的辐射特性

黑度 ε,又称发射率、辐射率,是衡量实际物体的辐射能力强弱的一个指标,是物体的表面特性。对于黑体,$\varepsilon = 1$;对于实际物体,$0 < \varepsilon < 1$。附表 B10 所示为几种常用材料的法向黑度。

$$\varepsilon = \frac{E}{E_b} (同温度下) \tag{6-20}$$

热辐射与我们平常知道的可见光(或太阳光)一样,当它投射到物体表面上时,也发生吸收、反射、穿透现象,如图 6.26 所示。如果有总能量为 Q 的热辐射能投射到某一物体表面,其中 Q_a 部分被物体吸收,Q_ρ 部分被该物体反射,还有 Q_τ 部分穿透过该物体,根据能量守恒

定律：

$$Q_\alpha + Q_\rho + Q_\tau = Q \qquad (6\text{-}21a)$$

或

$$\frac{Q_\alpha}{Q} + \frac{Q_\rho}{Q} + \frac{Q_\tau}{Q} = 1 \qquad (6\text{-}21b)$$

或

$$\alpha + \rho + \tau = 1 \qquad (6\text{-}21c)$$

其中：$\alpha = Q_\alpha / Q$，称为吸收率；$\rho = Q_\rho / Q$，称为反射率；$\tau = Q_\tau / Q$，称为穿透率。

物体的反射率 ρ、吸收率 α、透过率 τ 与物质的种类、表面状况、温度、表面颜色、物体透明度等因素有关，其中物体的表面状况对红外辐射影响较大，如图 6.27。而物体表面的颜色与物体的透明度等对可见光的影响较大，对红外辐射的影响不是主要的，可以不加考虑。

黑体（$\alpha = 1$、$\varepsilon = 1$ 的表面），吸收性好，发射性也很好，它既是理想的吸收体，也是理想的辐射体。黑体不但在同温度下的辐射能力最强，而且满足各种辐射基本定律，是一种理想的辐射吸收与发射表面。在科学研究和实际工程中，我们将黑体作为一种衡量实际物体辐射能力的标准参照物，有关黑体的各种参量都用下标"b"来表示。

自然界中不存在一个确实的黑体。因为实际物体都存在一定的吸收、反射或透过。因此，人们制造图 6.28 所示的人工空腔黑体作为标准参照物，称为人工黑体。1859 年和 1860 年德国物理学家基尔霍夫（G. Kirchhoff 1824～1887）发表的两篇论文揭示了实际物体的发射率与吸收率之间的关系。1860 年，基尔霍夫通过人造空腔模拟绝对黑体，论证了在相同温度下以黑体的辐射率（黑度）为最大，并指出物体的辐射率与同温度下该物体的吸收率相等，即 $\alpha = \varepsilon = 1$，被后人称为基尔霍夫定律。对于实际物体，$\alpha = \varepsilon$ 要在特定的条件下才能成立。真实表面的黑度和吸收率具有很大的随机性，吸收率还与投入辐射有关，实际应用起来十分不便，使许多工程计算不能实现。

介于黑体和实际物体之间，人们提出了另一种理想物体——"灰体"，如图 6.29 所示。对于表面辐射，灰体也可称为"灰表面"。所谓灰体是指吸收率与波长无关的物体。

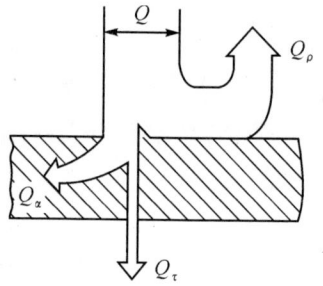

图 6.26 吸收、反射、穿透现象

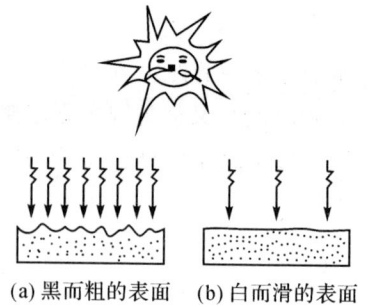

图 6.27 表面状况的影响
(a) 黑而粗的表面　(b) 白而滑的表面

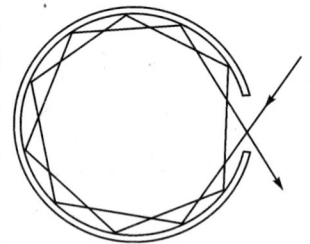

图 6.28 人工空腔黑体

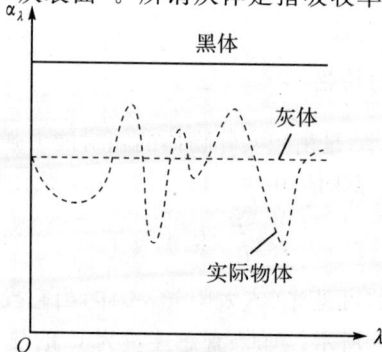

图 6.29 黑体、灰体和实际物体

$$\alpha = \alpha_\lambda = 常数 \tag{6-22}$$

灰体具有黑体的各种优良性能,其 $\varepsilon = \alpha < 1$,所有的辐射基本定律都适用于灰体。灰体概念的引入使吸收率的计算大大简化,也使热辐射的工程计算成为可能。

灰体是针对热辐射而言的,对于大多数的实际物体,在红外区段,作这一假定所引起的误差不大。工业上所遇到的温度范围大多为 $T \leqslant 2000K$,热辐射的主要波长位于红外线区域内。在工程计算中,将一般物体当作灰体处理是可行的。

6.5.3 温室气体辐射

各种气体对热辐射有不同反应,如 H_2、O_2、N_2 等分子结构对称的双原子气体和空气在工程应用温度范围内可看作热辐射透明体,即无发射和吸收辐射的能力,$\tau = 1$;二氧化碳 CO_2、水蒸气 H_2O、二氧化硫 SO_2、甲烷 CH_4、氟利昂(制冷剂)等三原子、多原子气体以及分子结构不对称的双原子气体,如 CO 等,在某些波段具有相当大的辐射和吸收本领,$0 < \tau < 1$,称为辐射吸收性气体,或温室气体。表 6-4 为部分温室气体及其危害。

表 6-4　几种温室气体的影响

温室气体	来　　源	主要危害
二氧化碳(CO_2)	矿物燃料燃烧:发电、汽车尾气等	二氧化碳吸收红外辐射——能量逃逸大气的主要形式
一氧化二氮(N_2O)	种植用氮肥	能量吸收能力是二氧化碳的 270 倍
甲烷(CH_4)	沼气、煤提炼、牲畜、细菌、腐烂的垃圾等	据推测,远古时期出现过一次大规模的甲烷泄漏,造成地球温度急升,导致物种灭绝。
三氟化氮(NF_3)	半导体加工、太阳能电池制造和液晶显示器制造中应用	在大气中的寿命可长达 740 年之久,其存储热量的能力是二氧化碳的 12000~20000 倍。

气体辐射一般位于红外区段。气体辐射和吸收的波长在整个波谱中是不连续的,呈现间断性、不连续波谱或光带,在光带外,气体对热辐射是透明的,既不吸收也不辐射。如二氧化碳 CO_2 气体的光带为:$2.65 \sim 2.80\mu m$、$4.15 \sim 4.45\mu m$、$13.0 \sim 17.0\mu m$;水蒸气 H_2O 气体的光带:$2.55 \sim 2.84\mu m$、$5.6 \sim 7.6\mu m$、$12.0 \sim 30.0\mu m$。各种气体具有各自的吸收(或辐射)波谱,不同气体的光带可以重叠,如图 6.30 所示。

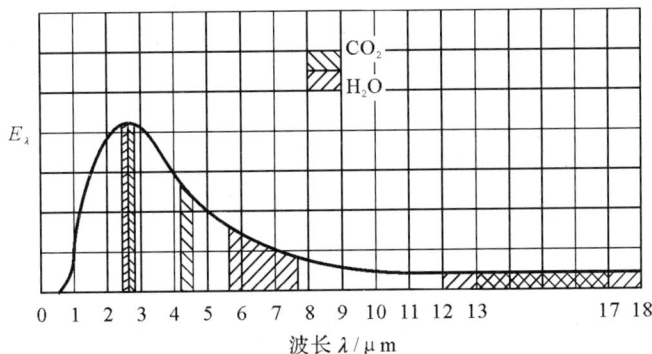

图 6.30　CO_2 和 H_2O 气体的主要光带

气体的辐射和吸收是在整个容积中进行的,与气体所处容器的形状和容积有关,即与射线的行程有关,如图 6.31 所示,一般用平均射线行程 L 来计算,即

$$L = 3.6 \frac{V}{A}$$

其中 V 为气体容积的体积,A 为气体容积的表面积。

例题 6-4:一炉子的火焰温度为 1500K,炉壁上有一直径为 3cm 的看火孔,试计算通过看火孔向外辐射的功率是多少?

解:小孔向外的辐射相当于黑体辐射,

$$E_b = A\sigma T^4 = 3.14 \times (0.03/2)^2 \times 5.67 \times 10^{-8} \times 1500^4 = 202.8\text{W}$$

图 6.31　气体辐射的射线行程

例题 6-5:一宇宙空间飞行器上的向阳面有一面板,板背面可视为绝热,面板得到来自太阳的辐射能为 $G = 1300\text{W/m}^2$,设面板在太阳辐射的光谱范围内的黑度为 0.5,在其他波段的黑度均为 0.35,宇宙空间可视为温度为 0K 的黑体空间,问处于稳态时,该面板上的温度是多少?

解:根据能量守恒,$\Phi = \varepsilon_1 G = \varepsilon_2 \sigma T_w^4$

$$T_w = \sqrt[4]{\frac{\varepsilon_1 G}{\varepsilon_2 \sigma}} = \sqrt[4]{\frac{1300 \times 0.5}{0.35 \times 5.67 \times 10^{-8}}} = 425.4\text{K} = 152.4\text{℃}$$

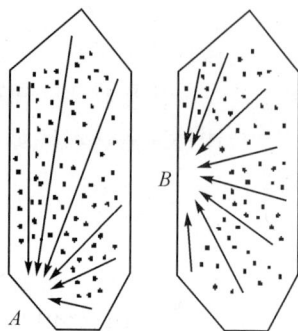

思考题

6-1　试说明导热、对流传热和辐射传热三种传递方式的联系与区别。

6-2　试述各种介质导热的机理。

6-3　为什么求解导热问题首先要了解导热体的温度分布?

6-4　什么是导热的傅利叶定律?说明其表达式及式中各个符号的意义。

6-5　导热系数、导温系数分别反映了材料的什么性质?两者之间的关系如何?

6-6　冬天,72℃的铁与 600℃的木材摸上去的感觉一样,为什么?

6-7　对于附图中所示的两种水平夹层,试分析冷、热表面间热量交换的方式有何不同?如果要通过实验来测定夹层中的流体的导热系数,应采用哪一种布置?

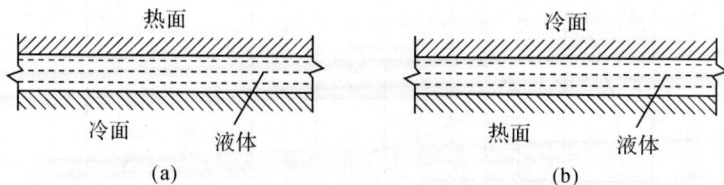

思考题 6-7　热面位置不同对换热的影响

6-8　用铝制水壶烧水时,尽管炉火很旺,但水壶安然无恙,但一旦壶内的水被烧干后,水壶很快就被烧坏,试从传热学观点分析这一现象。

6-9 用一只手握住盛热水的杯子,另一只手用筷子快速搅拌热水,握杯子的手会显著地感到热,试分析其中的原因。

6-10 一个内部发热的圆球悬挂于室内,对于附图中所示的三种情况,试分析:(1)圆球表面热量散失的方式;(2)圆球表面与空气之间的热交换方式。

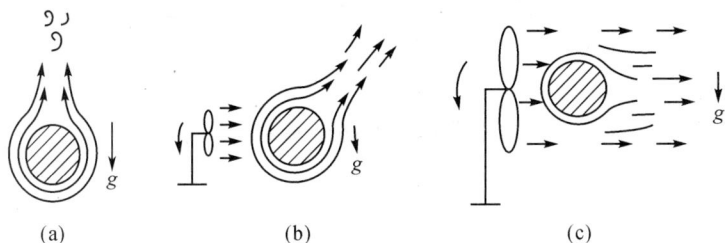

(a)　　　　　　(b)　　　　　　(c)

思考题 6-10　热圆球的三种冷却方式

6-11 试述流动边界层和热边界层的定义和引入边界层的意义。

6-12 什么是非稳态导热?什么条件下可以采用集总参数法来计算?

6-13 试分析大空间自然对流与有限空间自然对流的区别、外掠单管对流传热与管内流动对流传热的区别。

6-14 什么是当量直径?试求边长为 a 的等边三角形通道,宽为 a、高为 b 的矩形通道,以及外管内径为 d_1、内管外径为 d_2 的环形通道的当量直径。

6-15 什么是自然对流?说明自然对流换热的主要特点是什么?

6-16 流体进行强迫对流换热和自然对流换热时,分别用什么相似准则来确定流动由层流转变为紊流?

6-17 什么是膜状凝结和珠状凝结?它们形成的条件是什么?哪种凝结的换热强度大?

6-18 什么叫黑体?在热辐射理论中为什么要引入这一概念?

6-19 气体辐射有何特性?

6-20 目前预测世界环境温度在不断升高,这种气象变化与传热学有什么关系?

习　题

6-1 25mm 厚的聚氨酯泡沫塑料,其两表面的温度差为 5℃。测得通过该材料的热流密度为 4.6 W/m²,,试计算该材料的导热系数。(答案:0.023 W/(m·K))

6-2 一块厚 50mm 的大平板,两侧表面分别维持在 $t_{w1}=150℃$ 和 $t_{w2}=100℃$。试求不同材料的热流密度:(1)$\lambda=389W/(m·K)$ 的钢材;(3)$\lambda=50W/(m·K)$ 的铸铁;(3)$\lambda=0.13W/(m·K)$ 的石棉。(答案:3.89×10⁵ W/m²;5.0×10⁴ W/m²;1.3×10² W/m²)

6-3 一炉子的炉墙厚13cm,总面积为 20 m²,平均导热系数为 1.04 W/(m·K),内外壁温分别为 520℃ 及 50℃。试计算通过炉墙的热损失。如果所燃用的煤的发热量为 2.09

$\times 10^4$ kJ/kg,问每天因热损失要消耗掉多少千克煤?(答案:311kg)

6-4 夏天,阳光照耀在一厚为 40mm 的用层压板制成的木门外表面上,用热流计测得木门内表面的热流密度为 15W/m²。外表面温度为 40℃,内表面温度为 30℃。试估算此木门在厚度方向上的导热系数。(答案:0.06 W/(m·K))

6-5 设人体表面的热流约为 100W 时,人体的新陈代谢过程所维持的体表温度大约为 300K。(1)估计一下,在环境温度为 270K 时要穿多厚的衣服身体才能感觉舒适。已知衣服的导热系数约为 3mW/(m·K),人体的表面积为 1.7m²。(2)试问,你得到的结果和实际情况是否符合?如何解释?(答案:1.5mm)

6-6 有一把底板为平面、厚度为 3mm 的铝制水壶(导热系数为 200 W/(m·K)),在烧水过程中与水接触的内侧锅底表面平均温度为 105℃,热流密度为 50000 W/m²,问(1)如果锅底是干净的,这时外侧金属锅底温度有多少?(2)如果水壶的材料改为不锈钢,导热系数为 15 W/(m·K),其他条件不变,则底面干净时外侧金属锅底温度是多少?(答案:105.75℃,115℃)

6-7 组成地壳和地球表层的石头的导热系数是 2W/(m·K)。从地球内部向外表面单位面积的热流大约为 20mW/m²,(1)设地球表面温度为 300K,试估计在深度为 1km、10km、100km 处的温度。(2)估计什么深度中温度为 1600℃。在此温度时地壳变成具有延展性,使其上面的板块可以缓慢移动。(答案:310K,400K,1300K,1573km)

6-8 机车中,机油冷却器外表面积为 0.12m²,表面温度为 65℃。行驶时,温度为 32℃的空气流过机油冷却器的外表面,表面传热系数为 45 W/(m²·K)。试计算机油冷却器的散热量。(答案:178.2W)

6-9 对置于水中的不锈钢管采用电加热的方法进行压力为 1.013×10⁵Pa 的饱和水沸腾换热试验。测得加热功率为 100W,不锈钢管外径为 4mm,加热段长 10cm,表面平均温度为 109℃。试计算此时沸腾换热的表面传热系数。(答案:8846.43W/(m²·K))

6-10 流量为 0.2kg/s 的冷却水在内径为 12mm 的铜管冷凝器中流过,其对流表面传热系数为 8800W/(m²·K),水的进口温度为 27℃,出口温度为 33℃,管壁温度维持在 80℃,问需要多长的管子?(答案:302mm)

6-11 一条裸露的水平蒸汽管道,外径为 150mm,输送 170℃的饱和蒸汽,管子周围的空气温度为 20℃,现测得蒸汽管道单位管长的自然对流散热量是 547W/m,问其表面的自然对流表面传热系数为多少?(答案:7.74W/(m²·K))

6-12 有一段未加保温的垂直安装的蒸汽管道,长度为 3.5m,外径为 150mm,输送 170℃的饱和蒸汽,管子周围的空气温度为 20℃,已知其管壁上的自然对流表面传热系数为 6.0 W/(m²·K),问这段蒸汽管道单位管长的表面自然对流散热量有多大?实际情况下,除了这部分散热,还存在哪些散热途经?(答案:423.9W/m)

6-13 空气以 4m/s 的流速横掠直径为 60mm、长为 2m 的热圆柱体。如果空气温度为 30℃,圆柱体表面温度恒为 50℃,表面对流传热系数为 30W/(m²·K),试计算圆柱体的散热量为多少?(答案:226.08W)

6-14 为了使绝对压力为 1.003×10⁶Pa(约 10atm)的水沸腾,在传热面上用热流密度为 1×10⁵W/m² 的热负荷加热,已知其沸腾表面传热系数为 13000W/(m²·K),试计算该传热面的温度和单位面积的汽化率。(答案:187.7℃,0.05kg/(m²·s))

6-15 宇宙空间的温度可近似地看成是 0K。一航天器在太空中飞行,其外表面平均温度为 250K,表面发射率为 0.7,试计算航天器单位表面上的换热量。(答案:155W/m²)

6-16 一块黑度为 0.8 的钢板,温度为 100℃,其单位面积发射出去的辐射能有多少?若将该钢板磨光,使它的黑度降为 0.25,这时在同温度下其辐射能力降为多少?(答案:878.03W/m²,274.38W/m²)

6-17 太阳表面可以近似地看成是温度为 5800K 的黑体,宇宙空间可视为温度为 0K 的黑体空间,已知太阳的直径为 1.39×10^9 m,问太阳每秒钟向太空散发的热量有多少?(答案:3.89×10^{20} MJ)

6-18 有一等温空腔的内表面维持均匀温度,空腔壁面上有一面积为 0.02m² 的小孔,小孔面积相对于空腔内表面积很小很小,现测得通过小孔向外界辐射的能量为 85W,问空腔内表面的温度有几度?若将空腔内表面全部抛光,温度保持不变,这对小孔向外辐射的能量大小是否有影响?(答案:250℃)

6-19 一台电炉的电功率为 2.5kW,电炉丝温度为 937℃,直径 1.2mm,表面黑度为 0.82,若电炉效率为 0.9,问电炉丝最短需要多少?(答案:6m)

6-20 半径为 0.5m 的球状航天器在太空中飞行,其表面发射率为 0.8.航天器内电子元件的散热量总共为 175W。假设航天器没有从宇宙空间接收到任何辐射能,试估算其外表面的平均温度。(答案:187K)

第七章　传热分析

科学是一种方法,它教导人们:一切事情是怎样被了解的,什么事情是已知的,现在了解到什么程度,如何对待疑问和不确定性,证据服从什么法则,如何去思考事物作出判断,如何区分真伪和表面现象。

——理查德·费曼

我深信,只要养成一种习惯,时常去留心日常生活中所发生的一切事情,那么往往会引起有益的怀疑和研究与改进方面的意义深远的打算。这些情况有的是突然发生的,有的是在思索极普通的现象时所进行的遐想中发生的。

——C. 伦福德

7.1　复合传热

热传递过程是自然界中最基本的过程之一,大至电厂锅炉设备、建筑物,小至电脑芯片都与传热过程密切相关。实际传热过程一般都不是单一的传热方式,如火焰对炉壁的传热,就是辐射、对流和导热的综合。图 7.1 所示的室内暖气片对房间的供热是辐射和对流的综合效果,图 7.2 冬日里晒太阳的动物身上也受到了对流、辐射和导热的共同作用。不同的传热方式遵循不同的传热规律。为了分析方便,人们在传热研究中把三种传热方式分解开来,然后再加以综合。

在实际换热过程中,有时既有对流传热,又有辐射传热,两者共同作用,其影响都不可忽略,称为复合传热,其表面传热热流量是两部分之和:

$$\Phi = \Phi_c + \Phi_r = (h_c + h_r)A(t_w - t_f) = hA(t_w - t_f) \tag{7-1}$$

其中 h 为复合表面传热系数,$h = h_c + h_r$。h_c 为对流表面传热系数,单位是 $W/(m^2 \cdot K)$,可以由自然对流引起,也可以是强迫对流引起的;h_r 为辐射按表面对流传热折算的辐射表面传热系数,单位是 $W/(m^2 \cdot K)$。这是将净辐射换热量按对流进行折算得到的,如两个黑表面之间的辐射换热,

$$\Phi_{net} = A\sigma(T_1^4 - T_2^4) \tag{7-2a}$$

图 7.1　室内暖气片的供热 　　　　　　　　图 7.2　冬日暖阳下的动物

则

$$\Phi_{net}=h_rA(T_1-T_2) \tag{7-2b}$$

有

$$h_r=\frac{\Phi_{net}}{\Delta T}=\frac{\sigma(T_1^4-T_2^4)}{T_1-T_2} \tag{7-2c}$$

例题 7-1：一长、宽各为 10mm 的等温集成电路芯片安装在一块底板上,芯片顶面高出底板的高度为 1mm,温度为 20℃的空气在风扇作用下冷却芯片。芯片最高允许温度为 85℃,芯片与冷却气流间的平均表面对流传热系数为 175W/(m² · K),其折算的辐射换热表面传热系数为 7.8W/(m² · K)。试确定芯片的最大允许功率是多少?

解：$\Phi=(h_c+h_r)A\Delta t=(175+7.8)\times[0.01\times0.01+4\times0.01\times0.001]\times(85-20)=$ 1.66W

7.2　传热过程

7.2.1　传热过程分析

热量从壁面一侧的高温流体通过壁面传到另一侧流体中去的过程,称为传热过程。

实际传热过程中包括多种热传递基本方式,例如在锅炉中,燃料燃烧产生的高温火焰和高温烟气向水冷壁、过热器、再热器等换热器一侧表面(外壁面)进行辐射传热和对流传热,将燃烧产生的热量传给换热器壁面,换热器壁面通过导热将这些热量传导到另一侧(内壁面),管内的水或水蒸气再通过对流传热获得热量,水在管内流动被加热、沸腾、汽化,蒸汽在管内再进一步被对流加热进而成为需要的过热蒸汽;在用烤箱烘烤面包时,高温热辐射面将热量辐射到面包胚的外表面,面包胚内经过非稳态导热、自然对流和汽化等一系列复杂的热过程最后成为可以食用的面包;在寒冷的冬季,我们人体虽然穿着厚厚的衣服,但是人体产生的热量仍然通过服装内部的导热、辐射和自然对流传到衣服的外表面,服装外表面再经过辐射和自然对流传给外界物体及周围的空气,吹过的风强制对流将更多的热量带走等等。

再如图 7.3 所示的一个热水瓶,热量从热水瓶内的热水通过壁面传到外界的空气,最终造成热水温度的逐渐降低;图 7.4 所示是炎炎夏日里一个空调房间内的传热过程。

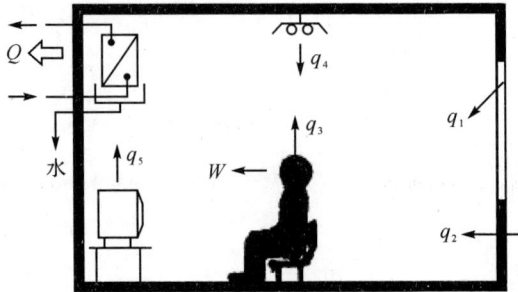

　　7.3　热水瓶　　　　　　　　　　图 7.4　空调房间内的传热过程

对于任何具体的传热问题,首先要进行传热过程的分析,了解有哪些基本热量传递方式在起作用,它们是如何作用的,分清主要、次要和可以忽略的各种因素,再选用合适的公式和方法进行计算,对于换热器的设计与校核也同样。例如:

锅炉中的过热器:

$$高温烟气 \xrightarrow{\text{复合换热}} 管外壁 \xrightarrow{\text{导热}} 管内壁 \xrightarrow{\text{对流换热}} 过热蒸汽$$

锅炉炉墙:

$$烟气 \xrightarrow{\text{辐射换热}} 内墙表面 \xrightarrow{\text{导热}} 外墙表面 \xrightarrow{\text{复合换热}} 环境$$

热力管道:

$$蒸汽 \xrightarrow{\text{对流换热}} 管内壁 \xrightarrow{\text{导热}} 保温层内表面 \xrightarrow{\text{导热}} 保温层外表面 \xrightarrow{\text{复合换热}} 环境$$

我们先来分析一下这个房间的一堵外墙,将其视为大平壁,如图 7.5 所示。温度为 t_{f1}、表面传热系数为 h_1(复合表面传热系数,可以包含对流和辐射 $h = h_c + h_f$)的热流体(室外空气)通过壁厚为 δ、导热系数为 λ 的大平壁(墙壁),将热量传给温度为 t_{f2} 的冷流体(室内空气),冷流体与壁面的表面传热系数为 h_2(复合表面传热系数),平壁两侧的壁温分别为 t_{w1}、t_{w2},这时有下式成立:

$$\Phi = h_1 A(t_{f1} - t_{w1}) = \frac{\lambda A}{\delta}(t_{w1} - t_{w2}) = h_2 A(t_{w2} - t_{f2})$$

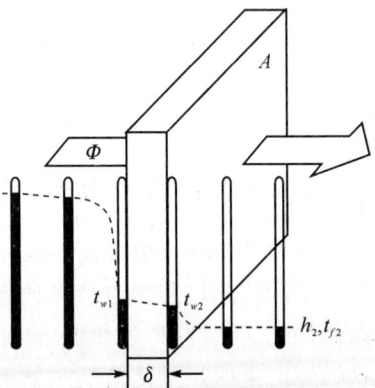

(7-3)　　图 7.5　通过平壁的传热过程

将上式整理,消去 t_{w1}、t_{w2},得

$$\Phi = \frac{A(t_{f1} - t_{f2})}{\dfrac{1}{h_1} + \dfrac{\delta}{\lambda} + \dfrac{1}{h_2}} \qquad (7\text{-}4\text{a})$$

$$q = \frac{t_{f1} - t_{f2}}{\frac{1}{h_1} + \frac{\delta}{\lambda} + \frac{1}{h_2}} \tag{7-4b}$$

7.2.2 传热系数

传热过程是复合传热－导热－复合传热的串联过程。可以用传热系数 k 来表征传热过程的强烈程度,单位:W/(m^2·K)。k 值越大,表示传热过程越强烈。即令

$$\frac{1}{k} = \frac{1}{h_1} + \frac{\delta}{\lambda} + \frac{1}{h_2} \tag{7-5a}$$

$$k = \left(\frac{1}{h_1} + \frac{\delta}{\lambda} + \frac{1}{h_2}\right)^{-1} \tag{7-5b}$$

因此有

$$\Phi = kA(t_{f1} - t_{f2}) \tag{7-6a}$$

$$q = k(t_{f1} - t_{f2}) \tag{7-6b}$$

表 7-1 所示为不同传热过程中传热系数的数值范围。从表中可以看出,不同介质之间的传热过程具有不同的传热系数范围,通常有相变的传热过程强于无相变的,液体－液体之间的传热过程优于气体－气体传热……,这些有助于我们定性地了解各种传热过程传热的强弱。

表 7-1　传热系数的大致数值范围

传热过程的形式	$k[\text{W/(m}^2\cdot\text{K)}]$
气体——气体传热(常压)	10～30
气体——高压水蒸气或水传热	10～100
油——水传热	100～600
有机物蒸气凝结——水传热	500～1000
水——水传热	1000～2500
水蒸气凝结——水传热	2000～6000

7.3　热阻概念的提出

为了便于分析与计算,我们采用电工中相似的方法,引进热阻概念。

与欧姆定律相似,$I = \Delta V/R$(即电流量等于电压差与电阻之比),这里,我们设定热流等于温压(温差)与热阻之比。

$$q = \frac{\Delta t}{r_t} \quad 或 \quad \Phi = \frac{\Delta t}{R_t} \tag{7-7}$$

其中,r_t 称为单位面积热阻,单位:m^2·K/W;R_t 称为总面积热阻,单位:K/W。

7.3.1 导热热阻

对于单层平壁(如图 7.6 所示),以热阻形式可表示为:

$$q = \frac{t_{w1} - t_{w2}}{\dfrac{\delta}{\lambda}} = \frac{t_{w1} - t_{w2}}{r_t} \qquad (7\text{-}8a)$$

$$\Phi = \frac{t_{w1} - t_{w2}}{\dfrac{\delta}{\lambda A}} = \frac{t_{w1} - t_{w2}}{R_t} \qquad (7\text{-}8b)$$

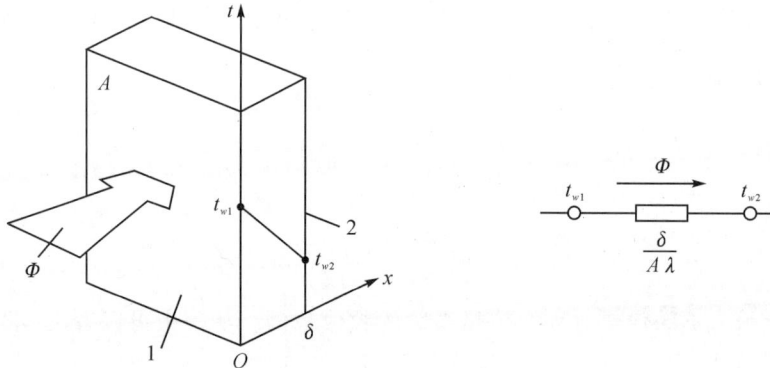

图 7.6　通过单层平壁的导热

所以对于单层平壁的导热热阻：

$$r_t = \frac{\delta}{\lambda} \qquad (7\text{-}9a)$$

$$R_t = \frac{\delta}{(\lambda A)} \qquad (7\text{-}9b)$$

对于如图 7.7 所示的由不同材料叠在一起组成的复合壁——多层平壁，有

$$q = \frac{t_1 - t_2}{\dfrac{\delta_1}{\lambda_1}} = \frac{t_2 - t_3}{\dfrac{\delta_2}{\lambda_2}} = \frac{t_3 - t_4}{\dfrac{\delta_3}{\lambda_3}} \qquad (7\text{-}10a)$$

将上式整理，消去 t_{w2}、t_{w3}，得

$$q = \frac{t_1 - t_4}{\dfrac{\delta_1}{\lambda_1} + \dfrac{\delta_2}{\lambda_2} + \dfrac{\delta_3}{\lambda_3}} \qquad (7\text{-}10b)$$

其分母为各层材料的热阻之和(即热阻串联叠加原则)。

多层平壁的导热热阻：

$$r_t = \sum_i \frac{\delta_i}{\lambda_i} \quad (\text{m}^2 \cdot \text{K/W}) \qquad (7\text{-}11a)$$

$$R_t = \sum_i \frac{\delta_i}{\lambda_i A_i} \quad (\text{K/W}) \qquad (7\text{-}11b)$$

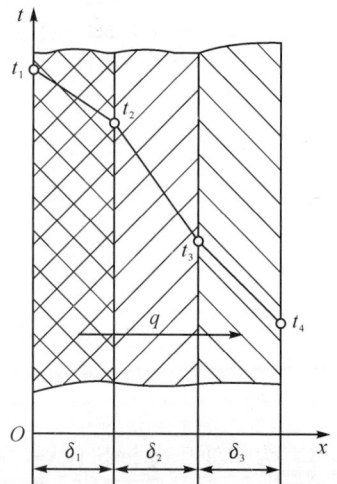

图 7.7　通过多层平壁的导热

由式(7-10a)还可以进一步求出各层分界面上的温度值：

$$t_2 = t_1 - q \frac{\delta_1}{\lambda_1} \qquad (7\text{-}12a)$$

$$t_3 = t_4 - q\frac{\delta_3}{\lambda_3} \tag{7-12b}$$

对于圆筒壁,在稳态导热中,当圆筒的长度大于 10 倍的壁厚时,其轴向导热可略去不计,认为壁温仅沿壁厚方向变化,采用圆柱坐标时,可看作一维导热。图 7.8 为内径为 d_1、外径为 d_2 的单层圆筒壁,内外壁面温度分别为 t_1 和 t_2,则其导热热流量为

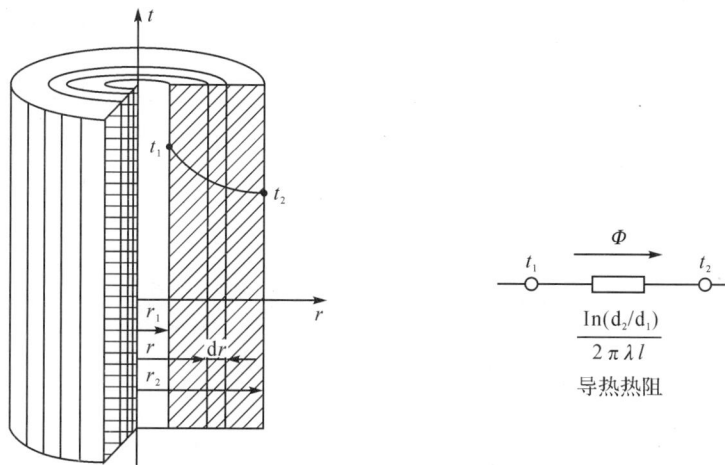

图 7.8　通过单层圆筒壁的导热

$$\Phi = 2\pi\lambda l\,\frac{t_1 - t_2}{\ln(r_2/r_1)} \quad (\text{W}) \tag{7-13a}$$

单位长度的热流密度:

$$q_l = \frac{\Phi}{l} = 2\pi\lambda\,\frac{t_1 - t_2}{\ln(r_2/r_1)} \quad (\text{W/m}) \tag{7-13b}$$

因此,单层圆筒壁的导热热阻:

$$R_t = \frac{\ln(r_2/r_1)}{2\pi\lambda l} \quad (\text{K/W}) \tag{7-14a}$$

或

$$r_{tl} = \frac{\ln(r_2/r_1)}{2\pi\lambda} \quad (\text{m} \cdot \text{K/W}) \tag{7-14b}$$

多层圆筒壁(如图 7.9 所示),与多层平壁一样,可以通过将热阻串联叠加(n 层多层圆筒壁)得到计算式:

$$\Phi = \frac{t_1 - t_{i+1}}{\dfrac{\ln(r_{i+1}/r_i)}{2\pi\lambda_i l}} = \frac{t_1 - t_{n+1}}{\displaystyle\sum_{i=1}^{n}\dfrac{\ln(r_{i+1}/r_i)}{2\pi\lambda_i l}} \tag{7-15a}$$

$$q_l = \frac{t_i - t_{i+1}}{\dfrac{\ln(r_{i+1}/r_i)}{2\pi\lambda_i}} = \frac{t_1 - t_{n+1}}{\displaystyle\sum_{i=1}^{n}\dfrac{\ln(r_{i+1}/r_i)}{2\pi\lambda_i}} \tag{7-15b}$$

多层圆筒壁的导热热阻:

$$R_t = \sum_i \frac{\ln(r_{i+1}/r_i)}{2\pi\lambda_i l} \quad (\text{K/W}) \tag{7-16a}$$

或 $\qquad r_{tl} = \sum_i \dfrac{\ln(r_{i+1}/r_i)}{2\pi\lambda_i}$ $\quad$ (m·K/W) $\qquad$ (7-16b)

通过空心圆球球壳的导热,如有些球形的容器,对于单层球壳有

$$\Phi = \frac{4\pi\lambda(t_1 - t_2)}{1/r_1 - 1/r_2} \quad \text{(W)} \qquad (7\text{-}17)$$

热阻 $\qquad R_t = \dfrac{1}{4\pi\lambda}\left(\dfrac{1}{r_1} - \dfrac{1}{r_2}\right)$ $\quad$ (K/W) $\qquad$ (7-18)

对于多层球壳的导热可以仿照多层圆筒壁的处理方法进行。几种典型形状的导热热阻和导热计算式见附表 A4。

例题 7-2: 有一加热炉,炉墙总面积为 $55\ \text{m}^2$,炉墙厚度为 280mm,炉壁材料的平均导热系数为 $1.04\ \text{W}/(\text{m·K})$,炉墙的内、外壁温分别为 520℃ 和 50℃。试计算

(1)通过炉墙的热损失。如果燃煤的发热量为 $2.09\times10^4\text{kJ}/$kg,设煤的价格为 500 元/吨,则每年(按 365 天算)由于热损失而耗费的燃料费用为多少?

图 7.9 通过多层
圆筒壁的导热

(2)若节能改造中更换炉墙保温材料,使炉壁的平均导热系数由 $1.04\ \text{W}/(\text{m·K})$ 降为 $0.74\ \text{W}/(\text{m·K})$,其他条件不变,则每年由于热损失而耗费的燃料费降低多少?

解:(1)这是一个通过大平壁的一维导热问题。

$$\Phi = \lambda A\frac{(t_1 - t_2)}{\delta} = 1.04\times55\times\frac{520-50}{0.28} = 96.01\text{kW}$$

每年的燃料费(由于热损失):

$$96.01\times3600\times24\times365\times500/(2.00\times10^4\times1000) = 72434.7(\text{元})$$

$$(2)\frac{\Phi_{前}-\Phi_{后}}{\Phi_{前}} = \frac{\lambda_{前}\,A\Delta t/\delta - \lambda_{后}\,A\Delta t/\delta}{\lambda_{前}\,A\Delta t/\delta} = \frac{\lambda_{前}-\lambda_{后}}{\lambda_{前}} = \frac{1.04-0.74}{1.04} = 28.85\%$$

例题 7-3: 外径为 25mm 的热水管道采用铜塑复合管,内层铜材的导热系数 $\lambda = 109\ \text{W}/$(m·K),厚 0.3mm,塑料的导热系数 $\lambda = 0.045\ \text{W}/(\text{m·K})$,厚 1.5mm。测得热水管内壁温度为 95℃,外壁温度为 50℃,问每米长管道的散热损失是多少? 为节能要在外面加上导热系数 $\lambda = 0.04\ \text{W}/(\text{m·K})$ 的保温材料,如果保温层外表面温度不超过 27℃,并且每米长管道的散热损失不超过 50W/m,问保温层应加多厚?

解: 这是一个通过多层圆筒壁的一维稳态导热问题,每米长管道的热流量:

$$q_l = \frac{t_{w1}-t_{w2}}{\dfrac{1}{2\pi\lambda_1}\ln\dfrac{d_2}{d_1} + \dfrac{1}{2\pi\lambda_2}\ln\dfrac{d_3}{d_2}}$$

$$= \frac{95-50}{\dfrac{1}{2\pi\times109}\ln\dfrac{25-2\times1.5}{25-2\times(0.3+1.5)} + \dfrac{1}{2\pi\times0.045}\ln\dfrac{25}{25-2\times1.5}} = 99.47\text{W/m}$$

$$\ln\frac{d_4}{d_3} = 2\pi\lambda\left(\frac{t_{w1}-t_{w2}}{q_l} - \frac{1}{2\pi\lambda_1}\ln\frac{d_2}{d_1} - \frac{1}{2\pi\lambda_2}\ln\frac{d_3}{d_2}\right)$$

$$= 2\pi\times0.04\times\left(\frac{95-27}{50} - \frac{1}{2\pi\times109}\ln\frac{22}{21.4} + \frac{1}{2\pi\times0.045}\ln\frac{25}{22}\right) = 0.228$$

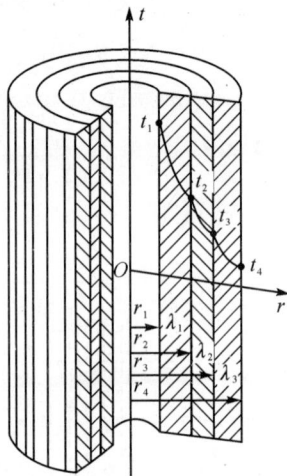

$$\therefore \frac{d_4}{d_3}=1.256,\ d_2=1.256d_1=1.256\times25=31.4\text{mm}$$

保温层厚度 $\delta=(d_4-d_3)/2=3.2$mm

例题 7-4：有一种颗粒新材料的导热系数未知，用圆球导热仪来测定。如图所示，它由两个同心空心球壳均为很薄的紫铜皮制成，其热阻可以忽略不计。内外层球壳之间均匀地填塞入这种颗粒材料，内层球壳中装有电热丝，通电后产生的热量通过内层球壁、被测材料和外层球壁散发出去。内、外层球壳的直径分别为 80mm 和 160mm。在稳态导热下测得内、外层球壁的表面平均温度分别为 87.4℃ 和 47.4℃，通过电加热丝的电流为 83.6A、电压为 26V，求该新材料的导热系数。

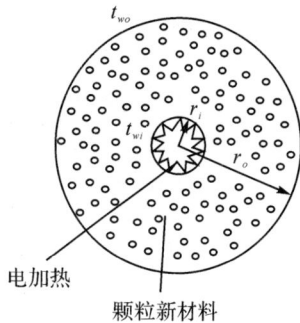

电加热

颗粒新材料

例题 7-5

解：这是一个通过单层球壁的一维稳态导热问题。

$$\Phi=\frac{4\pi\lambda(t_1-t_2)}{\dfrac{1}{r_1}-\dfrac{1}{r_2}},$$

由于 $\Phi=IU$，所以

$$\lambda=\frac{IU\left(\dfrac{1}{r_1}-\dfrac{1}{r_2}\right)}{4\pi(t_1-t_2)}=\frac{83.6\times26\times10^{-3}\left(\dfrac{1}{0.04}-\dfrac{1}{0.08}\right)}{4\pi(87.4-47.7)}=0.05449\text{W/(m·K)}$$

7.3.2 对流换热热阻

按照牛顿冷却公式：

$$q=h\Delta t=\frac{\Delta t}{1/h}=\frac{\Delta t}{r_t} \tag{7-19a}$$

或

$$\Phi=hA\Delta t=\frac{\Delta t}{1/hA}=\frac{\Delta t}{R_t} \tag{7-19b}$$

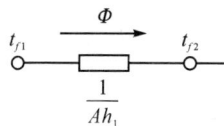

图 7.10 对流换热热阻

所以对流换热热阻为

$$r_t=\frac{1}{h}\quad\text{或}\quad R_t=\frac{1}{hA} \tag{7-20}$$

其中，r_t 称为单位面积热阻，单位：m²·K/W；R_t 称为总面积热阻，单位：K/W。

图 7.11 所示为对流边界条件下的通过平壁的传热过程及其热阻分析图，从图中可见上述传热过程可看作热阻的一个串联环节，

$$q=\frac{t_{f1}-t_{f2}}{\dfrac{1}{h_1}+\dfrac{\delta}{\lambda}+\dfrac{1}{h_2}}=\frac{t_{f1}-t_{f2}}{\sum r_t}=k(t_{f1}-t_{f2}) \tag{7-21a}$$

$$\Phi=\frac{t_{f1}-t_{f2}}{\dfrac{1}{Ah_1}+\dfrac{\delta}{A\lambda}+\dfrac{1}{Ah_2}}=\frac{t_{f1}-t_{f2}}{\sum R_t}=kA(t_{f1}-t_{f2}) \tag{7-21b}$$

传热系数的倒数是传热过程中各个串联环节的热阻之和：

$$\frac{1}{k}=\frac{1}{h_1}+\frac{\delta}{\lambda}+\frac{1}{h_2}=\sum r_t \tag{7-22a}$$

传热系数：

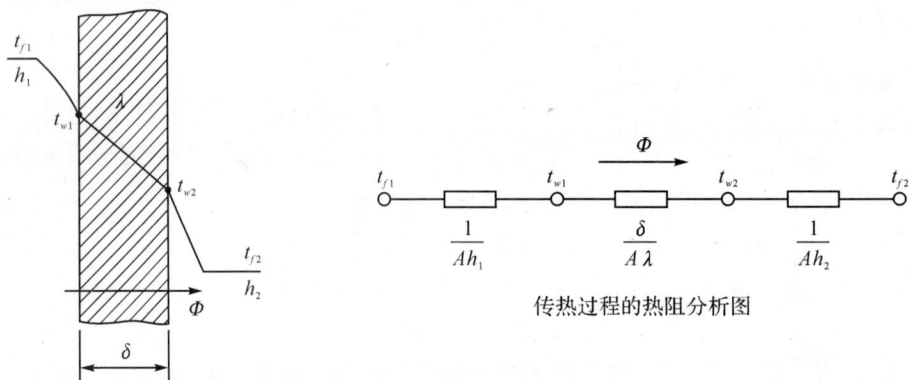

传热过程的热阻分析图

图 7.11　通过平壁的传热过程

$$k = \left(\frac{1}{h_1} + \frac{\delta}{\lambda} + \frac{1}{h_2} \right)^{-1} = \frac{1}{\sum r_t} \tag{7-22b}$$

对流边界条件下通过多层平壁、圆筒壁或球壳的传热过程：

$$\Phi = \frac{t_{fi} - t_{fo}}{\frac{1}{A_i h_i} + \sum_{i=1}^{n} R_{twi} + \frac{1}{A_o h_o}} = \frac{t_{fi} - t_{fo}}{\sum R_t} = kA(t_{fi} - t_{fo}) \tag{7-23a}$$

$$\frac{1}{kA} = \sum R_t = \frac{1}{A_i h_i} + \sum_{i=1}^{n} R_{twi} + \frac{1}{A_o h_o} \tag{7-23b}$$

平壁：$R_{twi} = \frac{\delta_i}{A_i \lambda_i}$；圆筒壁：$R_{twi} = \frac{\ln(d_{i+1}/d_i)}{2\pi\lambda_i l}$；球壁：$R_{twi} = \frac{1}{2\pi\lambda_i}\left(\frac{1}{d_i} - \frac{1}{d_{i+1}} \right)$。

在一个稳态的热传递过程中，每个串联环节上的温度降落同该环节上的热阻成正比，即传递一定的热量，热阻越小，温差越小；反之，热阻越大，温差越大。

$$q = \frac{\Delta t}{\sum r_{ti}} = \frac{\Delta t_1}{r_{t1}} = \frac{\Delta t_2}{r_{t2}} = \frac{\Delta t_3}{r_{t3}} = \cdots\cdots \tag{7-24a}$$

$$\Phi = \frac{\Delta t}{\sum R_{ti}} = \frac{\Delta t_1}{R_{t1}} = \frac{\Delta t_2}{R_{t2}} = \frac{\Delta t_3}{R_{t3}} = \cdots\cdots \tag{7-24b}$$

在工程中，有时我们希望削弱传热，即保温，可以通过提高系统的总热阻来实现；反之，有时我们希望强化传热，即散热，可以通过降低系统的总热阻来实现，这种情况在实际工程中有很多，处理时要注意抓住主要矛盾，着眼于最大热阻环节，如在锅炉中，水垢和灰垢具有较大的热阻，清除这些水垢、灰垢，就可以大大提高传热面的换热能力。

例题 7-5：一玻璃窗，尺寸为 $60\text{cm} \times 30\text{cm}$，厚为 4mm。冬天，室内及室外温度分别为 20℃ 及 −20℃，内表面的自然对流换热表面传热系数为 10 W/(m² · K)，外表面强制对流换热表面传热系数为 50 W/(m² · K)。玻璃的导热系数 $\lambda = 0.78$ W/(m · K)。试确定通过玻璃的热损失。

解：　$\Phi = \dfrac{A\Delta t}{\sum R} = \dfrac{A\Delta t}{\dfrac{1}{h_1} + \dfrac{\delta}{\lambda} + \dfrac{1}{h_0}} = \dfrac{0.6 \times 0.3 \times [20 - (-20)]}{\dfrac{1}{10} + \dfrac{4 \times 10^{-3}}{0.78} + \dfrac{1}{50}} = 57.5\text{W}$

例题 7-6：有一台气体冷却器，气侧表面传热系数 $h_1 = 95$ W/(m² · K)，壁面厚 $\delta = 2.5$mm，$\lambda = 46.5$ W/(m · K)，水侧表面传热系数 $h_2 = 5800$ W/(m² · K)。设传热壁可以看做

平壁,试计算各个环节单位面积的热阻及从气到水的总的传热系数。你能否指出,为了强化这一传热过程,应该首先从哪个环节入手?

解:首先计算各个传热环节的热阻:

$$R_1 = \frac{1}{h_1} = \frac{1}{95} = 1053 \times 10^{-5} (m^2 \cdot K)/W$$

$$R_2 = \frac{\delta}{\lambda} = \frac{2.5 \times 10^{-3}}{46.5} = 5.376 \times 10^{-5} (m^2 \cdot K)/W$$

$$R_3 = \frac{1}{h_2} = \frac{1}{5800} = 17.24 \times 10^{-5} (m^2 \cdot K)/W$$

$$k = \frac{1}{R_1 + R_2 + R_3} = 93 W/(m^2 \cdot K)$$

由计算结果可知,气侧热阻 R_1 是主要热阻,要强化这一传热过程首先应从强化气侧换热着手。

7.3.3 辐射换热热阻

由斯蒂芬－波尔兹曼定律计算得到的辐射力 E 或 E_b 并不是辐射换热量。对于两块面积很大且距离很近的平行平板,如保温瓶的夹层结构,温度为 T_1、T_2,若均为黑体,如图 7.12 所示,其净辐射换热量

$$\Phi_{net} = A\sigma(T_1^4 - T_2^4) \tag{7-25}$$

若 1、2 两个黑表面是任意放置的,如图 7.13 所示,则从一个表面发出的辐射能可能只有一部分投射到另一表面上,因此,这两个表面之间的辐射换热还与这两个表面之间的相对位置——角系数有关。角系数的概念于 20 世纪 20 年代提出。

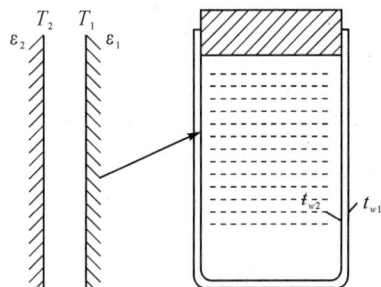
图 7.12 平行平板之间的辐射换热

对于 1、2 两个任意表面,角系数就是指从表面 1 发出的辐射能直接落到表面 2 上的百分数,记为 $X_{1,2}$;反之,表面 2 发出的辐射能直接落到表面 1 上的百分数记为 $X_{2,1}$。角系数是一个纯几何因子,与表面温度、发射率无关。$X_{1,2}$ 和 $X_{2,1}$ 之间的关系有

$$A_1 X_{1,2} = A_2 X_{2,1} \tag{7-26a}$$

对于由 n 个表面组成的封闭系统,如图 7.14 所示,根据能量守恒定律,有

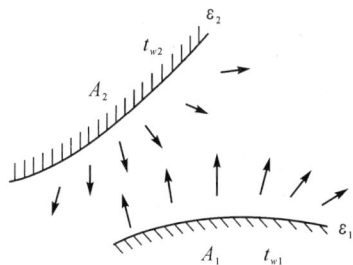
图 7.13 任意表面之间的辐射

$$X_{1,1} + X_{1,2} + X_{1,3} + \cdots + X_{1,n} = 1 \tag{7-26b}$$

分析图 7.13 所示的两个黑表面,表面 1 的辐射能到达表面 2 的部分为 $\Phi_{1\to2}$

$$\Phi_{1\to2} = E_{b1} A_1 X_{1,2} \tag{7-27a}$$

表面 2 的辐射能到达表面 1 的部分为 $\Phi_{2\to1}$

$$\Phi_{2\to1} = E_{b2} A_2 X_{2,1} = E_{b2} A_1 X_{1,2} \tag{7-27b}$$

1、2 两个黑表面之间的辐射换热量为 $\Phi_{1,2}$

$$\Phi_{1,2} = \Phi_{1\rightarrow2} - \Phi_{2\rightarrow1} = A_1 X_{1,2}(E_{b1} - E_{b2}) = \frac{E_{b1} - E_{b2}}{\dfrac{1}{A_1 X_{1,2}}}$$

$$= A_1 X_{1,2} \sigma(T_{w1}^4 - T_{w2}^4) \tag{7-27c}$$

对于如图 7.13 所示由多个黑表面组成的封闭系统中的任意两个表面之间的辐射换热量 $\Phi_{i,j}$，由于黑体既是最理想的发射体也是最理想的吸收体，其自身对辐射能百分之百发射、同时对来自外界的辐射能百分之百吸收，所以

$$\Phi_{i,j} = \frac{E_{bi} - E_{bj}}{\dfrac{1}{A_i X_{i,j}}} = \frac{\sigma(T_i^4 - T_j^4)}{\dfrac{1}{A_i X_{i,j}}} \tag{7-27d}$$

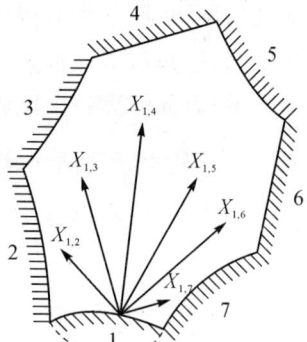

图 7.14　多个表面系统

分母 $\dfrac{1}{A_i X_{i,j}}$，称为辐射换热表面之间的空间热阻(如图 7.15(a))，由两个换热表面之间的相对位置和几何尺寸引起。

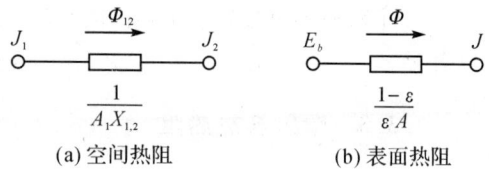

(a) 空间热阻　　　(b) 表面热阻

图 7.15　辐射换热热阻

对于灰表面，由于灰体的发射率 ε 和吸收率 α 都小于 1，所以尽管灰体的特性和黑体类似，但灰表面不是一种完全吸收和完全发射的表面。灰体间的辐射换热要经历多次的吸收和反射才能完成，比前述黑体间的辐射换热要复杂得多。对此，引入有效辐射和表面热阻两个概念，将灰体的这种对辐射多次吸收、反射的复杂过程简化为用一次算总帐的办法来解决。

有效辐射是单位时间内离开某发射物体单位表面积的总辐射能，它是物体表面的自身辐射力与对投入辐射的反射量之和，用符号 J 表示，单位为 W/m^2。对于黑体，由于 $\varepsilon_i = 1$，所以 $J_i = E_{bi}$。实际上，由辐射探测仪测到的和平时人们可以感受到的物体表面辐射都是有效辐射。

表面热阻由该表面的辐射特性引起，对于灰表面 1 的表面热阻为 $\dfrac{1-\varepsilon_1}{\varepsilon_1 A_1}$，或更一般地，对于灰表面 i 有表面热阻 $\dfrac{1-\varepsilon_i}{\varepsilon_i A_i}$。对于黑表面，由于 $\varepsilon = 1$，所以表面热阻为零。

图 7.16 所示为由灰表面 1 向另一个比它大很多的表面 2 进行的辐射换热过程，如在一个大空间内有一个较小的放热或吸热的辐射表面，这时其角系数 $X_{1,2} = 1$，表面 2 可看作无限大的表面，无论其表面黑度为多少，其表面热阻 $\dfrac{1-\varepsilon_2}{\varepsilon_2 A_2} = 0$，因此辐射换热量为

$$\Phi_{1,2} = \varepsilon_1 A_1 X_{1,2}(E_{b1} - E_{b2}) = \varepsilon_1 A_1 \sigma(T_1^4 - T_2^4) \tag{7-28}$$

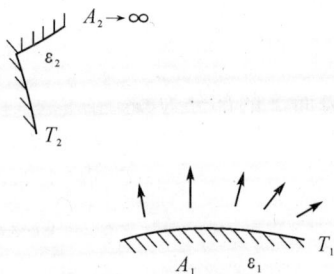

图 7.16　表面辐射换热

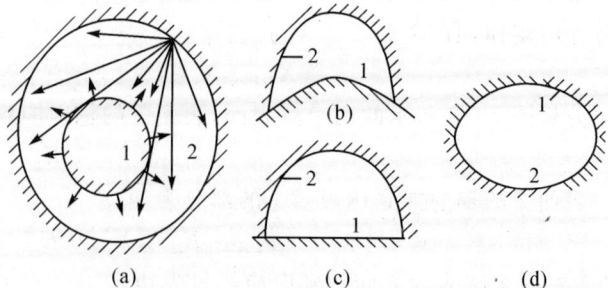

图 7.17　两表面组成的封闭系统

对于图 7.12 所示的由两个距离很近的平行灰表面 1、2 组成的系统，$A_1 = A_2$，角系数 $X_{1,2} = 1$，则

$$\Phi_{1,2} = \varepsilon_s A_1 X_{1,2}(E_{b1} - E_{b2}) = \frac{A_1(E_{b1} - E_{b2})}{1/\varepsilon_1 + 1/\varepsilon_2 - 1} = \frac{A_1\sigma(T_1^4 - T_2^4)}{1/\varepsilon_1 + 1/\varepsilon_2 - 1} \tag{7-29}$$

其中 ε_s 为系统黑度，$\varepsilon_s = \dfrac{1}{\dfrac{1}{\varepsilon_1} + \dfrac{1}{\varepsilon_2} - 1}$；对于图 7.16 的换热系统，$\varepsilon_s = \varepsilon_1$。

更一般地，对于如图 7.17(a)(b)(c) 所示的由两个温度均匀的灰表面组成的封闭辐射系统，表面 1 为平面或凸表面，则 $X_{1,2} = 1$，其系统黑度为

$$\varepsilon_s = \frac{1}{\dfrac{1}{\varepsilon_1} + \dfrac{A_1}{A_2}\left(\dfrac{1}{\varepsilon_2} - 1\right)} \tag{7-30}$$

例题 7-7：一根直径 $d = 0.5\text{mm}$ 的白炽灯丝，长度 $l = 500\text{mm}$，发射率 $\varepsilon_1 = 0.9$，周围环境温度 $t_2 = 20℃$。如果对导线通电加热，消耗功率为 0.5kW。如果这部分热量仅仅依靠辐射换热从导线表面散逸出去，则导线的表面温度是多少？

解：这是一个两个辐射换热面之间的辐射换热的问题，其中导线表面为表面 1，环境可看作黑度为 1 或表面积为无穷大的表面 2，可得，

$$\Phi_{1,2} = \varepsilon_1 A_1(E_{b1} - E_{b2}) = \varepsilon_1 A_1\sigma(T_1^4 - T_2^4) = \varepsilon_1 \pi dl\sigma(T_1^4 - T_2^4)$$

$$T_1 = \sqrt[4]{\frac{\Phi_{1,2}}{\varepsilon\pi dl\sigma} + T_2^4} = \sqrt[4]{\frac{0.5 \times 1000}{0.9 \times \pi \times 0.5 \times 10^{-3} \times 0.5 \times 5.67 \times 10^{-8}} + (20 + 273)^4}$$

$$= 1879.89\text{K} = 1606.9℃$$

例题 7-8：将一个涂黑了的、半径为 0.02m 的实心铜球放在真空容器内，容器器壁温度为 $100℃$，试问铜球的温度从 $103℃$ 降为 $102℃$ 所需的时间是多少？已知铜的 $c_p = 381\text{J}/(\text{kg} \cdot \text{K})$，$\rho = 8930\text{kg/m}^3$，不考虑气体传热。

解：将涂黑的铜球近似为一黑体，

$$mc_p\frac{dT}{dt} = 4\pi r^2\sigma(T^4 - T_w^4) = 4\pi r^2\sigma(T^2 + T_w^2)(T + T_w)(T - T_w) \approx 16\sigma T_w^3(T - T_w)$$

由于 $m = 4\pi r^3\rho/3$，代入上式并分离变量积分 $\displaystyle\int_0^t dt = \frac{r\rho c_p}{12\sigma T_w^3}\int_{T_2}^{T_1}\frac{dT}{T - T_w}$

$$t = \frac{r\rho c_p}{12\sigma T_w^3}\ln\frac{T_1 - T_w}{T_2 - T_w} = 780\text{s}$$

例题 7-9：在室温为 $25℃$ 的空调房间内，已知人体与空气间的自然对流表面传热系数为 $2.6\text{W}/(\text{m}^2 \cdot \text{K})$，人体表面及衣服表面的平均温度取为 $30℃$，表面黑度为 0.8，人体可以简化为直径 25cm、高度 1.75m 的圆柱体，人体与地面之间的导热可以忽略，计算下列两种情况下人体与环境之间的换热量：

(1)夏天，室内墙面温度为 $26℃$；

(2)冬天，室内墙面温度为 $10℃$。

解：人体与环境之间的换热包括对流和辐射，人体换热面积：

$$A = \pi dL + \pi d^2/4 = 3.14 \times 0.25 \times 1.75 + 3.14 \times 0.25^2/4 = 1.42\text{m}^2$$

(1)夏天，室内墙面温度为 $26℃$：

$$\Phi_夏 = hA(t_{w1} - t_f) + \varepsilon A\sigma(T_{w1}^4 - T_{w2}^4)$$

$$= 2.6 \times 1.42 \times (30-25) + 0.8 \times 1.42 \times 4.56 \times 10^{-8} \times (303^4 - 299^4)$$
$$= 46.57 \text{W}$$

(2)冬天,室内墙面温度为 10°C:

$$\Phi_{\text{冬}} = hA(t_{w1} - t_f) + \varepsilon A \sigma (T_{w1}^4 - T_{w2}^4)$$
$$= 2.6 \times 1.42 \times (30-25) + 0.8 \times 1.42 \times 5.67 \times 10^{-8} \times (303^4 - 283^4)$$
$$= 148.23 \text{W}$$

同室温下,夏天人体散热与冬天相比 $\Phi_{\text{夏}}/\Phi_{\text{冬}} = 31.42\%$。

例题 7-10: 有一根直径为 150mm 的蒸汽管道,其外表面的发射率为 $\varepsilon = 0.85$,蒸汽管道的表面温度为 170°C,环境温度为 20°C,其他条件不变,试求:

(1)管壁的辐射传热系数 h_r 和单位管长的辐射散热量;

(2)因辐射散热造成的每小时 50m 长一段管子的蒸汽凝结量。

解: 这是一个灰表面在无限大空间中的辐射换热问题,大空间可视为黑表面,$\dfrac{1-\varepsilon_2}{\varepsilon_2 A_2} = 0$,$X_{1,2} = 1$,$A_1 = \pi d l = 3.14 \times 0.15 \times 1 = 0.471 \text{m}^2$,可得:

$$\Phi_{1,2} = \varepsilon_1 A_1 (E_{b1} - E_{b2}) = 0.85 \times 0.471 \times 5.67 \times \left[\left(\frac{170+273}{100} \right)^4 - \left(\frac{20+273}{100} \right)^4 \right]$$
$$= 706.3 \text{W/m}$$

由于 $\Phi_{1,2} = h_r A_1 \Delta t$,

$$h_r = \frac{\Phi_{1,2}}{A_1(t_w - t_\infty)} = \frac{706.3}{0.471 \times (170-20)} = 9.998 \text{W/(m}^2 \cdot \text{K)}$$

查 170°C 水蒸气的汽化潜热 $r = 2047.7 \text{kJ/kg}$,

$$M = \frac{\Phi_{12} L \tau}{r} = \frac{10 \times 706.3 \times 50 \times 3600}{2047.7 \times 10^3} = 62.1 \text{kg/hr}$$

7.4 换热设备

将热量从热流体传给冷流体以满足工艺要求的装置通称为换热器或换热设备。换热器广泛应用于能源、化工、空调、制冷、机械、纺织、建筑、交通动力等部门。如在制冷设备中,蒸发器、冷凝器占了整个系统机组重量的 $30\% \sim 40\%$;在电厂中,锅炉、冷凝器、除氧器,高、低压加热器等换热设备的投资占了整个电厂投资的 70% 左右;在炼油企业中,换热器的重量占了设备总重量的 20%,换热设备投资占了总投资的 $1/4$。

按换热表面的紧凑程度换热器可分为紧凑式换热器和非紧凑式换热器,如图 7.18 所示。以当量直径、单位体积的换热面积比、传热面积密度等来衡量。其中管壳式换热器和板式换热器属于非紧凑式换热器,某些汽车散热器、低温换热器和燃气轮机的回热器等属于紧凑式换热器,而人类和动物的肺则属于微尺度换热器。

按换热结构和运行方式可分为间壁式换热器、回热式换热器和直接接触式换热器。

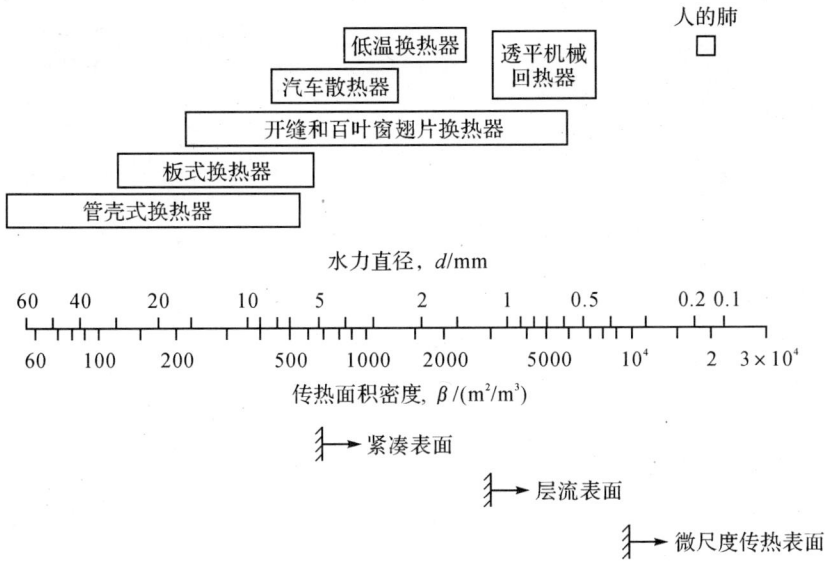

图 7.18　按紧凑性分类的换热器

7.4.1　间壁式换热器

间壁式换热器,又称表面式换热器,冷、热流体被固体壁面隔开,热流体通过换热面将热量传给冷流体。间壁式换热器有多种形式,可分为壳管式、套管式、叉流式、紧凑式(板式、螺旋板式、板翅式)等,工程上所用的绝大部分换热器是间壁式换热器。典型的间壁式换热器有:套管式换热器(图 7.19(a)(b)(c))、肋片管式换热器(图 7.19(d)(e))、板翅式换热器(图 7.19(f))、壳管式换热器(图 7.20)、螺旋折流板换热器(图 7.21)、螺旋板式换热器(图 7.22)。

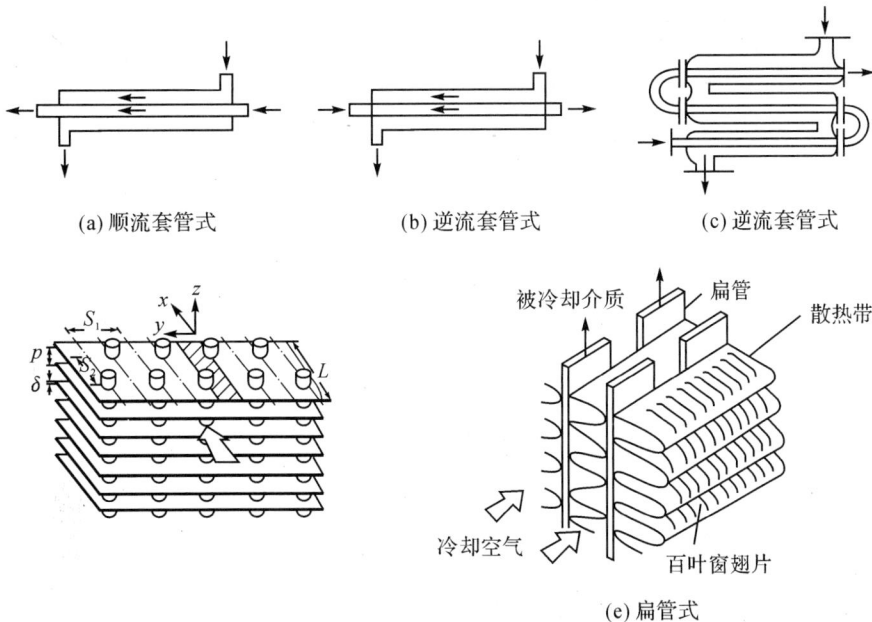

(a) 顺流套管式　　　　(b) 逆流套管式　　　　(c) 逆流套管式

(e) 扁管式

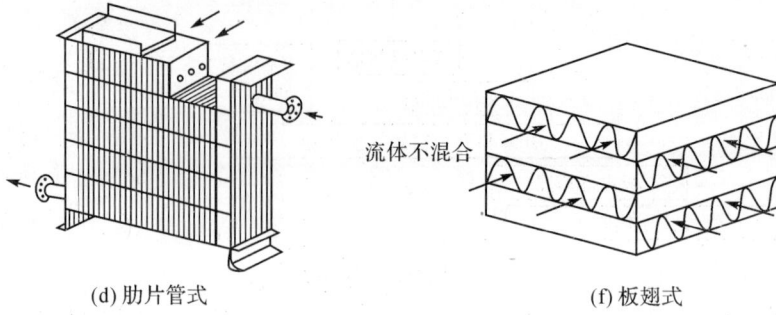

(d) 肋片管式　　　　　　　　　(f) 板翅式

图 7.19　肋片管式和板翅式换热器等

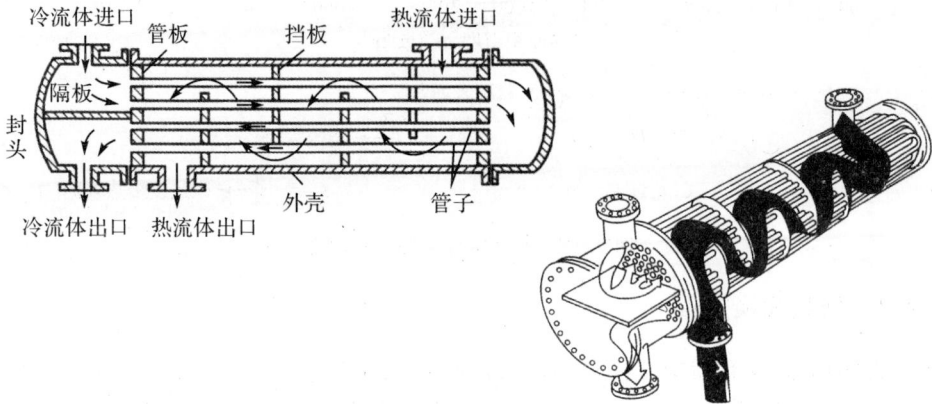

图 7.20　管壳式换热器

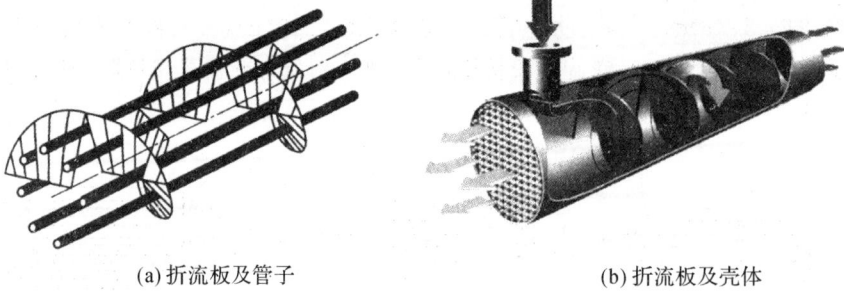

(a) 折流板及管子　　　　　　　　(b) 折流板及壳体

图 7.21　螺旋折流板换热器

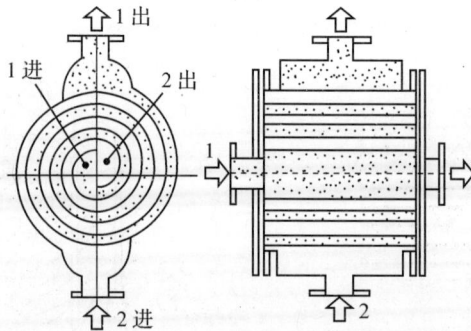

图 7.22　螺旋板式换热器

7.4.2 回热式换热器

冷、热流体交替流过同一换热通道,或一蓄热体交替通过冷、热流体,利用换热面或蓄热体的储热能力来传递热量,又称蓄热式或再生式换热器(图 7.23)。电厂锅炉中使用的回转式空气预热器就是回热式换热器,在空气分离装置、炼铁高炉及炼钢平炉中常用这类换热器来预冷或预热空气。这种换热器的热量传递过程是非稳态的。

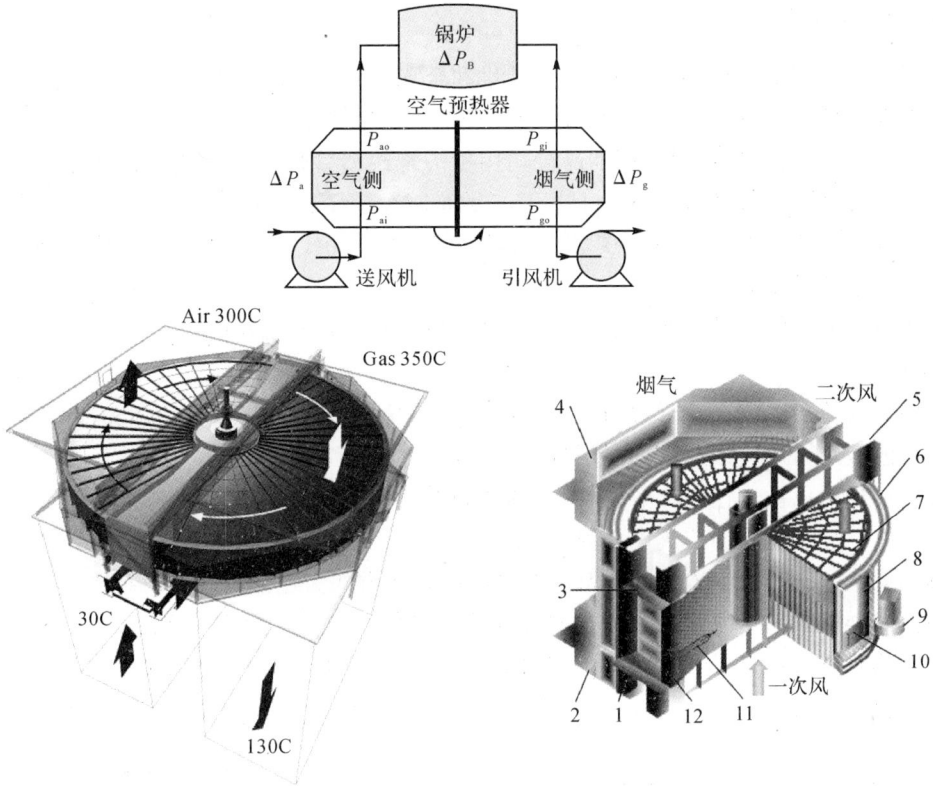

图 7.23　回转式空气预热器

7.4.3 直接接触式换热器

冷、热流体直接接触,彼此混合并换热,如发汗冷却(图 7.24)、冷却塔(图 7.25)、喷水减温器、除氧器、空调中的喷淋室等都是直接接触式换热器。

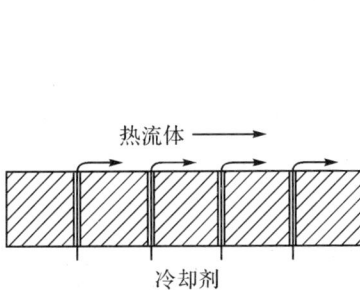

图 7.24　发汗冷却

图 7.25　冷却塔

7.5 强化传热和隔热保温

7.5.1 强化传热

为了进一步减小换热器的体积、减轻重量和金属消耗、减少换热器消耗的功率、并使换热器能够在较低温差下工作,必须用各种办法来增强换热器内的传热。近年来,强化传热技术受到了广泛的重视,如美国通用油品公司用单头螺纹槽管代替电厂凝汽器中常用的普通铜管,使凝汽器的管子长度减少了 44%、管子数量减少了 15%、重量减轻了 27%、总传热面积减少了 30%,节省投资约 10 万美元,取得了显著的经济效益。因此,强化传热技术对节能减排具有十分重要的意义。

强化传热的目的就是增加系统或设备的换热量 Φ,根据传热方程式:

$$\Phi = kA\Delta t_m \tag{7-31}$$

其中 k 为传热系数,表征传热过程的强烈程度,单位:$W/(m^2 \cdot K)$;Δt_m 为冷、热流体的传热平均温差,单位:K 或 ℃;A 为传热面积,单位:m^2。

强化传热可以从上述三个方面着手,具体如下:

(1)提高冷、热流体的传热平均温差 Δt_m

具体做法:(a)改变流体的进出口温度;(b)改顺流方式为逆流;(c)分段布置。

在换热器中,冷、热流体的流动方式有四种,即顺流、逆流、交叉流、混合流,如图 7.26 所示。在冷热流体进出口温度相同时,逆流的平均温差 ΔT 最大,顺流时 ΔT 最小,因此为增加传热量应尽可能采用逆流或接近于逆流的布置。

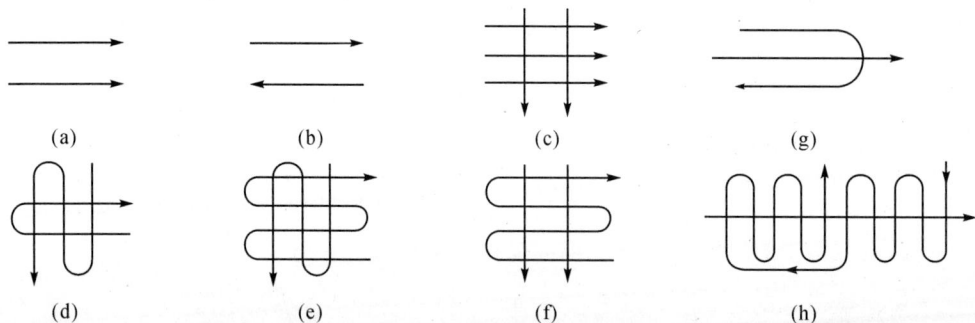

图 7.26 换热器内的流动方式

当然,还可以用增加冷、热流体进、出口温差来增加 ΔT。如当用水作冷却工质不能达到传热要求时改用氟里昂工质替代,就会使平均温差 ΔT 大大增加;采用饱和水蒸气作加热工质时,提高饱和压力可以提高饱和温度,但压力增加后换热器设备的壁厚必须增加,增加了金属耗量,提高了设备成本。一般情况下,冷、热流体的种类和温度要受到生产工艺的限制,因此选择的余地并不大,常常不能随意改变。所以用增加平均温差 ΔT 的办法来强化传热具有一定的局限性。

(2)扩大传热面积 A

扩大传热面积是最常用的一种强化传热的方法,如采用各种形状的肋片(图7.27),可以大大增加传热面积;还可以采用小管径,因为管径越小,耐压能力越高,在相同的金属耗量情况下,表面积也越大。

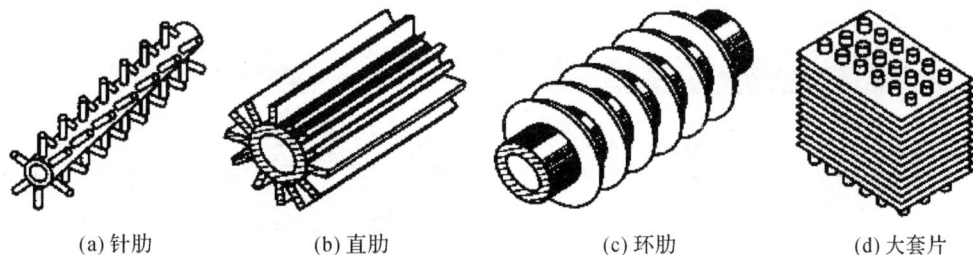

(a)针肋 (b)直肋 (c)环肋 (d)大套片

图 7.27 几种典型的肋片结构

一些新型的紧凑式换热器,如板式、板翅式和扁管式换热器,它们比普通管壳式换热器在单位体积内可布置更多的换热面积,如在管壳式换热器中,$1m^3$ 体积内仅能布置 $150m^2$ 左右的换热面积;在板式换热器中可达 $1500m^2$;而在板翅式换热器中可高达 $5000m^2$。因此后两种换热器的传热量要比管壳式换热器大得多。当然,一般紧凑式的板式结构不适用于高温、高压工况。图 7.28 所示为紧凑式换热器中使用的一些新型肋片结构。

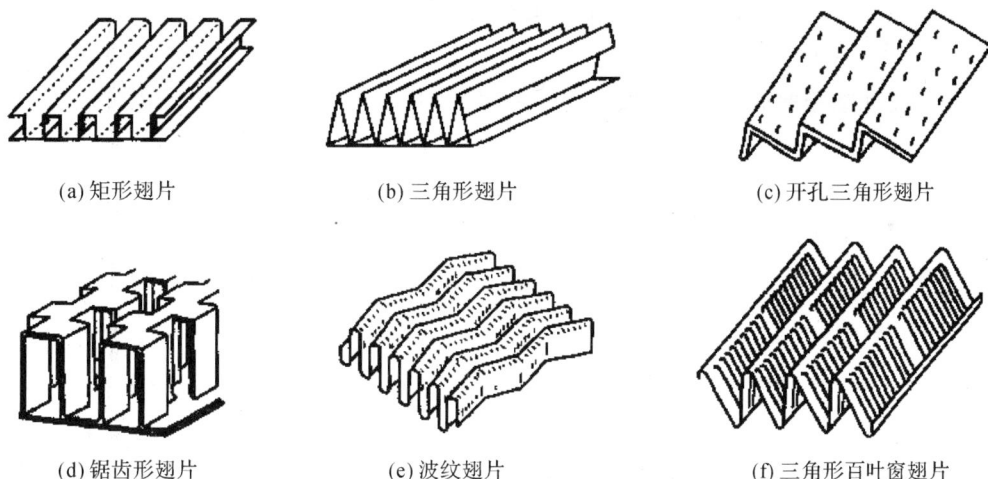

(a)矩形翅片 (b)三角形翅片 (c)开孔三角形翅片

(d)锯齿形翅片 (e)波纹翅片 (f)三角形百叶窗翅片

图 7.28 各种新型紧凑式换热器的肋片结构

采用结构和尺寸适当的肋片或其他扩展换热面,在换热面积增大的同时还能提高换热器的传热系数。一般,肋片加在对流表面传热系数较小的一侧,即分热阻较大的一侧,如气侧,可以使系统热阻大大减小,达到较好的强化效果。如果两侧的对流表面传热系数差不多,则可以在两侧同时加肋。不过,采用肋片等扩展面常常会增加流动阻力和金属耗量,因此应当进行技术经济比较。

(3)提高传热系数 k

提高传热系数 k 是强化传热的最重要的途径。强化传热从分热阻最大的环节着手,污垢是非金属材料,导热系数极低,污垢热阻有时会成为系统的主要热阻,使换热器的性能大幅度下降。及时、定期清除污垢,减少结垢的可能性,如进行水处理等是强化传热的有效手段。在条件允许的情况下还可以采用导热系数大的材料做换热器。

强化对流表面传热系数小的一侧的传热强度的具体方法还有:

(a)提高流速;

(b)流体旋转法,如采用表面处理、粗糙表面、强化元件等改变换热面的形状(如图7.29);

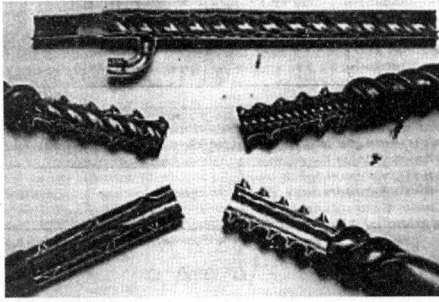 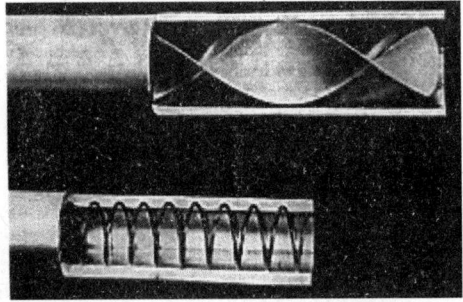

(a) 螺纹管和螺旋槽管　　　　　　　　(b) 管内插入物(螺旋线、扭带)

图 7.29　流体旋转法强化传热

(c)机械扰动,如采用机械振动、超声波等办法;

(d)采用短管换热,利用入口效应;

(e)选用导热系数大的流体或使用添加剂提高流体的导热性能;

(f)利用相变使表面传热系数提高;

(g)强化相变换热面的应用(如图 7.30 和图 7.31)。

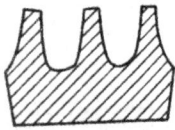 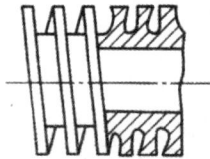 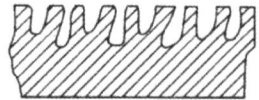

(a) 整体肋　　　　　　(b) GEWA-T 管　　　　　　(c) 内扩槽结构管

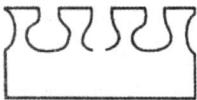  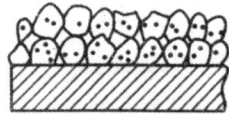

(d) W-TX 管(1)　　　　(e) W-TX 管(2)　　　　(f) 多孔管

 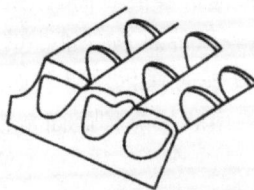 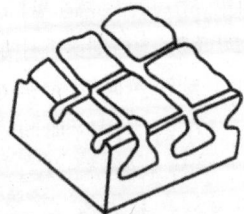

(g) 弯肋　　　　　　(h) 日立 E 管　　　　　　(i) Tu-B 管

图 7.30　各种沸腾换热强化面

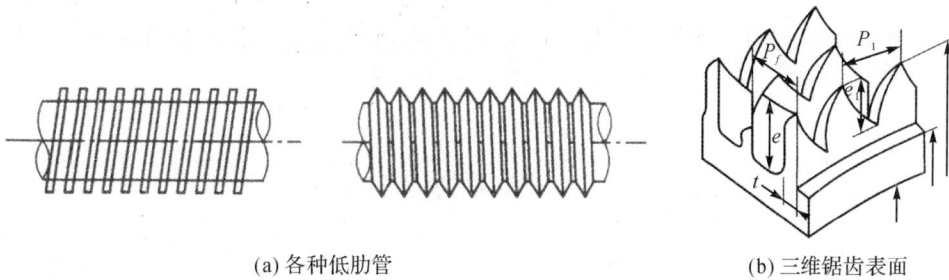

(a) 各种低肋管　　　　　　　　　(b) 三维锯齿表面

图 7.31　各种凝结换热强化面

7.5.2　隔热保温

与强化传热相反,有时系统需要削弱传热,以减少设备的热损失。保温的意义主要是节约能源、提高经济效益;防止烫伤或冻伤。有两种情况需要保温:

(1)保热:在壁温高于室温时防止散热,如,热力管道保温、热水瓶等。

(2)保冷:在壁温低于室温时防止热量的传入,如,冰箱、冷库、液氧、液氮的运输与保存等。

隔热保温的原则与强化传热相反,是要尽量增大传热热阻,使换热量 Φ 减小。主要方法是采用各种保温材料或利用特制的容器等。具体措施有:

(a)加保温材料,采用疏松纤维、多孔材料等;

(b)抽真空,以防止空气的导热和对流;

(c)材料表面镀膜,提高表面反射率,加遮热板等方法减少辐射传热。

当在管道表面加上保温材料后,对其传热总热阻来说,加上保温材料使导热热阻增大,但是在保温层外的表面复合传热热阻由于管径的增大——传热面积的增大而减小,因此,总热阻的变化是导热热阻和对流换热热阻两种效应的综合结果。对应于最小总热阻(即对应于最大换热量)存在一个临界热绝缘直径 d_c:

$$d_c = \frac{2\lambda}{h} \tag{7-32}$$

对于一根已加上了保温材料的管道,若保温层的外径 $d > d_c$,则所加的保温层有利于保温;若保温层的外径 $d < d_c$,则所加的保温层有利于散热,如电线的外表面上的电绝缘层就起到了增加散热的作用。

一般,由于保温材料的导热系数较小,使临界热绝缘直径 d_c 比较小,普通的管径能够超过这一值,因此,加保温层有利于保温。但是,对于一些较细的管子,则要对这个问题予以关注。

保温效率的评价:

$$\eta = \frac{q_{l \text{未保温}} - q_{l \text{加} xmm \text{厚的保温层}}}{q_{l \text{未保温}}} \tag{7-33}$$

在保温设计时,除了要考虑临界热绝缘直径外,也不是保温层越厚越好,保温层的厚度可以按国家标准规定的表面允许热损失、或表面允许温度、或允许输送流体的温度降来确定,也可以根据热价、材料价格、维护费用和投资回收年限等综合经济指标来设计,称为经济厚度,一般保温的年平均折合总费用(包括初投资、维护费用及利息等)随保温层厚度的增加而提高,而保温的经济效益和降低的运行费(如减少的燃料费用等)则随保温厚度的增加而减少,这两者的综合效应(实际总费用)存在一个最小值,该值称为保温经济厚度。

思考题

7-1 在三种传热基本模式中热阻的各自形式和特点。

7-2 导热系数、对流表面传热系数、传热系数的单位分别是什么?哪些属于物性参数,哪些与过程有关?它们分别与哪些因素有关?

7-3 利用热阻的概念对传热过程进行分析有什么优越性?

7-4 有两个外形相同的保温杯,注入温度、体积相同的热水后一段时间,一个杯子的外表面感到热,而另一个杯子却感觉不到温度的变化,问这两个保温杯哪个质量较好?

7-5 对于如图所示的由多种材料组成的复合结构,如何计算其导热总热阻?

7-6 试用传热理论来分析热水瓶中的传热过程及其基本形式。

7-7 什么是热阻串联叠加原则,它在什么前提下成立?

7-8 对于夏天露天停在太阳下的汽车,人们为什么都要在汽车的窗前放上一块反光的遮阳板?试利用热阻原理解释之。

7-9 在室温同为22℃的房间内,为什么冬天人们必须穿毛衣而夏天穿背心也不觉得冷?

思考题 7-5

7-10 对于思考题7-5所示的墙体结构,如果左侧为高温流体,右侧为大气环境,如果发现中间层材料的平均温度过高,为了控制其温度,可以采取什么措施降低其温度?

7-11 强化单相强制对流传热、核态沸腾、膜状凝结的基本思想分别是什么?

7-12 为什么以前人们都用隔水熬胶的方式制胶?

7-13 按换热的形式分,有哪几种换热器形式?

7-14 如何增大传热系数?

7-15 工业热设备中,水垢和灰垢有哪些危害?如何防止?

7-16 保温的作用和目的是什么?对保温材料有些什么要求?

7-17 进行管道的保温设计时,应注意哪几个方面?

7-18 瓶胆的两层玻璃之间抽成真空,内胆外壁及外胆内壁涂了发射率很低(约0.05)的银。试分析热水瓶具有保温作用的原因。如果不小心破坏了瓶胆上抽气口处的密封性,这会影响保温效果吗?

7-19 在换热器的传热面上设置肋片的作用有哪些?设置肋片的原则是什么?

7-20 热电偶常用来测量气流温度。如附图所示。用热电偶来测量管道中高温气流的温度 T_f,管壁温度 $T_w < T_f$。试分析热电偶接点的换热方式,以及提高测温精度的方法。

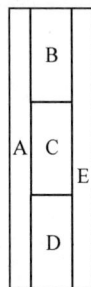

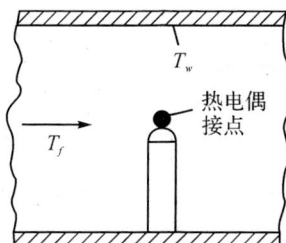

思考题 7-20　热电偶测高温气流的温度

习　　题

7-1　A、B 两根金属棒尺寸相同，A 的导热系数是 B 的两倍，用它们来导热。设高温处与低温处的温度保持恒定，求将 A、B 并联使用和串联使用时传递热量之比（设棒的侧面是绝热的）。（答案：9：2）

7-2　有一台气体冷却器，气侧表面传热系数 $h_1=95\mathrm{W/(m^2 \cdot K)}$，壁厚 $\delta=2.5\mathrm{mm}$，$\lambda=46.5\ \mathrm{W/(m \cdot K)}$，水侧表面传热系数 $h_2=5800\ \mathrm{W/(m^2 \cdot K)}$。如果气侧结了一层厚为 2mm 的灰，$\lambda=0.116\ \mathrm{W/(m \cdot K)}$；水侧结了一层厚为 1mm 的水垢，$\lambda=1.15\mathrm{W/(m \cdot K)}$。设传热壁可以看做平壁，试问此时的总传热系数为多少？ 为了强化这一传热过程，应该从哪个环节入手？（答案：$34.6\mathrm{W/(m^2 \cdot K)}$）

7-3　一双层玻璃窗，尺寸为 $60\mathrm{cm}\times30\mathrm{cm}$，单层玻璃厚为 4mm，两层玻璃之间间距为 3mm。冬天，室内及室外温度分别为 20℃ 及 −20℃，室内的自然对流换热表面传热系数为 $10\ \mathrm{W/(m^2 \cdot K)}$，玻璃夹层内的复合换热表面传热系数为 $5.8\mathrm{W/(m^2 \cdot K)}$，室外强制对流换热表面传热系数为 $50\ \mathrm{W/(m^2 \cdot K)}$。玻璃的导热系数 $\lambda=0.78\ \mathrm{W/(m \cdot K)}$。试确定通过玻璃的热损失。（答案：25.26W）

7-4　有一把底板为平面、厚度为 3mm 的铝制水壶（导热系数为 $200\ \mathrm{W/(m \cdot K)}$），在烧水过程中与水接触的内侧锅底表面平均温度为 105℃，热流密度为 $50000\ \mathrm{W/m^2}$，问（1）如果使用了一段时间后，锅底结了一层平均厚度为 2mm 的水垢（水垢的导热系数取 $1\ \mathrm{W/(m \cdot K)}$），假设这时与水相接触的水垢表面温度及热流密度保持不变，外侧金属锅底温度达到几度？ 与锅底是干净时相比升高了几度？（2）如果水壶的材料是不锈钢，导热系数为 $15\ \mathrm{W/(m \cdot K)}$，其他条件不变，结了一层 2mm 厚的水垢后，外侧金属锅底温度又是多少？ 与锅底是干净时相比升高了几度？（答案：205.75℃，100℃，215℃，100℃）

7-5　外径为 100mm 的蒸汽管道，采用导热系数 $\lambda=0.033\ \mathrm{W/(m \cdot K)}$ 的保温材料保温。已知蒸汽管外壁温度为 460℃，要求保温层外表面温度不超过 50℃，并且每米长管道的散热损失不超过 163W/m，问保温层应有多厚？（答案：34.21mm）

7-6　有一根直径为 2mm 的铜导线，每米长导线的电阻为 $2.22\times10^{-3}\ \Omega/\mathrm{m}$，其外表面有一层厚 1mm、导热系数为 $0.15\ \mathrm{W/(m \cdot K)}$ 的绝缘层。如果该绝缘层的最高表面温度不

准超过 $65℃$,而最低温度不能低于 $0℃$,即允许承受的最大温差为 $65℃$,试求此铜导线允许通过的最大电流是多少?(答案:199.48A)

7-7 在附图所示的稳态热传递过程中,已知:$t_{w1}=460℃$,$t_{f2}=300℃$,$\delta_1=5mm$,$\delta_2=0.5mm$,$\lambda_1=46.5$ W/$(m \cdot K)$,$\lambda_2=1.16$ W/$(m \cdot K)$,$h_2=5800$ W/$(m^2 \cdot K)$,问单位面积所传递的热量有多少?(答案:225kW/m^2)

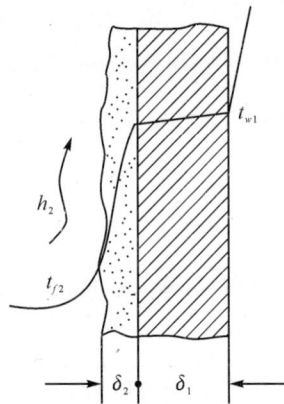

习题 7-7

7-8 太阳能以 $900W/m^2$ 的平均辐射强度射到建筑物的房顶上,房顶对太阳辐射的吸收率为 0.85,房顶的面积为 $100m^2$,温度为 $37℃$,发射率为 0.88。若室外空气温度为 $7℃$,自然对流表面传热系数为 5W/$(m^2 \cdot K)$,试计算传入房内的热量。(答案:46.61kW)

7-9 保温(热水)瓶瓶胆是一夹层结构,且夹层表面涂水银,水银层的发射率 $\varepsilon=0.04$。瓶内存放 $t=100℃$ 的开水,周围环境温度 $t_2=20℃$。设瓶胆内外层的温度分别与水和周围环境大致相同,求瓶胆的散热量。如用导热系数 $\lambda=0.04$ W/$(m \cdot K)$ 的软木代替瓶胆夹层进行保温,问需用多厚的软木层才能达到保温瓶原来的保温效果?(答案:13.87 W/m^2,0.231 m)

7-10 有一直径 $d=200mm$ 的蒸汽管道,放在剖面为 $400 \times 500mm^2$ 的砖砌沟中,管道表面的发射率 $\varepsilon_1=0.74$,砖砌沟的发射率 $\varepsilon_2=0.92$,蒸汽管道的表面温度为 $150℃$,沟壁的表面温度为 $50℃$,求每米蒸汽管道的辐射热损失。(答案:544.6W/m)

7-11 在用热电偶测量气体温度时,如果热电偶的读数 $t_1=400℃$,管壁温度 $t_2=380℃$,热电偶头部的黑度 $\varepsilon_1=0.8$,从气流到热电偶头部的对流表面传热系数为 $h_1=35$W/$(m^2 \cdot K)$,问此时气体的实际温度 t_f 为多少?(答案:430.22℃)

7-12 附图所示的空腔由两个平行的黑体表面组成,空腔内抽成真空,且空腔内的厚度远小于其他高度与宽度。其余已知条件如图所示。表面 2 是厚 $\delta=0.1m$ 的平板的一侧面,其另一侧面表面 3 被高温流体加热,平板的导热系数 $\lambda=17.5$ W/$(m \cdot K)$。试问在稳态工况下表面 3 的温度 t_{w3} 为多少?(答案:132.67℃)

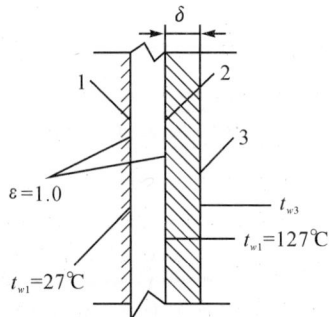

习题 7-12 图

7-13 一钢制热风管,内径为 160mm,外径为 170mm,导热系数 $\lambda_1=58.2$W/$(m \cdot K)$。热风管外包有两层保温材料,内层厚 $\delta_2=30mm$,导热系数 $\lambda_2=0.135$W/$(m \cdot K)$;外层厚 $\delta_3=80mm$,导热系数 $\lambda_3=0.0932$W/$(m \cdot K)$。热风管内表面温度 $t_{w1}=300℃$,外保温层材料的外表面温度 $t_{w4}=50℃$。求热风管的热损失和各层间分界面的温度。(答案:198.4W/m,299.97℃,229.27℃)

7-14 有一台传热面积为 $12m^2$ 的氨蒸发器,氨液的蒸发温度为 $0℃$,被冷却水的进口温度为 $9.7℃$,出口温度为 $5℃$,蒸发器中的传热量为 $69000W$,试计算总的传热系数。(答案:782.3W/$(m^2 \cdot K)$)

7-15 某一平壁 $\delta=0.08m$,两侧分别维持在 $20℃$ 及 $0℃$,且高温侧受到流体的加热,$t_{f1}=100℃$,$h_1=200$ W/$(m^2 \cdot K)$,过程是稳态的,试确定壁面材料的导热系数。(答案:64W/

(m·K))

7-16 宇宙空间可近似地看成为 0K 的空间。一半径为 0.5m 的球状航天器在太空中飞行,其外表面平均温度为 300K,表面发射率为 0.8,试计算航天器表面上的散热量。(答案:1153.7W)

7-17 对于穿过附图平壁的传热过程,试分析下述情形下温度曲线的变化趋向:(1)$\delta/\lambda \to 0$;(2) $h_1 \to \infty$;(3) $h_2 \to \infty$。

7-18 在习题 7-17 所述的传热过程中,假设 $\delta/\lambda = 0$,试计算下列情形中壁面的温度:(1)$h_1 = h_2$;(2)$h_1 = 2h_2$;(3) $h_1 = 0.5h_2$。

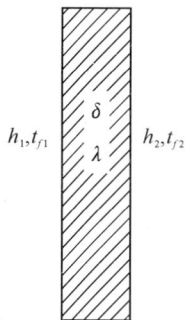

7-19 一个储存水果的房间的墙用软木板做成,厚为 200mm,其中一面墙的高与宽各为 3m 及 6m。冬天,设室内温度为 2℃,室外－10℃,室内墙壁与环境之间的表面传热系数为 6W/(m²·K),室外刮强风时表面传热系数为 60 W/(m²·K)。软木的导热系数为 $\lambda = 0.044$ W/(m·K)。试计算通过这面墙所散失的热量,并讨论室外风力减弱对墙体散热量的影响(提示:可以取室外的表面传热系数为原来的二分之一或四分之一来估算)。(答案:45.7W,45.52W)

习题 7-17 图

7-20 一根外径(直径)为 100mm 的热力管道上拟包覆两层保温材料,现有两种材料,材料甲的导热系数为 0.06 W/(m·K),材料乙的导热系数为 0.18 W/(m·K),两种材料的厚度均为 75mm,试比较将材料甲放在内层紧贴管壁好还是将材料乙放在内层好?假设在这两种做法中内、外表面的温度保持不变。

第八章 热学计算工具软件介绍

负担过重必导致肤浅。教育应当使所提供的东西让学生作为一种宝贵的礼物来领受，而不是作为一种艰苦的任务要他去负担。

学校的目标应当是培养有独立行动和独立思考能力的个人，不过他们要把为社会服务看做是自己人生的最高目的。

——A. 爱因斯坦

8.1 概　述

工程计算软件（Engineering Equation Solver，简称 EES）是一种常用的工程精度范围内的求解软件，它可对代数方程及方程组、含有复杂变量的方程或方程组进行求解，对某一问题进行优化，对数据进行线性和非线性的拟和。EES 从早期的只适用于苹果机系列已经发展成为可适用于任何 Windows 操作系统的版本，包括 Windows95/98/2000/XP 等。

与当前各个版本的公式计算软件相比，EES 主要具备三大特点：

（1）EES 可同时识别和处理多个公式和方程组，极大地方便了用户对多个问题的求解；

（2）EES 提供了大量数学和热学的库函数，用户在使用时可直接对其进行调用，不必再编辑复杂的程序，这样可大大提高用户的工作效率。虽然现有的工程计算软件中也有库函数，但都只是些常用的库函数，不论从数量上还是用途的多样性上都无法和 EES 库函数相比，EES 函数基本上可以满足所有用户对不同复杂程度问题的求解；

（3）EES 可识别的文件极为广泛，用户在编程时不仅可直接在 EES 的公式窗口中进行语句输入，也可将高级语言（如 Pascal 语言，C 语言，C＋＋，FORTRAN 语言等）的程序片段直接导入 EES。

这三大特点使得功能强大的 EES 逐渐被用户所认可，成为现今工程上广泛应用的工程计算软件。

本章的主要目的是利用 EES 软件来求解热学中的常见问题，所介绍的内容也仅限于求解与该学科相关的一些问题，因此对 EES 的有些菜单、功能、命令、库函数、语句等均不能介绍。由于 EES 的库函数众多,功能强大,对每个环节都进行详细介绍势必会耗费大量的篇幅。本章的学习只是使读者从大体上了解 EES 软件,不可能使读者从根本上完全透彻地掌握 EES 的每一个环节,我们建议读者根据自己的学科有针对性的学习和研究 EES,这才是学习该软件的科学方法。

8.2　EES 菜单

　　EES 菜单包含了所有求解工程问题时所用到的功能和命令,熟练掌握这些命令是对 EES 编程者最基本的要求。如下图所示,菜单栏位于标题栏下面,EES 窗口的最上方,共包含十个大标题,每个标题下又包含了不同的命令。由于本文只针对热学问题的求解,因此只介绍与其相关的常用的菜单和命令,更多的命令及其使用方法就要靠读者自己去学习和研究。

8.2.1　File(文件菜单)

　　文件菜单包括打开、新建、保存、另存为、打印等命令,这里只介绍常用的几种命令。

　　打开命令(Open)。EES 支持三种类型的文件,即 EES 自身的文件(扩展名 *.ees),文本文件(扩展名 *.txt),输入文件(扩展名 *.xpt)。所有这些扩展名的文件均可通过单击打开命令在 EES 界面打开。

　　新建命令(New)。新建一个 EES 文件或工作界面并为其命名,现有的 EES 变量、公式及单位设置将被全部清除,每定义或输入完毕一个问题后,系统就会自动弹出对话框询问是否保存。重新进入系统时,此界面及其变量设置仍然会存在。若想清除这些设置,必须重新再新建一个 EES 文件。

　　保存命令(Save)。即对已输入的语句和程序进行保存,以免由于突然死机,断电等外部原因造成数据丢失。

　　另存为命令(Save as)。功能与保存命令相同,即对已输入的语句和程序进行保存并为其命名,在使用另存为命令时可通过下面的对话框对文件的格式(即扩展名)进行修改,使文件在其他的软件或系统保持原有的可用性,如不修改则 EES 默认的扩展名为 *.ees。如下图所示:

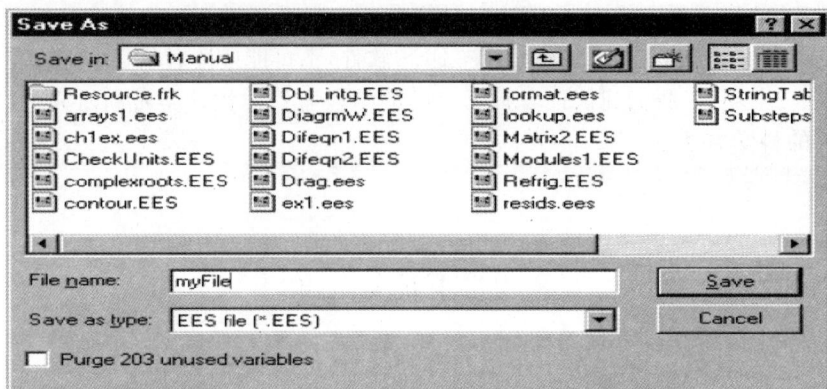

打印（Print）命令。此命令可打印出 EES 所有文件和所有窗口所显示的内容，首先选择要打印的文件或界面将其置于当前窗口，然后单击此命令（如果方框变灰表明不可用），会出现如下的对话框进行打印前的参数设置。对于某些情况如参数窗口和搜索窗口，它们本身都包含了一些子窗口，在对这些进行打印时就会弹出一个对话框询问打印哪个窗口还是全部打印。如下图所示：

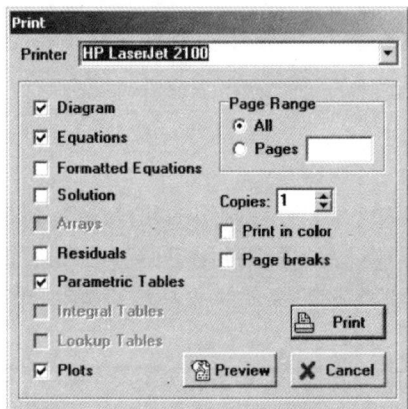

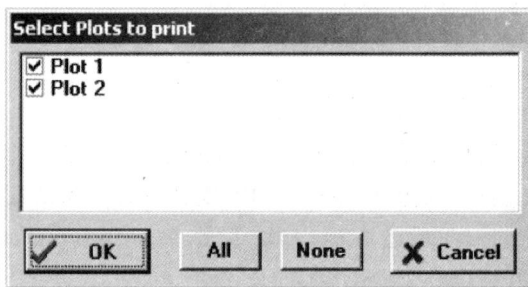

8.2.2 Edit（编辑菜单）

包括取消、剪切、复制、粘贴、全部选择及插入或修改数组命令等。

取消命令（Undo）。撤销当前完成的操作，与 Office 中的上一步命令功能相同。

剪切和复制命令（Cut & Copy）。该命令是 EES 最常用的命令之一，复制命令可对 EES 中任何语句、程序片段和整个窗口进行复制，拖住鼠标左键选择要复制的内容，然后单击该命令，则所选内容就自动复制到剪贴板上。

粘贴命令（Paste）。即把 EES 剪贴板上的内容粘贴到指定位置。将光标移动到指定位置，然后单击此命令即可，该命令不仅可粘贴 EES 本身的语句和程序片段，还可从文本文档、Word 文档等其他文档中的语句进行复制粘贴。

全选命令（Select All）。选择当前窗口的所有语句，但对后台的所有窗口并没有影响。

清除命令（Clear）。对所选内容进行删除。

插入或修改数组命令（Insert/Modify Arrays）。是 EES 提供给用户的一个快速修改数组内任意变量数值的命令。单击该命令会出现如下的对话框，第一栏是公式窗口内所定义的数组名称,如果在公式窗口内定义了多个数组,可通过下拉箭头选择要修改的数组。该命令还提供了复制粘贴功能,可对数组进行整体的赋值操作,但执行该命令时应事先确定要复制的数组与该数组的行和列的值是否匹配。

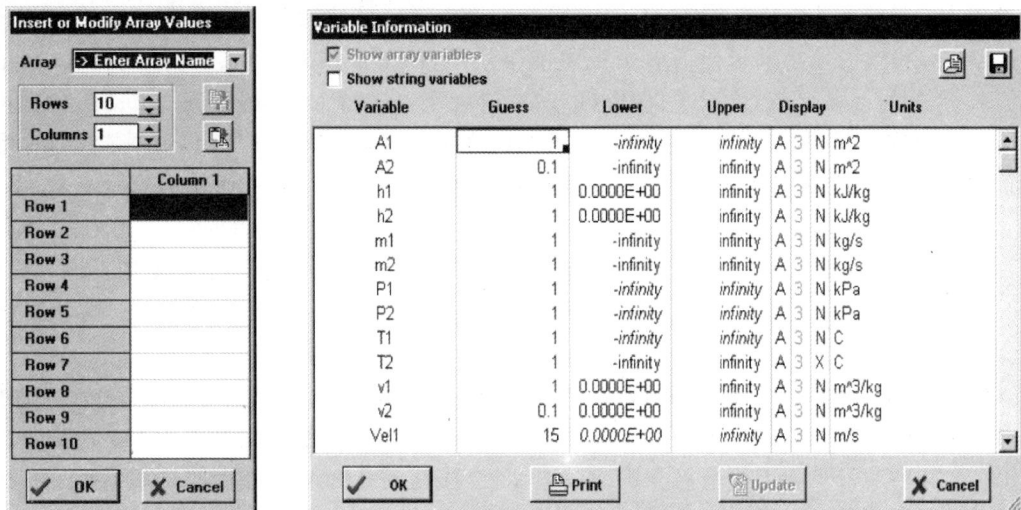

8.2.3　Option(操作菜单)

变量信息(Variables Info.)。单击该命令,会弹出如右上方所示的窗口,窗口内会显示出当前程序或子程序中的所有变量。该命令主要用于在方程或方程组求解之前设置求解的迭代初值、上限和下限、显示的格式、所有变量的单位等参数,用户在求解时也可不对这些参数进行设置,系统将根据默认值进行迭代,但用户如果知道解的大致范围,在求解之前通过该命令对其进行设置就可以减小迭代范围,大大提高求解速度。所以该命令对于某些用户是很有用的。如果一个主程序中包含了一个或多个子程序(每个子程序中含有多个变量),则在此窗口上方会出现一个对话框,用来选择某个子程序或主程序,然后再通过变量信息窗口对各个变量的参数进行设置。

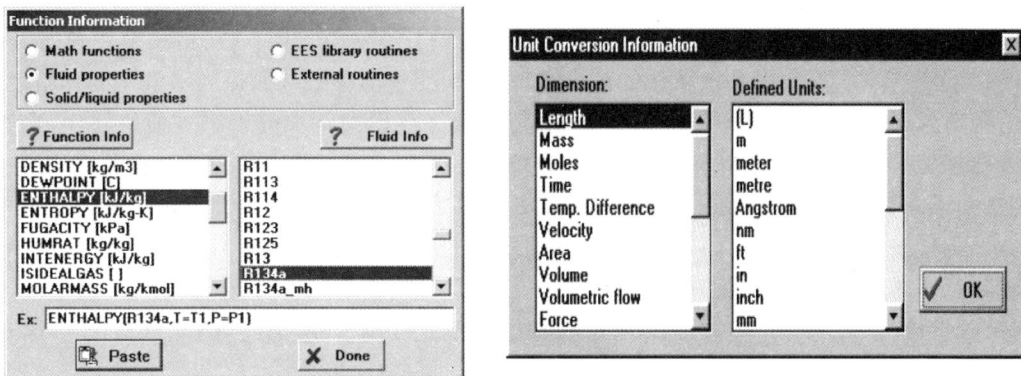

函数信息(Function Info.)。该命令对于解决热学问题非常有用。单击该命令会弹出左上方的对话框,该命令共包含5个按钮,点击每个按钮在下面两栏中都会出现与其对应的函数或参数的主要特性,对于热学来说,Fluid properties(流体特性)和 Solid/liquid properties(固体/液体特性)是最有用的。单击流体特性按钮,下面两栏会变成图中所示,左栏是流

体常用的参数及其单位,如密度、焓、熵、压力、比热等等;右栏是工质的名称,其中包括很多热学中常用的工质,如水蒸气、空气、R12、R14、R134a等等。用户在公式窗口中编辑程序时若想求解某种工质的某个参数,先在右栏中选择该工质,然后在左栏选择参数,就会在下面的横栏中自动显示出求解该参数的函数,用户只须单击粘贴按钮就会在程序中直接调用该函数。但该命令并不能够求出所有情况下的工质参数,如图中所示,在求解工质R134a的焓值时,调用了系统函数ENTHALPY(R134a,T=T1,P=P1),则必须已知R134a的温度和压力时函数才能求出它的焓值,但有些问题并没有直接给出温度和压力,则不能用该命令求解R134a的焓值,必须调用EES的其他函数才能求解。

单位转换(Unit Conversion Info.)。单击该命令出现右上方所示的窗口,用于对单位进行整体的设置,如长度单位统一为m,速度单位统一为m/s。但对于很多函数,子程序之间的某些变量,单位并不是完全统一的,如有的长度变量单位为m,而有的为mm。因此该命令在单位设置上并不常用。

公差(Tolerances)。该命令包含两个子对话框,用于对迭代(计算)过程进行控制,左边的对话框是对停止迭代的标准进行设置,其中包括迭代次数、误差及时间等参数。用户可根据工程范围内允许的误差标准对其进行设置,当迭代达到此标准时过程便自动停止。右边的对话框是对迭代的过程进行设置,其中包括步长、步数、最大最小值等参数,熟练的用户可通过设置这些参数使迭代过程更快地接近于所要求的误差范围内。在迭代时可以使用保存命令对过程进行保存,则下次进入EES时会从保存点开始迭代而不会重新开始。

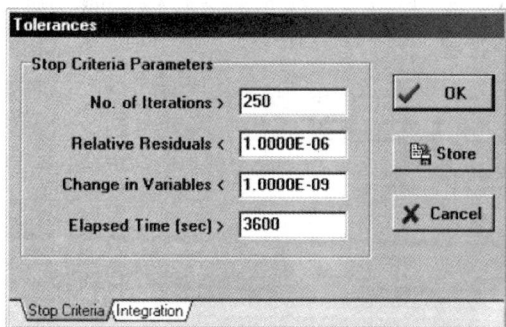

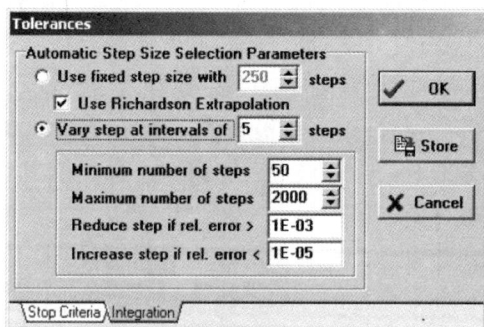

默认信息(Default Info.)。默认信息包括变量的迭代初值、上下限、格式及单位等,对于熟练的用户一般不会用系统默认的信息,自己设置变量的参数从而提高求解速度和精度。但有些时候对默认信息进行事先的设置并对其进行保存也会给求解带来方便。例如,在程序有很多变量的参数(如迭代初值,上下限等)都比较接近,则可对这些变量的参数进行统一设置,而不必对每个变量都逐一设置;还有就是默认信息窗口内的变量并不是像公式窗口中原程序那样按出现的先后顺序排列,而是按照字母的顺序排列,所以要对头一个字母相同的变量进行格式或单位等参数的修改时也比较方便,比如对所有压力(P1,P2,P3…)的单位进行修改时可点击此命令,从中可以看到所有压力变量都集中在一起,因此修改起来比较方便。

参数设置(Preferences)。该命令是对EES进行外部的整体设置,一般在编程之前都应通过此命令对EES进行设置,这样可为下面的工作带来很大的方便。如下图所示,参数设置命令共包括操作、整体、公式、打印、程序段、复数、目录等七个方面的设置。下面将对每个设置进行简要的说明:

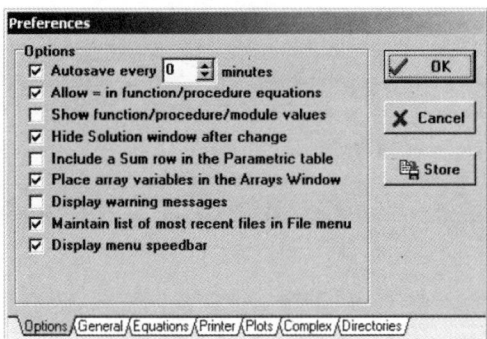

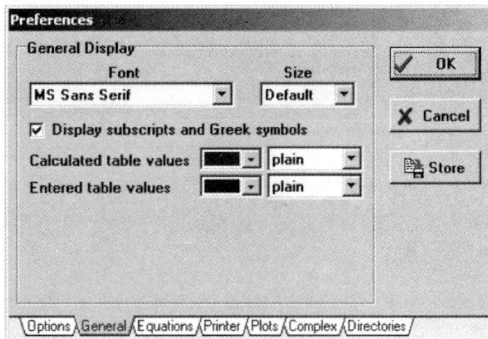

操作设置包含了一系列的选项:自动保存时间的设置,每间隔一定时间 EES 将对现有的输入进行自动保存,用户可根据情况进行设置;允许设置,点击了该选项后,EES 将自动对系统无法识别的错误输入进行终止,例如:主程序中的":="符号在求解时 EES 肯定无法识别,则在输入时便会自动终止该符号的输入;显示数值设置,点击该项可在求解窗口中显示出函数和程序中各个变量的数值;隐藏求解窗口设置,当点击求解命令对公式窗口中某个程序进行求解后,如果此时公式窗口中某个语句发生变化,则已求解的窗口会自动消失,如果不选择此项,则不论公式窗口发生什么变化,求解窗口都会保持不变,所以该设置一般为必选项;列求和设置,自动为表格的每一列进行求和操作并显示出来,一般该项的用处不大;数组变量显示设置,会在数组窗口中显示所有数组变量及其数值;警告信息显示设置,点击该选项后会在计算过程中显示警告信息,如超范围警告、调用函数不存在警告等;文件菜单显示设置,点击后会在文件菜单的最下面显示出 8 个最近使用过的文件的名称,可方便用户快速调用这些文件;快速显示菜单设置,点击后工具栏会显示在菜单栏下面,不选时工具栏将会自动隐藏。

整体设置是对字体、字号、下标及希腊字母显示等进行设置。点击了"显示下标及希腊字母"这一项后,在字母后加一下划线就表明后面的输入就是该字母的下标,如 X_dot 表示 $X.$,X_infinity 表示 X_∞ 。

公式设置是对公式窗口内的语句和程序等进行设置,如下图所示。EES 的注释语句分为两种类型,用两种颜色加以区分。第一种(也就是 Type 1)是普通的注释,一般为蓝色;另外一种是带有惊叹语气的注释,一般为红色。当然,用户也可根据自己的意愿设置其他颜色。该对话框下方有三个选项,前两个选项的作用几乎相同,就是当公式窗口中的某个语句过长,在一行之内显示不下时 EES 会在某个合适的位置自动换行,一般在使用时应同时选中这两项;第三个选项是将定义的变量自动按照字母排列的先后顺序出现,一般用户定义变量都是按照某种意义(如 T 代表温度,P 代表压力)来选择,很少有人会按照字母的顺序来定义变量,所以此项一般不选。

程序段设置是对程序段、模块的参数进行设置,其中包括段落的高度、宽度、段中字形、字号、段落标记等,用户可根据需要进行设置。

其他三项一般均按照 EES 默认的设置即可,这里不作太多说明。

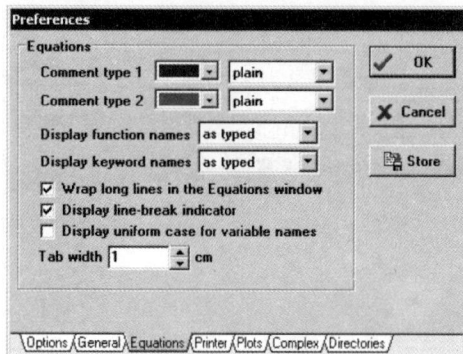

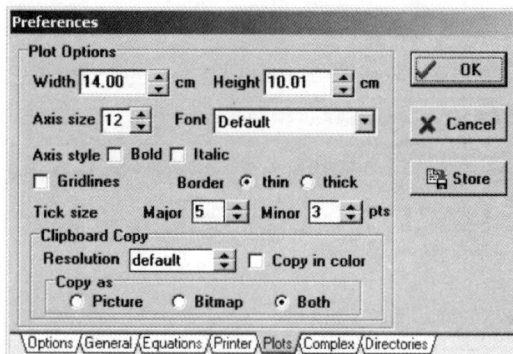

8.2.4　Calculate(计算菜单)

计算菜单是 EES 中最重要的菜单之一,其中所包含的命令是对计算过程进行控制,在这里将逐一对其进行介绍。

检查和格式化命令(Check/Format)。在程序编辑完成后对各语句、公式进行语法检查,并在随后的对话框中提示是否有语法错误,有几处语法错误等。如果程序不存在语法错误,该命令会在公式窗口中显示出程序所包含的公式和变量个数。该命令与 C 语言中的 Check 命令相似,有的时候虽然该命令检查没有语法错误,但不能说明程序就完全正确,因为还有可能存在运行错误,所以还应通过其他命令检查程序。

运算命令(Solve)。主要针对需要求解的方程和变量进行检查并对其求解。在求解之前先对方程组及变量进行检查以确定方程组能否求解,如果没有语法错误并且方程组个数与未知变量个数相等,则会自动求解并将结果显示在求解窗口。如果在事先检查时发现方程组不能求解,则会提示用户出现调试错误,并将出错的地方及问题显示在一个对话框内以方便用户解决。

最小(最大)化命令(Min/Max)。该命令主要针对最优化问题的求解,当某个变量在某个自由度范围均满足题目的条件,EES 会求解出一个最佳值,此时用该命令确定该变量及其一些参数,会提高求解速度和精度。如左下图所示就是该命令对话框,在左上方点击所求的最佳值是最大值还是最小值,然后在左栏中选择要求的自变量,在右栏中选择该自变量所对应的因变量(也就是随着该自变量的变化而发生变化的量),在下面两栏设置迭代次数和精度,最下面的两项用来选择求解的方法,黄金分割法还是二次逼近法。

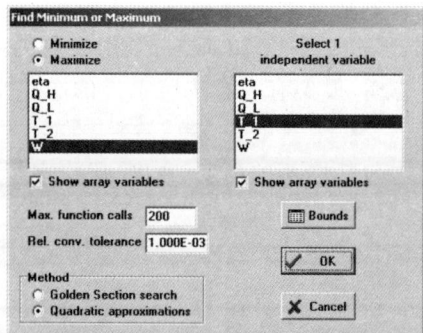

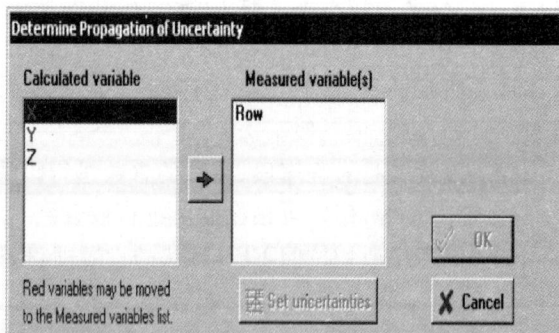

误差函数命令(Uncertainty Propagation)。该命令是用来计算所有因变量的误差,对

于 EES 所要求解的自变量,其求解误差在求解之前就已经人为设定好的,EES 会根据自变量的误差通过它们之间的函数关系计算出它所对应的因变量的误差,其对话框如上右图所示。对于有些问题,题目结果对因变量的误差有严格要求,而我们在使用 EES 时不能在求解之前直接对因变量误差进行设定,此时可点击此命令,通过控制自变量的误差使得结果的误差不超过要求的范围。

单位检查命令(Check Units)。该命令用于检查公式窗口内所有相关变量单位的一致性,例如压力变量的单位是否全部为 Pa 或 kPa。在程序编辑完成后单击该命令,EES 会在调试窗口中显示检查结果,用户可根据个人需要决定是否将其统一。

更新初值命令(Update Guesses)。该命令的功能与操作菜单中变量信息中的初值设定命令完全相同,就是在每次迭代之前设定初值,如果不设置,EES 就会按照上次迭代的初值开始进行迭代。由于该命令直接位于计算菜单内,因此点击起来比较方便。

重置初值命令(Reset Guesses)。将所有变量的迭代初值均重置为 EES 的默认值。单击操作菜单中默认信息命令可改变此默认值,因此再重置时所有初值均为改变后的默认值。

8.2.5　Tables(表格菜单)

EES 表格菜单的各个命令主要用于在程序的编辑过程中,可对特征相似的一些变量进行集中处理,如赋初值、设置单位、设置精度等操作。

新建参数表格命令(New Parametric Table)。该命令会在参数表格窗口内新建一个参数表格,该表格在 EES 中会自动进行反复计算,从而解决像微分、曲线拟合等问题。单击该命令会出现下面的对话框,左上栏为表格行数,右上方为表格名称,在公式窗口调用该表格时需要用到该名称。左侧较长栏显示了公式窗口中的所有变量,选中后单击添加按钮便会在右栏中显示出来。在参数表格中对各变量的操作与公式窗口中的相应操作完全相同,只不过参数表格可对一些变量进行操作,如赋值等。需要注意的是,如对参数表格的某些变量进行操作时不能使用原来的运算(Solve)、最大或最小化(Min/Max)、误差函数(Uncertainty Propagation)等,应在计算菜单中点击相应的表格运算(Solve Table)、最大或最小化表格(Min/Max Table)、表格误差函数(Uncertainty Propagation Table)等命令,其作用与原来相应的命令完全相同。

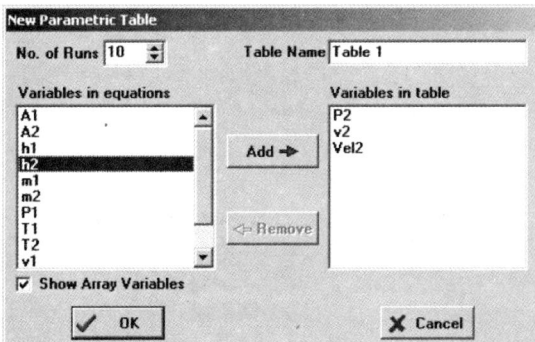

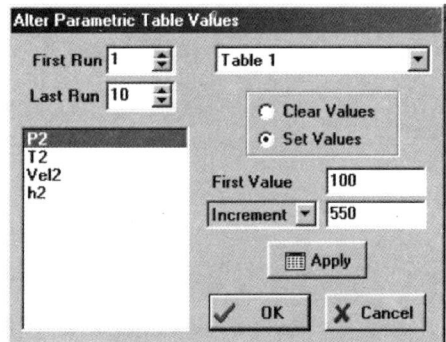

修改数值命令(Alter Values)。在新建参数表格后可通过该命令对某些变量初值进行设置,其对话框如上右图所示。在右上角选择要设置的表格名称,然后单击选择想要设置的变量,在右侧点击设置按钮(Set Values)输入数值,也可选择清除按钮(Clear Values)将该

变量设置好的数值清除。

保存参数表格命令(Store Parametric Table)。将当前的参数表格保存到 EES 的一个二进制文件里,默认的文件扩展名为 * . PAR。与之相对应的就是恢复参数表格命令(Retrieve Parametric Table),就是打开所保存的参数表格。但由于 EES 本身允许无限制的定义参数表格,所以该命令对于同一个 EES 文件并没有什么使用价值。但对于两个(或更多)EES 的文件,该命令可以使同一个参数表格在不同的 EES 文件中使用。

插入或删除行命令(Insert/Delete Runs)。该命令对话框如左下图所示,选择某参数表格后,点击插入或删除行按钮并可对所要插入或删除行的个数、位置等进行设置。

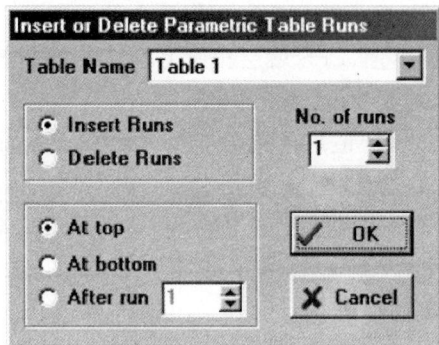

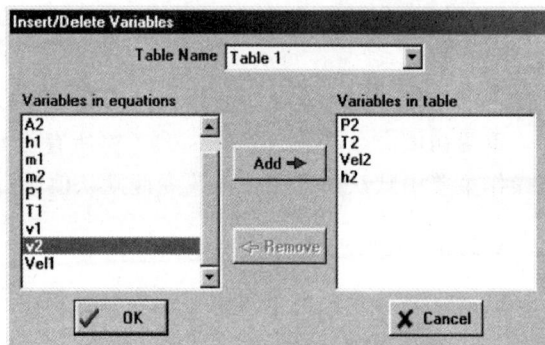

插入或删除变量命令(Insert/Delete Variables)。该命令的对话框与新建参数表格相似,左栏列出所有公式窗口中的变量,点击添加(Add)或删除(Remove)按钮可对这些变量进行操作,操作后的结果显示在右栏。

删除参数表格命令(Delete Parametric Table)。删除当前的参数表格,单击选中该表格后单击该命令即可删除表格。

8.2.6　Windows(窗口菜单)

窗口菜单中的各窗口在 EES 中是最常见的元素,每个窗口都会显示出不同性质的内容,因此我们将其放到下一节进行详细介绍。

8.3　EES 窗口

与上一节一样,本节也只是针对解决热学问题所涉及的各窗口进行介绍,其他窗口就要靠读者自行去学习和研究。

8.3.1　Equations Window(公式窗口)

公式窗口又称为语言处理窗口或编程窗口,所有程序、算法及要调用的库函数必须在此窗口输入才能被 EES 识别,最终计算出结果。在公式窗口输入程序时必须符合 EES 所能识别的形式,例如,公式 $x=y^2+3z$ 在窗口内应写为 $x=y^2+3*z$,这点与 C 语言及 Fortran 语言是相似的。

8.3.2 Formatted Equations Window(公式格式化窗口)

此窗口又称为公式窗口的对应窗口,在公式窗口中用程序语言符号输入的语句在此窗口中都会自动转换成为数学公式形式并相应的显示出来。例如,在公式窗口中输入 $x=y^{\hat{}}2$ $+3*z$ 语句时,在公式格式化窗口就会相应的显示出 $x=y^2+3z$。一般地,对于初学者在进行 EES 的语句输入时可同时打开这两个窗口,随时检查自己输入的语句与想要得到的数学公式是否相符;如果已经达到一定熟练程度或对 EES 的语言符号有了较为深入的了解,则在输入时可不必打开此窗口,直接在公式窗口输入语句即可。

8.3.3 Solution Window(求解窗口)

在公式窗口中输入了公式、方程组、行列式等需要计算的式子后,EES 就会根据用户输入的语句进行运算。在运算菜单中选择求解命令(或者直接单击窗口菜单中求解窗口命令),最后就会弹出一个显示运算结果的窗口,这个窗口就称为求解窗口,通常这个窗口会位于所有窗口的最前端。这个窗口用于对求解结果的形式、单位等参数进行设置。在求解窗口中双击某个变量,会弹出如下所示的对话框,Format 及后面的数字表示结果的精度,单击此栏会显示出三个选项:Auto Format 即结果自动保留为整数部分,Fixed Decimal 即结果保留到小数点后三位有效数字,Exponential 即结果表示为指数形式。Hilite 栏表示结果的显示样式,其中包括正常、下划线、加粗、加框、隐藏等五种样式。FG 表示字体颜色,BG 表示背景颜色,Units 表示结果的单位,在此栏可根据需要直接输入想要得到的单位。

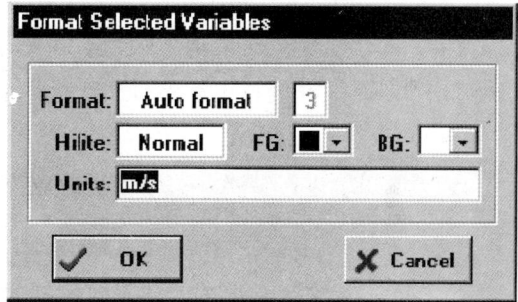

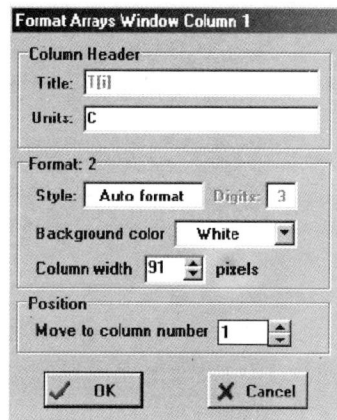

8.3.4 Arrays Window(数组窗口)

同 C 语言一样,EES 也允许用户使用数组变量,如 x[5],y[6,2]等,并可为数组变量赋初值。对于一般的变量,其求解结果都会显示在求解窗口,但数组变量则不能,它们的初值及最后的结果都会在一个单独的窗口内显示出来,这个窗口就叫做数组窗口。如上图所示,在此窗口中可随意改变数组变量的各个数值,双击数组变量会弹出右面的对话框,从中可设置它的单位、格式、精度、颜色等参数。

8.3.5 Residuals Window(余数窗口)

余数窗口是检测 EES 运算过程的窗口。例如,用户在公式窗口中列出一系列的方程组,通过此窗口可使用户看到 EES 是否能够求解此方程组。如果方程组中的方程个数少于未知数个数,或者某两个方程之间出现了矛盾,或者出现无穷多解等错误情况,EES 就会自动停止求解并会在余数窗口中显示出来,告知用户是哪里出现了问题,以便于用户及时更正。一般此窗口在默认状态下是隐藏的,对于初学者应在公式窗口中输入完毕后通过窗口菜单单击余数窗口命令检查一下所输入的方程组或行列式是否有错误然后再进行计算。

下面这个例子就可以看出 EES 中各窗口的作用:

EES 的一个最基本的功能就是求解非线性的方程组,在公式窗口中输入一个方程组(也可切换到格式化窗口中输入),在计算菜单中单击运算命令,就会出现如下的对话框,单击 Continue,EES 就会计算出方程组的结果(如下图所示)。

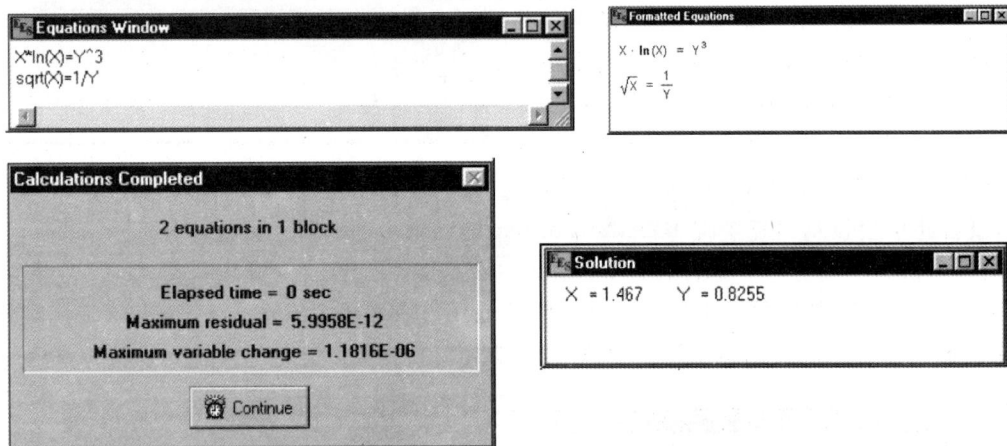

8.4 EES 的函数和程序

与大多数高级语言一样,EES 程序由大量的子程序组成,每个子程序中又包含了用户需要的函数、模块及辅助程序等。在子程序中调用函数后可返回一个或多个结果。与其他高级语言不同的是,EES 可以同时处理内部与外部子程序,内部子程序是指用户在公式窗口中直接输入的语句和程序,外部子程序是指用户用其他语言(如 Pascal 语言、C 语言、C++、FORTRAN 语言等)编辑好子程序,然后再导入 EES,EES 可同样对其识别,这样可大大提高用户的工作效率。本节将重点介绍在编辑 EES 程序时所涉及的规范,方法及注意事项等,对常用语句的作用和使用方法也会进行简要介绍。通过本节的学习,用户可以对常见的热学问题进行编程。

8.4.1　调用 EES 函数的规范

EES 函数包含了公式、库函数、语句等,每个函数具有一定的功能和作用,用户可直接在公式窗口中对其进行调用,但在调用时必须遵循以下原则,否则 EES 就会弹出错误信息。

(1)函数必须出现在所有子程序和主程序之前(或所有模块之前),这点与 C 语言不同,C 语言对调用函数和主程序的顺序没有要求。用户一般会将要调用的库函数写在公式窗口的上方,这样一般在运行时不会出现错误信息。

(2)在所有调用的函数之前都必须输入关键词 FUNCTION,函数中的变量名称、状态参数等必须以逗点隔开,并且这些变量、参数都要在同一行。

(3)函数末尾要输入关键词 END。

(4)同一个公式在函数和主程序中的含义和作用可能不同。函数中的公式更确切地说是一个任务的陈述,这点与 Pascal 语言和 FORTRAN 语言的函数相类似。例如:公式 X:= X+1,在 EES 的函数中显然是一种赋值语句(或任务),即将等号右边的值赋给等号左边的变量,但在 EES 主程序中该式就不能被识别,会弹出错误信息。

(5)一般,EES 会按照出现的顺序对语句进行处理。但在某些情况,如 If Then Else 语句、Repeat Until 语句、goto 语句等,EES 会按照它们本身的用法处理,这一点在下面的语句部分中将进行详细介绍。

(6)用户在函数中可以调用任意 EES 的库函数,也可以调用先前已经定义的函数,但不可以调用它后面的函数,也不可以调用本身。

(7)所有在函数中定义的变量都属于本地变量,在其他函数均可以重新定义,但对那些在 $ COMMON 定义了的变量,则只能定义和使用一次。

EES 在许多地方与其他高级语言相类似,但也有很多不同,在操作时对语句的规范性要求很严格,对于初学者经常会遇到出错信息,因此在编程之前最好选中操作菜单(Options)中参数设置命令(Preferences)的允许设置(Allow ＝ in Functions/Procedures)选项,以便对错误及时进行提示,以下是利用 EES 函数实现对工质可用能求解的实例。

流体可用能 ψ 的表达式:$\psi = (h - h_o) - T(s - s_o) + V^2/2 + gz$,函数如下(引号内为注释):

FUNCTION psi(T, P, V, Z)

To:＝ 530 "[R] dead state temperature"

ho:＝ 38.05 "[Btu/lbm] specific enthalpy at dead state conditions"

so:＝ 0.0745 "[Btu/lbm-R] specific entropy at dead state conditions"

h:＝ enthalpy(STEAM, T=T, P=P)

s:＝ entropy(STEAM, T=T, P=P)

g:＝ 32.17 "[ft/s^2] gravitational acceleration

psi:＝ (h−ho)− To ＊ (s − so) ＋ (V^2 / 2 ＋ g ＊ Z) ＊ Convert(ft^2/s^2, Btu/lbm) "[Btu/lbm]"

END

8.4.2 EES 语句

(1)条件语句(If Then Else)

EES 为用户提供了几种类型的条件语句,这些条件语句只能应用在 EES 函数中,不能在主程序和模块中使用,其中 If Then Else 语句是最基本的,由此可演化出多种条件语句,下面将逐一介绍。

单行 If Then Else 语句的格式如下:

If (条件句) Then 语句 1 Else 语句 2

调用条件句后会返回 1 或 0,如返回 1 表示条件为真,则 EES 会执行语句 1;如返回 0 表示条件为假,则 EES 会执行语句 2。在条件句中可使用=、<、>、<=、>=、<>(不等于)等数学符号。

在条件句中经常会加上 AND 和 OR 两个词,AND 表示同时满足各个条件后才返回 1;OR 表示只要满足其中一个条件就返回 1。如下面所示:

If (x>y) or ((x<0) and (y<>3)) Then z:=x/y Else z:=x

多行 If Then Else 语句的格式如下:

If (条件句) Then

语句 1

语句 2

…

Else

语句 1

语句 2

…

即 Then 和 Else 后执行多个语句。需要注意的是,每行只能输入一个语句,两个语句之间必须换行,这是 EES 编程中非常重要的规范。有时还会在 If Then Else 语句中嵌套一个 If Then Else 语句,这时必须用 EndIf 来结束里面的语句,如下面这个例子:

Function IFTest(X, Y)

If (X<Y) and (Y<>0) Then

A:=X/Y

B:=X * Y

If (X<0) Then {nested If statement}

A:=-A; B:=-B

EndIf

Else

A:=X * Y

B:=X/Y

EndIf

IFTest:=A+B

End

G=IFTest(−3,4) { G will be set to 12.75 when this statement executes}

（2）跳转语句（GoTo）

正常情况下,EES 会按照语句从上到下的出现顺序对其进行处理,但 GoTo 语句会改变这种顺序,它与 C 语言中 goto 语句的作用相同。语句的具体格式如下:

GoTo ♯

...

♯:语句

♯代表一个标识数字,它是 1 到 30000 之间的整数,表示语句将要跳转的位置。一般地,GoTo 语句经常与 If Then Else 语句结合使用,从而会实现较多的功能,下面这个例子就是二者结合使用求解某变量的 N 次方,从而实现循环的功能:

```
Function FACTORIAL(N)
F:=1
i:=1
10: i:=i+1
F:=F * i
If (i<N) Then GoTo 10
FACTORIAL:=F
End
```

Y= FACTORIAL(5) {Y will be set to 120 when this statement executes}

（3）循环语句（Repeat Until）

虽然利用 If Then Else 语句和 GoTo 语句可以实现循环,但其结构比较复杂,不如 Repeat Until 语句方便,因此在 EES 中一般都用 Repeat Until 语句来实现循环。具体格式如下:

```
Repeat
语句 1
语句 2
...
Until（条件句）
```

与 If Then Else 语句中的条件句相似,Until 后的条件句也会返回 1 或 0,1 表示真,EES 会自动重复执行 Repeat 后的各语句;0 表示假,EES 会停止循环,自动跳出 Repeat Until 语句。在条件句中也可以使用＝、＜、＞、＜＝、＞＝、＜＞(不等于)等数学符号,也可以加上 AND 和 OR 两个词实现多个条件的选择。下面这个例子与上个例子相同,也是求解某个变量的 N 次方,但使用的是 Repeat Until 语句。

```
Function Factorial(N)
F:=1
Repeat
F:=F * N
N:=N−1;
Until (N=1)
```

Factorial：＝F

End

Y＝ FACTORIAL(5) {Y will be set to 120 when this statement executes}

8.4.3 EES 程序

EES 程序的作用和用法与 EES 函数极为相似,但 EES 程序允许多个输出,这点与函数稍有不同。下面是书写 EES 子程序的具体格式:

PROCEDURE test(A,B,C：X,Y)

...

...

X：＝...

Y：＝...

END

关键词 PROCEDURE 必须写在程序的最前面,test 是程序名,括弧内是该程序的输入和输出变量,中间用冒号隔开,冒号左边的 A、B、C 为程序的输入,右边的 X、Y 为输出。每个子程序必须至少含有一个输入变量和一个输出变量,每个输出变量在程序中必须通过公式的形式进行定义,程序的最后要输入关键词 END。

在主程序中调用该子程序时要用 CALL 语句,具体格式如下:

...

CALL test(1,2,3：X,Y)

...

CALL 语句中输入和输出的变量个数必须与原子程序对应相等,格式也要匹配。在 EES 的主程序和子程序内都可以调用函数,在使用 EES 函数和程序时应注意两点:一是所有子程序内的变量都属于本地变量,在该子程序外所有与该变量有关的公式和语句均不成立;二是函数内的公式与程序内的公式含义不同,前者为赋值,后者就是简单的公式,这点在前面有所介绍。下面就是利用子程序求解 $\begin{cases} X^3+Y^2=66 \\ X/Y=1.23456 \end{cases}$ 这个非线性方程组:

PROCEDURE Solve(X,Y：R1,R2)

R1：＝X^3＋Y^2－66

R2：＝X/Y－1.23456

END

CALL Solve(X,Y：0,0) {X ＝ 3.834, Y ＝ 3.106 when executed}

下面介绍几种常用 EES 子程序:

(1)ERROR(错误提示)

当某一变量的数值超过了函数或程序允许的范围,该程序会输出一行提示信息并终止所在程序的运行,具体格式如下:

Call Error('错误信息',X) 或 Call Error(X)

错误信息由用户自行定义,例如下面的一行信息:

Calculations have been halted because a parameter is out of range. The value of the parameter is XXX.

如果变量值超过范围,则会输入该信息并终止程序的运行。下面的程序就是利用该子程序实现 X 在大于 0 的范围内进行计算:

Function abc(X,Y)

if (x<=0) then CALL ERROR('X must be greater than 0. A value of XXXE4 was supplied.', X)

abc:=Y/X

end

g:=abc(-3,4)

8.5 EES 的库函数

同其他语言程序处理软件一样,EES 软件可识别像 Pascal、C、C++及 Fortran 等高级语言的程序及算法,对于一个程序和算法可返回一个和多个结果。但 EES 为用户提供了大量的工程计算的库函数,用户在处理很多工程实际问题时不必像其他软件那样编辑繁琐的程序算法,而是直接调用这些库函数即可。本章将重点介绍一些与热学相关的库函数和算法,便于读者解决热学问题。

首先要讨论的就是热学常见物质的名称,在 EES 中进行程序的语句输入时,必须按照 EES 所能识别的格式输入,否则在求解时就会出现错误,因此,熟练掌握常用工质的符号和在 EES 中的输入格式是对用户进行 EES 编程最基本的要求。在下表中列出了常用工质在 EES 中对应的符号,对于那些表内没有的工质,用户可通过操作菜单中的函数信息命令(Function Info.)查询。

其次就是参数名称所对应的符号。EES 所调用的函数及其返回的数值中,参数名称均用特定的符号表示,用户必须能够识别出这些符号才能熟练地对函数进行调用,常用符号在下表中列出。

Ideal Gas	Real Gas		
Air	Air_ha*	R11	R407C
AirH2O+	Ammonia*	R12	R410A
CH4	Argon*	R13	R500
C2H2	CarbonMonoxide*	R14	R502
C2H4	CarbonDioxide*	R22	R507A
C2H5OH	Cyclohexane*	R23*	R508B
C2H6	Ethane*	R32*	R600*
C3H8	Helium*	R114a	R600a

Ideal Gas	Real Gas		
C4H10	Hydrogen*	R123	R717*
C6H14	Ice*	R125*	R718
C8H18	Isobutane*	R134a*	R744*
CO	Methane*	R141b*	RC318*
CO2	Methanol*	R152a*	Steam*
H2	Oxygen*	R290*	Steam_IAPWS#
H2O	n-Butane*	R404A	Steam_NBS*
N2	n-Hexane*		Water
NO2	n-Pentane*		Xenon*
O2	Neon*		
SO2	Nitrogen*		
	Propane*		

Property Indicators
for Use in Thermophysical Functions

B＝Wetbulb Temperature	T＝Temperature
D＝Dewpoint Temperature	U＝Specific Internal Energy
H＝Specific Enthalpy	V＝Specific Volume
P＝Pressure	W＝Humidity Ratio
R＝Relative Humidity	X＝Quality
S＝Specific Entropy	

下面将详细介绍 EES 中常用的热物性库函数,以及它们各自的作用、返回值、使用方法等,用户在编程时可根据需要调用这些函数。

Conductivity［W/m・K，Btu/hr・ft・R］函数,调用后返回某种物质的导热系数,方括号内为单位。对于理想气体,由于导热系数只是温度的单值函数,调用时只需给出该物质的名称(即符号)和对应的温度,conductivity 会自动返回该物质在该温度下的导热系数;对于非理想物质,情况就比较复杂,但至少要给出两个以上独立参数。在调用时需根据实际情况才能确定给出该物质的一个或几个参数,如 AirH2O(水蒸气),在调用该函数时必须给出它的温度(T),压力(P)和干度(R)EES 才能返回它的导热系数值。具体调用方法可参看下面几个例子:

k1 = conductivity (AIR，T=200)　　　　k2 = conductivity (AMMONIA，T=100，P=200)

k3 = conductivity (STEAM_NBS，T=100，x=1)

k4 = conductivity (AIRH2O，T=80，P=14.7，R=0.5)

CP 和 CV［kJ/kg・K，kJ/kmol・K，Btu/lb・R，Btu/lbmol・R］函数,调用后返回某种物质的定压比热和定容比热。与 Conductivity 函数相似,理想状态时只需给出该物质的名称和温度,非理想状态时需给出具体情况的一些参数,函数会返回该状态下物质的定压或定容比热。具体调用方法可参看下面的例子:

Cp1 = CP(AIR,T＝350)　　　　Cv2 = CV(AMMONIA,T＝100,P＝30)

CP3 = CP(AIRH2O,T＝25,P＝101.3,R＝0.50)

Density[kg/m³,kmol/m³,lb/ft³,lbmol/ft³]函数,调用后返回某种物质在给定条件下的密度,调用时至少要给出两个以上的独立参数,对于湿空气等复杂的混合物,需给出三个独立参数。具体调用方法如下所示:

d1 = Density(AIR,T＝300,P＝100)　d2 = Density(Steam,h＝850,P＝400)

d3 = Density(AirH2O,T＝70,R＝0.5,P＝14.7)

Enthalpy[kJ/kg,kJ/kmol,Btu/lb,Btu/lbmol]函数,调用后返回某物质在给定条件下的比焓。该函数的用法与 Conductivity 函数完全相同,在调用前必须先确定物质是理想状态还是非理想状态下,然后给定具体参数。调用方法与 Conductivity 函数相同,这里不做介绍。

Entropy[kJ/kg·K,kJ/kmol·K,Btu/lb·R,Btu/lbmol·R]函数,调用后返回某物质在给定状态下的比熵。该函数用法及调用方法与 Enthalpy 函数完全相同,这里不作介绍。

Fugacity[kPa,bar,psia,atm]函数,调用后返回某纯净流体在给定条件下的逃逸压力。对于理想流体,其逃逸压力 f 就等于它的绝对压力 P。具体调用方法与上述函数相同。

Dewpoint[℉,℃,R,K]函数。调用后返回某状态下湿空气的露点,该函数只针对湿空气(AirH2O),因此在调用时物质符号只能为 AirH2O 而不能为其他,状态参数需给出湿空气的至少三个以上的独立参数,如温度、全压、相对湿度(或绝对湿度、湿球温度)。具体调用方法如下:

D1＝dewpoint(AIRH2O,T＝70,P＝14.7,w＝0.01)　　D2＝dewpoint(AIRH2O,T＝70,P＝14.7,R＝0.5)

D3＝dewpoint(AIRH2O,T＝70,P＝14.7,B＝50)

Wetbulb[℃,K,℉,R]函数。调用后返回湿空气在给定状态下的湿球温度,该函数也是只针对湿空气,调用时须给出三个以上的独立参数状态参数,如温度、全压、相对湿度(或绝对湿度、露点)。调用方法与 Dewpoint 函数相同。

HumRat[无量纲]函数。调用后返回湿空气在给定状态下的绝对湿度,该函数也是只针对湿空气($AirH_2O$),调用时必须给出湿空气的压力和另外的至少两个独立参数,如温度、相对湿度、焓、露点等。具体调用方法与 Dewpoint 函数相同。

Relhum[无量纲]函数。调用后返回湿空气在给定状态下的相对湿度,其作用及具体调用方法与上一个函数相同,这里不作介绍。

IntEnergy[kJ/kg,kJ/kmol,Btu/lb,Btu/lbmol]函数。调用后返回某物质的比内能,由于物质的内能也遵循理想气体方程,因此用法及调用方法与 Conductivity 函数相同。

IsIdealGas 函数。用来判断某气体是否为理想气体,在调用时只需输入该气体的名称(即符号),函数会返回1(是理想气体)或0(不是理想气体)。物质是否在理想状态对于 EES 编程者来说是非常重要的,它决定了用户能否使用理想气体方程,对于有些不常用的物质,用户无法确定其是否为理想物质,此时该函数显得非常有用。具体调用方法如下:

B＝IsIdealGas(O2)　　　　　C＝IsIdealGas(R＄)

MolarMass 函数。调用后返回某物质的摩尔质量，与上个函数相似，也是针对那些不常用的物质显得非常有用，调用方法与 IsIdealGas 函数也完全相同。

Pressure〔kPa，bar，psia，atm〕函数。调用后返回某物质在给定状态下的压力，调用时必须给出该物质两个以上的独立参数，同时也要根据具体情况（如理想还是非理想状态）来确定给定参数的个数。具体调用方法与 Conductivity 函数相同。

P_Crit〔kPa，bar，psia，atm〕函数。调用后返回某流体的临界压力，调用时须给出该流体的名称，具体方法与 IsIdealGas 函数也完全相同。

Prandtl〔无量纲〕函数。调用后返回某流体在给定状态下的普朗特数，EES 对普朗特数的定义为 $Pr＝\eta c_p/\lambda$，η 为流体的动力粘度，c_p 为定压比热，λ 为导热系数。对于理想流体，须给出该流体的温度；对于非理想流体，须给出该流体两个以上的独立参数。具体调用方法与 Conductivity 函数相同。

Quality〔无量纲〕函数。调用后返回某实际流体（如水和 R12）在饱和状态下的蒸发干度，调用时须给出该流体两个以上的独立参数。需要注意的是，由于在饱和段流体的温度和压力并不是两个独立参数，这点与前面所介绍的函数稍有不同，调用时可以输入温度和焓值。如果流体处于过冷段，则函数会返回－100；如果流体处于过热段，则函数会返回 100。具体调用方法与 Conductivity 函数相同。

SoundSpeed〔m/s，ft/s〕函数。调用后返回某流体的当地声速，EES 对当地声速的定义为 $c＝\sqrt{\left.\dfrac{\partial P}{\partial \rho}\right|_s}$，对于理想流体，公式变为 $c＝\sqrt{RT\dfrac{c_p}{c_v}}$，因此，对于理想流体调用该函数时只需给出温度，而对于非理想流体须给出两个以上独立参数。调用方法如下：

C1 ＝ SoundSpeed(Air，T＝300)　　　　　C2 ＝ SoundSpeed(R134a_ha，T＝300，P＝100)

SurfaceTension〔N/m，lbf/ft〕函数。调用后返回给定状态下饱和流体气－液接触面的表面张力，调用时只需给出该流体的名称及其对应的温度即可。

Temperature〔℃，K，℉，R〕函数。调用后返回给定状态下物质的温度，该函数也遵循理想气体方程，调用针对情况给出一个或两个独立参数，调用方法与上个函数相同。

T_Crit〔℃，K，℉，R〕函数。调用后返回某物质的临界温度，调用时只需给出该物质的名称，具体调用方法与 P_Crit 函数相同。

Volume〔m³/kg，m³/kmol，ft³/lb，ft³/lbmol〕函数。调用后返回某物质在给定条件下的比体积，对于所有物质调用时都必须给出至少两个以上的独立参数，该函数也适用于混合物。调用方法与 Temperature 函数相同。

V_Crit〔m³/kg，m³/kmol，ft³/lb，ft³/lbmol〕函数。调用后返回某物质的临界比体积，调用时只需给出该物质的名称。调用方法与 T_Crit 函数相同。

Viscosity〔N·s/m²，lb/ft·hr〕函数。调用后返回某物质在给定状态下的动力粘度，对于理想气体，调用时须给出物质的名称及对应的温度；非理想气体须至少给出两个以上的独立参数；对于湿空气（或水蒸气）等混合物，须至少给出三个以上的独立参数。调用方法与 Volume 函数相同。

主要参考文献

[1] 傅秦生主编. 热工基础与应用[M]. 北京:机械工业出版社,2004 年.

[2] 傅秦生. 热工基础与应用重点难点及典型题精解[M]. 西安:西安交通大学出版社, 2002 年.

[3] 张学学,李桂馥. 热工基础[M]. 北京:高等教育出版社,2000.

[4] 王补宣. 热工基础[M]. 北京:高等教育出版社,2000.

[5] 秦允豪. 热学[M]. 2 版. 北京:高等教育出版社,2004.

[6] 李平. 热学[M]. 北京:北京师范大学出版社,1987.

[7] 张三慧主编. 热学[M]. 2 版. 北京:清华大学出版社,2001.

[8] 陈家森,杨伟民. 热学[M]. 上海:上海科技文献出版社,1986.

[9] 申先甲. 探索热的本质[M]. 北京:北京出版社,1985.

[10] 郭茶秀,魏新利. 热能存储技术与应用[M]. 北京:化学工业出版社,2005.

[11] 杨东华. 不可逆过程热力学原理及工程应用[M]. 北京:科学出版社,1989.

[12] 郑久仁,周子舫. 热学、热力学、统计物理物理学大题典[M]. 北京:科学出版社,2005.

[13] [英]弗兰西斯.培根,张毅译. 新工具[M]. 北京:京华出版社,2000.

[14] [美]杰西.S.杜利特尔,弗朗西斯.J.黑尔编著. 工程热力学[M]. 北京:冶金工业出版社,1992.

[15] M. David Burghardt,陈呈芳译. 工程热力学与应用[M]. 台湾台北:东华书局,1968.

[16] 陈家森,杨伟民. 热学[M]. 上海:上海科技文献出版社,1985.

[17] [美]弗.卡约里. 物理学史[M]. 桂林:广西师范大学出版社,2002.

[18] 李增智,吴亚非等. 物理学中的人文文化[M]. 北京:科学出版社,2005:61,69—118.

[19] 厚宇德. 物理文化与物理学史[M]. 杭州:浙江科技出版社,西安:西安交通大学出版社,2005:108~109,117,145~146.

[20] 包科达. 热学教程[M]. 北京:科学出版社,2007:4—31,121—126,147—148,154—189.

[21] 张登. 人类文明史.物理卷.告别上帝的日子[M]. 长沙:湖南人民出版社,2001:207—222.

[22] 常树人. 热学[M]. 天津:南开大学出版社,2005:25—75.

[23] [美]吉尔.沃克. 徐婉华,叶庆桐译. 生活中的物理学[M]. 北京:科学普及出版社,

1984:75—127.

[24] 周连亨,卢平安. 冷热的知识[M]. 北京:计量出版社,1983.

[25] 陆申龙,郭有思. 热学实验[M]. 上海:上海科学技术出版社,1988.

[26] 蒋汉文主编. 热工学[M]. 北京:高等教育出版社,1993.

[27] 杨世铭,陶文铨. 传热学[M]. 4 版. 北京:高等教育出版社,2007.

[28] 曾丹苓,敖越,张新铭,等. 工程热力学[M]. 3 版. 北京:高等教育出版社,2002.

[29] 秦允豪. 热学习题思考题解题指导[M]. 2 版. 北京:高等教育出版社,2005.

[30] 范宏昌. 热学[M]. 北京:科学出版社,2003.

[31] 王修彦,张晓东. 热工基础[M]. 北京:中国电力出版社,2007.

[32] [美]弗兰克 P. 英克鲁佩勒,大卫 P. 德维特等. 叶宏,葛新石等译. 传热和传质基本原理习题详解[M]. 6 版. 北京:化学工业出版社,2007.

[33] 童钧耕. 工程热力学学习辅导与习题解答. 北京:高等教育出版社,2004.

[34] 崔海亭,彭培英. 强化传热新技术及其应用[M]. 北京:化学工业出版社,2006.

[35] 林平. 汽车趣谈[M]. 成都:四川科学技术出版社,1999:127—152.

[36] 陆亚俊编. 空调工程中的制冷技术(第二版),2001

[37] 严家騄编著. 工程热力学[M]. 3 版. 北京:高等教育出版社,2001

[38] [美]乔治 A. 奥拉,阿兰. 戈佩特,G. K. 苏耶. 普拉卡西著. 胡金波等译. 跨越油气时代:甲醇经济[M]. 北京:化学工业出版社,2007.

[39] 朱云编著. 过程基础[M]. 北京:中国计量出版社,2006.

[40] 吴永生,方可人编. 热工测量及仪表[M]. 北京:水利电力出版社,1983.

[41] 陈礼,吴勇华编著. 流体力学与热工基础[M]. 北京:清华大学出版社,2002.

[42] 沈惠川,郑久仁编著. 热物理习题精解(上册)[M]. 北京:科学出版社,2004.

[43] 陈听宽,章燕谋,温龙编. 新能源发电[M]. 北京:机械工业出版社,1982.

[44] 邢桂菊,黄素逸. 热工实验原理和技术[M]. 北京:冶金工业出版社,2007.

附录 A　常用公式、常数和图表

附表 A1　国际单位制与其他单位制的相互换算

量的名称	国际单位制	其他单位制
质量、密度、比体积	$1kg=1000g=10^{-3}ton$ $1kg=2.2046lb$ $1g/cm^3=1kg/L=10^3kg/m^3=62.428lbm/ft^3$ $1m^3/kg=10^3L/kg=10^3cm^3/g=16.02ft^3/lbm$	$1lbm=0.4536kg$ $1ounce=28.35g$ $1lbm/ft^3=16.018kg/m^3$ $1ft^3/lbm=0.062428m^3/kg$
长度、体积	$1m=100cm=1000mm=10^{-3}km$ $1m=39.370in=3.2808ft=1.0926yd$ $1m^3=1000L=10^6cm^3(cc)$ $1m^3=35.315ft^3=6.1024\times10^4in^3$ $1cm^3=0.061024in^3$	$1ft=12in=0.3048m$ $1in=2.54cm$ $1mile=5280ft=1.6093km$ $1ft^3=0.028317m^3$ $1gal=231in^3=3.7854L=128fl\ ounces$
速度、加速度重力加速度	$1m/s=3.60km/h=3.2808ft/s=2.237mile/h$ $1m/s^2=100cm/s^2=3.2808ft/s^2$ $g=9.80665m/s^2$	$1mile/h=1.6093km/h=1.4667ft/s$ $1ft/s^2=0.3048m/s^2$ $g=32.174ft/s^2$
力	$1N=1kg\cdot m/s^2=0.102kgf$ $=0.22481lbf=10^5dyne$	$1lbf=32.174lbm\cdot ft/s^2=4.4482N$
压力	$1Pa=1N/m^2=1.4504\times10^{-4}lbf/in^2(psi)$ $1Pa=0.020886lbf/ft^2$ $1Mpa=10^6Pa=10bars=10.2at(kgf/cm^2)$ $=9.8692atm=7.5006\times10^3mmHg$ $=1.02\times10^5mmH_2O(kgf/m^2)$	$1bar=10^5N/m^2$ $1atm=101.325kPa=14.696lbf/in^2$ $=760mmHg_{(0℃)}=1.033kgf/cm^2$ $1at=0.0980665MPa=14.2233lbf/in^2$ $1lbf/in^2(psi)=6.8948kPa=144lbf/ft^2$
功、热量、内能、焓、比焓等	$1kJ=1000N\cdot m=1kPa\cdot m^3=737.56ft\cdot lbf$ $=0.9478Btu$ $1kJ=1.02\times10^2kgf\cdot m=0.239kcal$ $=2.78\times10^{-4}kWh$ $1kJ/kg=1000m^2/s^2=0.42992Btu/lbm$ $1kWh=3600kJ=3412.14Btu$	$1ft.lbf=1.35582J$ $1Btu=1.0551kJ=778.17ft\cdot lbf$ $1kcal=4.1868kJ$ $1Btu/lbm=2.326kJ/kg$ $1therm=10^5Btu=1.055\times10^5kJ$
功率、热流量	$1W=1J/s=0.85985kcal/h=3.413Btu/h$ $1kW=101.97kgf\cdot m/s=737.56lbf\cdot ft/s$ $=1.341hp$	$1kcal/h=1.163W$ $1Btu/h=0.293W=1.055kJ/h$ $1hp=0.7355kW=2545Btu/h=550ft\cdot lbf/s$ $1US.RT=200Btu/min=3.5167kW$
热流密度	$1W/m^2=0.85985kcal/(m^2\cdot h)$ $=0.3171Btu/(ft^2\cdot h)$	$1\ kcal/(m^2\cdot h)=1.163\ W/m^2$
比热容	$1kJ/(kg\cdot K)=1kJ/(kg\cdot ℃)$ $=0.23885kcal/(kg\cdot ℃)$ $=0.23885Btu/(lbm\cdot ℉)$ $=0.23885Btu/(lbm\cdot °R)$	$1kcal/(kg\cdot K)=1Btu/(lbm\cdot °R)$ $1Btu/(lbm\cdot °R)=4.1868kJ/(kg\cdot K)$
温度	$T(K)=T(℃)+273.15$ $\Delta T(K)=\Delta T(℃)$	$T(°R)=1.8T(K)=T(℉)+459.67$ $T(℉)=1.8T(℃)+32$ $\Delta T(℉)=\Delta T(°R)=1.8\Delta T(K)$
导热系数	$1W/(m\cdot K)=1W/(m\cdot ℃)$ $=0.85985kcal/(m\cdot h\cdot ℃)$ $=0.57782Btu/(h\cdot ft\cdot ℉)$	$1\ kcal/(m\cdot h\cdot ℃)=1.163\ W/(m\cdot K)$
表面传热系数、传热系数	$1W/(m^2\cdot K)=1W/(m^2\cdot ℃)$ $=0.85985kcal/(m^2\cdot h\cdot ℃)$ $=0.17612Btu/(h\cdot ft^2\cdot ℉)$	$1\ kcal/(m^2\cdot h\cdot ℃)=1.163\ W/(m^2\cdot K)$
动力粘度	$1kg/(m\cdot s)=0.10197kgf\cdot s/m^2$	$1\ kgf\cdot s/m^2=9.8067\ kg/(m\cdot s)$

量的名称	国际单位制	其他单位制
运动粘度、导温系数	$1 m^2/s = 3600 m^2/h$	$1 m^2/h = 2.7778 \times 10^{-4} m^2/s$
通用气体常数	$R = 8.314 kJ/(kmol \cdot K)$	$R = 1.986 cal/(mol \cdot K)$ $R = 1545 ft \cdot lbf/(lbmol \cdot {}^{\circ}R)$ $R = 1.986 Btu/(lbm \cdot {}^{\circ}R)$

附表 A2　常用物理常数

名　称	数　值
阿伏加德罗常数 N_A	$6.022 \times 10^{23} mol^{-1}$
波尔兹曼常数 k	$1.380 \times 10^{-23} J/K$
重力加速度 g	$9.80665 m/s^2$
水的比热 c	$4.1868 kJ/(kg \cdot K)$
1 个大气压 p_0	$1 atm = 760 mmHg = 101.325 kPa$
黑体辐射常数(斯蒂芬－波尔兹曼常数)σ	$5.67 \times 10^{-8} W/(m^2 \cdot K^4)$
第一辐射常量	$3.742 \times 10^{-16} W \cdot m^2$
第二辐射常量	$1.4388 \times 10^{-2} m \cdot K$

附表 A3　理想气体可逆过程计算公式表(定值比热容)

	定容过程 $(n=\infty)$	定压过程 $(n=0)$	定温过程 $(n=1)$	绝热过程 $(n=\kappa)$	多变过程 (n)
过程特征	$v=$定值	$p=$定值	$T=$定值	$s=$定值,$pv^{\kappa}=$定值	$pv^n=$定值
T、p、v 之间的关系式	$\dfrac{T_1}{p_1}=\dfrac{T_2}{p_2}$	$\dfrac{T_1}{v_1}=\dfrac{T_2}{v_2}$	$p_1 v_1 = p_2 v_2$	$p_1 v_1^{\kappa} = p_2 v_2^{\kappa}$ $T_1 v_1^{\kappa-1} = T_2 v_2^{\kappa-1}$ $T_1 p_1^{\frac{1-\kappa}{\kappa}} = T_2 p_2^{\frac{1-\kappa}{\kappa}}$	$p_1 v_1^n = p_2 v_2^n$ $T_1 v_1^{n-1} = T_2 v_2^{n-1}$ $T_1 p_1^{\frac{n-1}{n}} = T_2 p_2^{\frac{n-1}{n}}$
热力学能变化 Δu	$c_v(T_2-T_1)$	$c_v(T_2-T_1)$	0	$c_v(T_2-T_1)$	$c_v(T_2-T_1)$
焓变化 Δh	$c_p(T_2-T_1)$	$c_p(T_2-T_1)$	0	$c_p(T_2-T_1)$	$c_p(T_2-T_1)$
熵变化 $\Delta s = \displaystyle\int_{T_1}^{T_2}\dfrac{dq}{T}$	$c_v \ln\dfrac{T_2}{T_1}$	$c_p \ln\dfrac{T_2}{T_1}$	$\dfrac{q}{T}$ $R_g \ln\dfrac{v_2}{v_1}$ $R_g \ln\dfrac{p_1}{p_2}$	0	$c_v \ln\dfrac{T_2}{T_1} + R_g \ln\dfrac{v_2}{v_1}$ $c_p \ln\dfrac{T_2}{T_1} + R_g \ln\dfrac{p_1}{p_2}$ $c_v \ln\dfrac{p_2}{p_1} + c_p \ln\dfrac{v_2}{v_1}$
过程比热容 c	c_v	c_p	∞	0	$\dfrac{n-\kappa}{n-1}c_v$
过程功 $w = \displaystyle\int_1^2 p dv$	0	$p(v_2-v_1)$ $R_g(T_2-T_1)$	$R_g T_1 \ln\dfrac{v_2}{v_1}$ $R_g T_1 \ln\dfrac{p_1}{p_2}$	$-\Delta u$ $\dfrac{R_g}{\kappa-1}(T_1-T_2)$ $\dfrac{R_g T_1}{\kappa-1}\left(1-\left(\dfrac{p_2}{p_1}\right)^{\frac{\kappa-1}{\kappa}}\right)$	$\dfrac{R_g}{n-1}(T_1-T_2)$ $\dfrac{R_g T_1}{n-1}\left(1-\left(\dfrac{p_2}{p_1}\right)^{\frac{n-1}{n}}\right)$

	定容过程 $(n=\infty)$	定压过程 $(n=0)$	定温过程 $(n=1)$	绝热过程 $(n=\kappa)$	多变过程 (n)
技术功 $w_t = -\int_1^2 v\,\mathrm{d}p$	$v(p_1 - p_2)$	0	$w_t = w$	$-\Delta h$ $\dfrac{\kappa R_g}{\kappa-1}(T_1 - T_2)$ $\dfrac{\kappa R_g T_1}{\kappa-1}\left(1 - \left(\dfrac{p_2}{p_1}\right)^{\frac{\kappa-1}{\kappa}}\right)$ $w_t = \kappa w$	$\dfrac{n R_g}{n-1}(T_1 - T_2)$ $\dfrac{n R_g T_1}{n-1}\left(1 - \left(\dfrac{p_2}{p_1}\right)^{\frac{n-1}{n}}\right)$ $w_t = nw$
过程热量 q	Δu	Δh	$T(s_2 - s_1)$ $q = w = w_t$	0	$\dfrac{n-\kappa}{n-1}c_v(T_2 - T_1)$

附表 A4　几种典型形状的一维稳态无内热源导热问题的解

项目	平壁	圆筒壁	球壁
导热微分方程	$\dfrac{\mathrm{d}^2 t}{\mathrm{d}x^2} = 0$	$\dfrac{\mathrm{d}^2 t}{\mathrm{d}r^2} + \dfrac{1}{r}\dfrac{\mathrm{d}t}{\mathrm{d}r} = 0$	$\dfrac{\mathrm{d}^2 t}{\mathrm{d}r^2} + \dfrac{2}{r}\dfrac{\mathrm{d}t}{\mathrm{d}r} = 0$
边界条件	$\begin{cases} x=0, & t=t_1 \\ x=\delta, & t=t_2 \end{cases}$	$\begin{cases} r=r_1, & t=t_1 \\ r=r_2, & t=t_2 \end{cases}$	$\begin{cases} r=r_1, & t=t_1 \\ r=r_2, & t=t_2 \end{cases}$
温度分布	$t = t_1 - \dfrac{\Phi}{\lambda A}x$ （温度呈线性分布）	$t = t_1 - \dfrac{\Phi}{2\pi\lambda l}\ln(d/d_1)$ （温度呈对数曲线分布）	$t = t_2 + \dfrac{\Phi}{4\pi\lambda}(1/r - 1/r_2)$ （温度呈双曲线分布）
热流量	$\Phi = \dfrac{\lambda A}{\delta}(t_1 - t_2)$	$\Phi = 2\pi\lambda l\,\dfrac{t_1 - t_2}{\ln(r_2/r_1)}$	$\Phi = \dfrac{4\pi\lambda(t_1 - t_2)}{1/r_1 - 1/r_2}$
热流密度	$q = \dfrac{\Phi}{A} = \dfrac{\lambda}{\delta}(t_1 - t_2)$	$q_l = \dfrac{\Phi}{l} = 2\pi\lambda\,\dfrac{t_1 - t_2}{\ln(r_2/r_1)}$	无
导热热阻 R_t	$R_t = \dfrac{\delta}{\lambda A}$	$R_t = \dfrac{\ln(r_2/r_1)}{2\pi\lambda l}$	$R_t = \dfrac{1}{4\pi\lambda}(1/r_1 - 1_{r_2})$
多层壁的热阻	$R_t = \sum_i \dfrac{\delta_i}{\lambda_i A_i}$	$R_t = \sum_i \dfrac{\ln(r_{i+1}/r_i)}{2\pi\lambda_i l}$	$R_t = \sum_i \dfrac{1}{4\pi\lambda}\left(\dfrac{1}{r_i} - \dfrac{1}{r_{i+1}}\right)$

附表 A5　强迫对流换热关联式

	计算式	实验验证范围	其他
管槽内紊流	$Nu_f = 0.023 Re_f^{0.8} Pr_f^n \varepsilon_l \varepsilon_R$ 流体被加热时，$n=0.4$； 流体被冷却时，$n=0.3$。	$1 \times 10^4 < Re_f < 1.2 \times 10^5$； $0.7 < Pr_f < 120$ $\begin{cases} \text{气体} & \Delta t \leqslant 50℃ \\ \text{水} & \Delta t \leqslant 20-30℃ \\ \text{油} & \Delta t \leqslant 10℃ \end{cases}$ ε_l 和 ε_R 见注①②	定性温度： $\bar{t}_f = (t'_f + t''_f)/2$ 雷诺数 Re 见注③
	$Nu_f = 0.027 Re_f^{0.8} Pr_f^{1/3} \left(\dfrac{\eta_f}{\eta_w}\right)^{0.14} \varepsilon_l \varepsilon_R$	$Re_f \geqslant 1 \times 10^4$； $Pr_f = 0.7 \sim 700$ $\begin{cases} \text{气体} & \Delta t > 50℃ \\ \text{水} & \Delta t > 30℃ \\ \text{油} & \Delta t > 10℃ \end{cases}$ ε_l 和 ε_R 见注①②	定性温度： $\bar{t}_f = (t'_f + t''_f)/2$； η_w 的定性温度取 t_w 雷诺数 Re 见注③
	$Nu_f = 0.021 Re_f^{0.8} Pr_f^{0.43} \left(\dfrac{Pr_f}{Pr_w}\right)^{0.25} \varepsilon_l \varepsilon_R$	$Re_f = 1 \times 10^4 \sim 1.75 \times 10^6$； $Pr_f = 0.6 \sim 700$； ε_l 和 ε_R 见注①②	定性温度： $\bar{t}_f = (t'_f + t''_f)/2$； Pr_w 的定性温度取 t_w 雷诺数 Re 见注③
管槽内层流	$Nu_f = 1.86 \left(Re_f Pr_f \dfrac{d_e}{L}\right)^{1/3} \left(\dfrac{\eta_f}{\eta_w}\right)^{0.14}$	$Re_f Pr_f \dfrac{d_e}{L} \geqslant 10$ $Pr_f = 0.48 \sim 16700$， $\eta_f / \eta_w = 0.0044 \sim 9.75$	定性温度： $\bar{t}_f = (t'_f + t''_f)/2$； η_w 的定性温度取 t_w 雷诺数 Re 见注③
	$Nu_f = 3.66 +$ $\dfrac{0.0668 Re_f Pr_f \dfrac{d_e}{L}}{1 + 0.04 \left(Re_f Pr_f \dfrac{d_e}{L}\right)^{2/3}} \left(\dfrac{\eta_f}{\eta_w}\right)^{0.14}$	$Re_f Pr_f \dfrac{d_e}{L} < 10$ $Pr_f \gg 1$	定性温度： $\bar{t}_f = (t'_f + t''_f)/2$； η_w 的定性温度取 t_w 雷诺数 Re 见注③
	$Nu_f = 0.46 Re_f^{0.5} Pr_f^{0.43} \left(\dfrac{Pr_f}{Pr_w}\right)^{0.25} \left(\dfrac{d_e}{L}\right)^{0.4}$	$Re_f < 2200$； $Pr_f = 189 \sim 4530$， $Pr_f / Pr_w = 1.41 \sim 18.2$	定性温度： $\bar{t}_f = (t'_f + t''_f)/2$； Pr_w 的定性温度取 t_w 雷诺数 Re 见注③
管槽内过渡区	$Nu_f = 0.116 (Re_f^{2/3} - 125)$ $Pr_f^{1/3} \left(1 + \left(\dfrac{d_e}{L}\right)^{2/3}\right) \left(\dfrac{\eta_f}{\eta_w}\right)^{0.14}$	$2200 < Re_f < 10000$	定性温度： $\bar{t}_f = (t'_f + t''_f)/2$； η_w 的定性温度取 t_w 雷诺数 Re 见注③
横掠圆管	$Nu_m = c Re_m^n Pr_m^{1/3}$	c、n 查注④	定性温度： $t_m = (\bar{t}_f + \bar{t}_w)/2$
横掠管束	$Nu_f = c Re_f^n Pr_f^m (Pr_f / Pr_w)^{0.25} \varepsilon_N$	$0.6 < Pr_f < 500$； c、n、m 查注⑤； ε_N 见注⑥	定性温度： $\bar{t}_f = (t'_f + t''_f)/2$； Pr_w 的定性温度取 $\bar{t}_w$
外掠平板	$Nu_f = 0.664 Re_f^{0.5} Pr_f^{1/3}$	$Re < 5 \times 10^5$； $0.6 < Pr_f < 50$	定性温度： $t_m = (\bar{t}_f + \bar{t}_w)/2$
	$Nu_f = (0.037 Re_f^{0.8} - 871) Pr_f^{1/3}$	$5 \times 10^5 < Re \leqslant 10^8$； $0.6 < Pr_f < 60$	定性温度： $t_m = (\bar{t}_f + \bar{t}_w)/2$

注：①短管修正：若 $L/d > 60$，$\varepsilon_l = 1$；若 $L/d < 60$，$\varepsilon_l = 1 + (d/L)^{0.7}$；
②弯管修正：对于 U 型管或螺旋管，要对曲率为 R 的弯曲段进行修正，
对于气体：$\varepsilon_R = 1 + 1.77 d/R$；对于液体：$\varepsilon_R = 1 + 10.3 (d/R)^3$。
③雷诺数 Re 取 $Re = u d_e / v$，其中 u 取截面平均流速 $\bar{u} = V/A_c$，A_c 为流通截面积，V 为流体的容积流

量,特征尺寸取管内径 d 或当量直径 d_e。

④横掠圆管实验关联式的 c 和 n 值。

（流体外掠单管的雷诺数取 $Re_m = u_\infty d/\nu$，其中 u_∞ 为来流速度，特征尺寸取管外径 d。）

Re_m	c	n
$0.4 \sim 4$	0.989	0.330
$4 \sim 40$	0.911	0.385
$40 \sim 4000$	0.683	0.466
$4000 \sim 4 \times 10^4$	0.193	0.618
$4 \times 10^4 \sim 4 \times 10^5$	0.027	0.805

⑤横掠管束实验关联式的 c、n 和 m 值。

（管束换热的雷诺数取 $Re = u_{max} d/\nu$，其中 u_{max} 为流体在垂直于流动方向的最窄截面处的流速，$u_{max} = \dfrac{u_\infty s_1}{s_1 - d}$，其中 u_∞ 为来流速度，s_1 为横向管间距，d 为管外径。）

	Re_f	c	n	m	备注
顺排	$1.6 \sim 100$	0.90	0.40	0.36	
	$100 \sim 1000$	0.52	0.50	0.36	
	$10^3 \sim 2 \times 10^5$	0.27	0.63	0.36	
	$2 \times 10^5 \sim 2 \times 10^6$	0.033	0.8	0.40	
叉排	$1.6 \sim 40$	1.04	0.40	0.36	
	$40 \sim 1000$	0.71	0.50	0.36	
	$10^3 \sim 2 \times 10^5$	$0.35(s_1/s_2)^{0.2}$	0.60	0.36	$s_1/s_2 \leqslant 2$
	$10^3 \sim 2 \times 10^5$	0.4	0.60	0.36	$s_1/s_2 > 2$
	$2 \times 10^5 \sim 2 \times 10^6$	$0.031(s_1/s_2)^{0.2}$	0.8	0.40	

⑥管排数修正系数 ε_N（$N \geqslant 16$，$\varepsilon_N = 1$）

总排数 N		1	2	3	4	5	6	7	8
顺排	$Re > 10^3$	0.700	0.800	0.865	0.910	0.928	0.942	0.954	0.965
叉排	$10^2 < Re < 10^3$	0.832	0.874	0.914	0.939	0.955	0.963	0.970	0.976
	$Re > 10^3$	0.619	0.758	0.840	0.897	0.923	0.942	0.954	0.965
总排数 N		9	10	11	12	13	14	15	16
顺排	$Re > 10^3$	0.972	0.978	0.983	0.987	0.990	0.992	0.994	0.999
叉排	$10^2 < Re < 10^3$	0.980	0.984	0.987	0.990	0.993	0.996	0.999	1.0
	$Re > 10^3$	0.971	0.977	0.982	0.986	0.990	0.994	0.997	0.999

附表 A6　自然对流换热实验关联式

流动情况		计算式	实验验证范围	其他
竖板和竖圆柱	图 6.19(a)	$Nu_m = 0.59(GrPr)_m^{1/4}$	$1.43 \times 10^4 < Gr \leqslant 3 \times 10^9$	定性温度：$t_m = (t_\infty + t_w)/2$ 特征尺寸：高度 L
		$Nu_m = 0.0292(GrPr)_m^{0.39}$	$3 \times 10^9 < Gr \leqslant 2 \times 10^{10}$	
		$Nu_m = 0.11(GrPr)_m^{1/3}$	$Gr > 2 \times 10^{10}$	
横圆柱	图 6.19(b)	$Nu_m = 0.48(GrPr)_m^{1/4}$	$1.43 \times 10^4 < Gr \leqslant 5.76 \times 10^8$	定性温度：$t_m = (t_\infty + t_w)/2$ 特征尺寸：外径 d
		$Nu_m = 0.0165(GrPr)_m^{0.42}$	$5.76 \times 10^8 < Gr \leqslant 4.65 \times 10^9$	
		$Nu_m = 0.11(GrPr)_m^{1/3}$	$Gr > 4.65 \times 10^9$	
热面向上（冷面向下）	图 6.19(c)	$Nu_m = 0.54(GrPr)_m^{1/4}$	$10^4 \leqslant GrPr \leqslant 10^7$	定性温度：$t_m = (t_\infty + t_w)/2$ 特征尺寸：$L = A_P/P$（换热面积/周长）
		$Nu_m = 0.15(GrPr)_m^{1/3}$	$10^7 < GrPr \leqslant 10^{11}$	
		$Nu_m = 1.076(Gr^* Pr)_m^{1/6}$（恒热流密度加热）	$6.37 \times 10^5 \leqslant Gr^* \leqslant 1.12 \times 10^8$ Gr^* 见注①。	定性温度：$t_m = (t_\infty + t_w)/2$ 特征尺寸：短边长
热面向下（冷面向上）	图 6.19(d)	$Nu_m = 0.27(GrPr)_m^{1/4}$	$10^5 \leqslant GrPr \leqslant 10^{10}$	定性温度：$t_m = (t_\infty + t_w)/2$ 特征尺寸：$L = A_P/P$（换热面积/周长）
		$Nu_m = 0.747(Gr^* Pr)_m^{1/6}$（恒热流密度加热）	$6.37 \times 10^5 \leqslant Gr^* \leqslant 1.12 \times 10^8$ Gr^* 见注①。	定性温度：$t_m = (t_\infty + t_w)/2$ 特征尺寸：短边长
水平夹层	图 6.19(e) $(t_h > t_c)$	$Nu = 0.212(Gr_\delta Pr)^{1/4}$	$1.0 \times 10^4 \leqslant Gr_\delta \leqslant 4.6 \times 10^5$ Gr_δ 见注②。	定性温度：$t = (t_h + t_c)/2$ 特征尺寸：δ
		$Nu = 0.061(Gr_\delta Pr)^{1/3}$	$Gr_\delta > 4.6 \times 10^5$ Gr_δ 见注②。	
竖直夹层	图 6.19(f)	$Nu = 0.197(Gr_\delta Pr)^{1/4}\left(\dfrac{H}{\delta}\right)^{-1/9}$	$8.6 \times 10^3 \leqslant Gr_\delta \leqslant 2.9 \times 10^5$ $11 \leqslant H/\delta \leqslant 42$；$Gr_\delta$ 见注②。	定性温度：$t = (t_h + t_c)/2$ 特征尺寸：δ
		$Nu = 0.073(Gr_\delta Pr)^{1/3}\left(\dfrac{H}{\delta}\right)^{-1/9}$	$82.9 \times 10^5 \leqslant Gr_\delta \leqslant 1.6 \times 10^7$ $11 \leqslant H/\delta \leqslant 42$；$Gr_\delta$ 见注②。	

注：①表中大部分情况为均匀壁温边界条件$(t_w = \text{const.})$，$Gr = \dfrac{g \alpha_V \Delta t L^3}{\nu^2}$；针对均匀热流边界条件$(q_w = \text{const.})$，用格拉晓夫数 Gr^* 代替 Gr，$Gr^* = GrNu = \dfrac{g \alpha_V q L^4}{\lambda \nu^2}$。

②对于有限空间内自然对流换热，用夹层厚度 δ 作为特征尺寸，$Gr_\delta = \dfrac{g \alpha_V \Delta t \delta^3}{\nu^2}$。

附表 A7　凝结与沸腾换热计算式

类　型		计　算　式	其　它
凝结	竖壁或竖圆柱表面（液面光滑）	$h = 0.943 \left[\dfrac{g r \rho_l^2 \lambda_l^3}{\eta_l L (t_s - t_w)} \right]^{1/4}$	特征尺寸:竖壁的高度 L
	竖壁或竖圆柱表面（液面波动）	$h = 1.13 \left[\dfrac{g r \rho_l^2 \lambda_l^3}{\eta_l L (t_s - t_w)} \right]^{1/4}$	特征尺寸:竖壁的高度 L
	水平圆管外	$h = 0.725 \left[\dfrac{g r \rho_l^2 \lambda_l^3}{\eta_l d (t_s - t_w)} \right]^{1/4}$	特征尺寸:圆管外径 d
	球表面上	$h = 0.826 \left[\dfrac{g r \rho_l^2 \lambda_l^3}{\eta_l d (t_s - t_w)} \right]^{1/4}$	特征尺寸:球外径 d
	第 n 排的横管束表面上	$h_n = 0.725 \left[\dfrac{g r \rho_l^2 \lambda_l^3}{\eta_l n d (t_s - t_w)} \right]^{1/4}$	特征尺寸:nd
核态沸腾	水在 $1 \times 10^5 \, \text{Pa} \sim 4 \times 10^6 \, \text{Pa}$ 压力范围内	恒壁温加热: $h = 0.1224 \Delta t^{2.33} p^{0.5}$ 恒热流加热:$h = 0.5335 q^{0.7} p^{0.15}$	
	临界热流密度	$q_c = \dfrac{\pi}{24} r \rho_v^{1/2} \left[g \sigma (\rho_l - \rho_v) \right]^{1/4}$	
膜态沸腾	水平圆管外	$h = 0.62 \left[\dfrac{g r \rho_v (\rho_l - \rho_v) \lambda_v^3}{\eta_v d (t_w - t_s)} \right]^{1/4}$	特征尺寸:圆管外径 d

附表 A8 铜—康铜热电偶分度表

测量端温度℃	0	1	2	3	4	5	6	7	8	9
	热 电 动 势（毫 伏）									
0	0	0.04	0.08	0.12	0.16	0.20	0.24	0.28	0.32	0.36
10	0.40	0.44	0.48	0.52	0.56	0.60	0.64	0.68	0.73	0.77
20	0.79	0.83	0.87	0.91	0.95	0.99	1.03	1.07	1.11	1.16
30	1.20	1.24	1.28	1.32	1.36	1.40	1.45	1.49	1.53	1.57
40	1.61	1.65	1.70	1.74	1.79	1.83	1.87	1.91	1.96	2.00
50	2.04	2.08	2.12	2.16	2.20	2.24	2.28	2.33	2.37	2.42
60	2.46	2.50	2.55	2.59	2.63	2.68	2.72	2.77	2.81	2.85
70	2.90	2.95	2.99	3.04	3.09	3.14	3.18	3.23	3.27	3.31
80	3.36	3.40	3.44	3.49	3.53	3.58	3.63	3.67	3.72	3.76
90	3.81	3.86	3.90	3.95	4.00	4.05	4.09	4.14	4.18	4.22
100	4.27	4.31	4.35	4.40	4.44	4.49	4.53	4.58	4.63	4.67
110	4.72	4.77	4.81	4.86	4.91	4.95	5.01	5.06	5.11	5.16
120	5.21	5.26	5.31	5.36	5.41	5.46	5.50	5.55	5.60	5.65
130	5.70	5.75	5.80	5.85	5.91	5.96	6.01	6.06	6.11	6.16
140	6.21	6.27	6.32	6.37	6.42	6.47	6.53	6.57	6.63	6.68
150	6.73	6.78	6.83	6.88	6.93	6.98	7.03	7.08	7.13	7.18
160	7.22	7.28	7.33	7.38	7.43	7.49	7.54	7.59	7.64	7.69
170	7.74	7.79	7.84	7.90	7.95	8.01	8.07	8.13	8.19	8.25
180	8.31	8.36	8.41	8.47	8.52	8.57	8.63	8.68	8.74	8.79
190	8.85	8.90	8.96	9.01	9.07	9.13	9.17	9.22	9.26	9.31
200	9.36	9.40	9.44	9.49	9.53	9.58	9.63	9.69	9.74	9.80
210	9.86	9.91	9.97	10.03	10.08	10.14	10.19	10.25	10.30	10.35
220	10.40	10.46	10.52	10.58	10.64	10.69	10.75	10.81	10.86	10.92
230	10.97	11.03	11.09	11.14	11.20	11.26	11.31	11.37	11.43	11.49
240	11.54	11.60	11.66	11.72	11.76	11.84	11.88	11.93	11.98	12.03
250	12.07	12.12	12.17	12.21	12.26	12.31	12.37	12.43	12.49	12.55
260	12.61	12.67	12.72	12.78	12.84	12.90	12.96	13.02	13.08	13.14
270	13.20	13.26	13.32	13.38	13.44	13.50	13.56	13.62	13.68	13.74
280	13.80	13.86	13.92	13.98	14.04	14.10	14.16	14.22	14.28	14.34
290	14.40	14.46	14.52	14.58	14.64	14.70	14.76	14.82	14.88	14.94

附录 B 常用物质的热物性

附表 B1　常用气体的部分热力性质

气体	摩尔质量 M	气体常数 R_g		密度 ρ_0 (0℃,101325P_a)	比定压热容 C_{P_0} (25℃)	比定容热容 C_{V_0} (25℃)	热容比 K_0 (25℃)
	g/mol	$\frac{kJ}{kg \cdot K}$	$\frac{kgf \cdot m}{kg \cdot K}$	kg/m³	kJ/(kg·K)	kJ/(kg·K)	
He	4.003	2.0771	211.80	0.1786	5.196	3.119	1.666
Ar	39.948	0.2081	21.22	1.784	0.5208	0.3127	1.665
H_2	2.016	4.1243	420.55	0.0899	14.03	10.18	1.405
O_2	32.000	0.2598	26.50	1.429	0.917	0.657	1.396
N_2	28.016	0.2968	30.26	1.251	1.039	0.742	1.400
空气	28.965	0.2871	29.27	1.293	1.005	0.718	1.400
CO	28.011	0.2968	30.27	1.250	1.041	0.744	1.399
CO_2	44.011	0.18892	19.26	1.977	0.844	0.655	1.289
H_2O	18.016	0.4615	47.06	0.804	1.863	1.402	1.329
CH_4	16.043	0.5183	52.85	0.717	2.227	1.709	1.303
C_2H_4	28.054	0.2964	30.22	1.261	1.551	1.255	1.236
C_2H_6	30.070	0.2765	28.20	1.357	1.752	1.475	1.188
C_3H_8	44.097	0.18855	19.227	2.005	1.667	1.478	1.128

此表引自严家禄编著《工程热力学》(第三版),2001。

附表 B2　常用气体的平均比热容与温度的关系式(线性)

$$c\big|_{t_1}^{t_2} = a + bt \quad kJ/(kg \cdot K) \quad 0\sim1500℃$$

	平均比定容热容	平均比定压热容
空气	0.7088+0.000093t	0.9956+0.000093t
H_2	10.12+0.0005945t	14.33+0.0005945t
N_2	0.7304+0.00008955t	1.032+0.00008955t
O_2	0.6594+0.0001065t	0.919+0.0001065t
CO	0.7331+0.00009681t	1.035+0.00009681t
H_2O	1.372+0.0003111t	1.833+0.0003111t
CO_2	0.6837+0.0002406t	0.8725+0.0002406t

此表引自傅秦生主编《热工基础与应用》(第二版),2007。

附表 B3　常用气体在理想气体状态下的比定压热容与温度的关系

$$\{c_{p_0}\}_{kJ/(kg \cdot K)} = a_0 + a_1\{T\}_K + a_2\{T\}_K^2 + a_3\{T\}_K^3$$

气体	a_0	$a_1 \times 10^3$	$a_2 \times 10^6$	$a_3 \times 10^9$	适用温度范围 K	最大误差 %
H_2	14.439	−0.9504	1.9861	−0.4318	273~1800	1.01
O_2	0.8056	0.4341	−0.1810	0.02748	273~1800	1.09
N_2	1.0316	−0.05608	0.2884	−0.1025	273~1800	0.59
空气	0.9705	0.06791	0.1658	−0.06788	273~1800	0.72
CO	1.0053	0.05980	0.1918	−0.07933	273~1800	0.89
CO_2	0.5058	1.3590	−0.7955	0.1697	273~1800	0.65
H_2O	1.7895	0.1068	0.5861	−0.1995	273~1500	0.52
CH_4	1.2398	3.1315	0.7910	−0.6863	273~1500	1.33
C_2H_4	0.14707	5.525	−2.907	0.6053	298~1500	0.30
C_2H_6	0.18005	5.923	−2.307	0.2897	298~1500	0.70
C_3H_6	0.08902	5.561	−2.735	0.5164	298~1500	0.44
C_3H_8	−0.09570	6.946	−3.597	0.7291	298~1500	0.28

此表引自严家禄编著《工程热力学》(第三版),2001。

附表 B4 大气压力下干空气的热物性($p = 1.01325 \times 10^5$ Pa)

$\dfrac{t}{℃}$	$\dfrac{\rho}{\text{kg/m}^3}$	$\dfrac{c_p}{\text{kJ/(kg·K)}}$	$\dfrac{\lambda \times 10^2}{\text{W/(m·K)}}$	$\dfrac{a \times 10^6}{\text{m}^2/\text{s}}$	$\dfrac{\eta \times 10^6}{\text{kg/(m·s)}}$	$\dfrac{\nu \times 10^6}{\text{m}^2/\text{s}}$	Pr
−50	1.584	1.013	2.04	12.7	14.6	9.23	0.728
−40	1.515	1.013	2.12	13.8	15.2	10.04	0.728
−30	1.453	1.013	2.20	14.9	15.7	10.80	0.723
−20	1.395	1.009	2.28	16.2	16.2	11.61	0.716
−10	1.342	1.009	2.36	17.4	16.7	12.43	0.712
0	1.293	1.005	2.44	18.8	17.2	13.28	0.707
10	1.247	1.005	2.51	20.0	17.6	14.16	0.705
20	1.205	1.005	2.59	21.4	18.1	15.06	0.703
30	1.165	1.005	2.67	22.9	18.6	16.00	0.701
40	1.128	1.005	2.76	24.3	19.1	16.96	0.699
50	1.093	1.005	2.83	25.7	19.6	17.95	0.698
60	1.060	1.005	2.90	27.2	20.1	18.97	0.696
70	1.029	1.009	2.96	28.6	20.6	20.02	0.694
80	1.000	1.009	3.05	30.2	21.1	21.09	0.692
90	0.972	1.009	3.13	31.9	21.5	22.10	0.690
100	0.946	1.009	3.21	33.6	21.9	23.13	0.688
120	0.898	1.009	3.34	36.8	22.8	25.45	0.686
140	0.854	1.013	3.49	40.3	23.7	27.80	0.684
160	0.815	1.017	3.64	43.9	24.5	30.09	0.682
180	0.779	1.022	3.78	47.5	25.3	32.49	0.681
200	0.746	1.026	3.93	51.4	26.0	34.85	0.680
250	0.674	1.038	4.27	61.0	27.4	40.61	0.677
300	0.615	1.047	4.60	71.6	29.7	48.33	0.674
350	0.566	1.059	4.91	81.9	31.4	55.46	0.676
400	0.524	1.068	5.21	93.1	33.0	63.09	0.678
500	0.456	1.093	5.74	115.3	36.2	79.38	0.687
600	0.404	1.114	6.22	138.3	39.1	96.89	0.699
700	0.362	1.135	6.71	163.4	41.8	115.4	0.706
800	0.329	1.156	7.18	188.8	44.3	134.8	0.713
900	0.301	1.172	7.63	216.2	46.7	155.1	0.717
1000	0.277	1.185	8.07	245.9	49.0	177.1	0.719
1100	0.257	1.197	8.50	276.2	51.2	199.3	0.722
1200	0.239	1.210	9.15	316.5	53.5	233.7	0.724

此表引自杨世铭、陶文铨主编《传热学》(第四版),2007。

附表 B5　大气压力下标准烟气的热物性($p = 1.01325 \times 10^5\,\text{Pa}$)

（烟气中组成成分的质量分数：$w_{CO_2} = 0.13$；$w_{H_2O} = 0.11$；$w_{N_2} = 0.76$）

$\dfrac{t}{℃}$	$\dfrac{\rho}{\text{kg/m}^3}$	$\dfrac{c_p}{\text{kJ/(kg · K)}}$	$\dfrac{\lambda \times 10^2}{\text{W/(m · K)}}$	$\dfrac{a \times 10^6}{\text{m}^2/\text{s}}$	$\dfrac{\eta \times 10^6}{\text{Pa · s}}$	$\dfrac{\nu \times 10^6}{\text{m}^2/\text{s}}$	Pr
0	1.295	1.042	2.28	16.9	15.8	12.20	0.72
100	0.950	1.068	3.13	30.8	20.4	21.54	0.69
200	0.748	1.097	4.01	48.9	24.5	32.80	0.67
300	0.617	1.122	4.84	69.9	28.2	45.81	0.65
400	0.525	1.151	5.70	94.3	31.7	60.38	0.64
500	0.457	1.185	6.56	121.1	34.8	76.30	0.63
600	0.405	1.214	7.42	150.9	37.9	93.61	0.62
700	0.363	1.239	8.27	183.8	40.7	112.1	0.61
800	0.330	1.264	9.15	219.7	43.4	131.8	0.60
900	0.301	1.290	10.00	258.0	45.9	152.5	0.59
1000	0.275	1.306	10.90	303.4	48.4	174.3	0.58
1100	0.257	1.323	11.75	345.5	50.7	197.1	0.57
1200	0.240	1.340	12.62	392.4	53.0	221.0	0.56

此表引自杨世铭、陶文铨主编《传热学》(第四版)，2007。

附表 B6　饱和水的热物性（$p=1.01325\times10^5$ Pa）

$\dfrac{t}{℃}$	$\dfrac{p\times10^{-5}}{Pa}$	$\dfrac{\rho}{kg/m^3}$	$\dfrac{h'}{kJ/kg}$	$\dfrac{c_p}{kJ/(kg\cdot K)}$	$\dfrac{\lambda\times10^2}{W/(m\cdot K)}$	$\dfrac{a\times10^8}{m^2/s}$	$\dfrac{\eta\times10^6}{Pa\cdot s}$	$\dfrac{\nu\times10^6}{m^2/s}$	$\dfrac{a_V\times10^4}{K^{-1}}$	$\dfrac{\sigma\times10^4}{N/m}$	Pr
0	0.00611	999.9	0	4.212	55.1	13.1	1788	1.789	−0.81	756.4	13.67
10	0.01227	999.7	42.04	4.191	57.4	13.7	1306	1.306	+0.87	741.6	9.52
20	0.02338	998.2	83.91	4.183	59.9	14.3	1004	1.006	2.09	726.9	7.02
30	0.04241	995.7	125.7	4.174	61.8	14.9	801.5	0.805	3.05	712.2	5.42
40	0.07375	992.2	167.5	4.174	63.5	15.3	653.3	0.659	3.86	696.5	4.31
50	0.12335	988.1	209.3	4.174	64.8	15.7	549.4	0.556	4.57	676.9	3.54
60	0.19920	983.1	251.1	4.179	65.9	16.0	469.9	0.478	5.22	662.2	2.99
70	0.3116	977.8	293.0	4.187	66.8	16.3	406.1	0.415	5.83	643.5	2.55
80	0.4736	971.8	355.0	4.195	67.4	16.6	355.1	0.365	6.40	625.9	2.21
90	0.7011	965.3	377.0	4.208	68.0	16.8	314.9	0.326	6.96	607.2	1.95
100	1.013	958.4	419.1	4.220	68.3	16.9	282.5	0.295	7.50	588.6	1.75
110	1.43	951.0	461.4	4.233	68.5	17.0	259.0	0.272	8.04	569.0	1.60
120	1.98	943.1	503.7	4.250	68.6	17.1	237.4	0.252	8.58	548.4	1.47
130	2.70	934.8	546.4	4.266	68.6	17.2	217.8	0.233	9.12	528.8	1.36
140	3.61	926.1	589.1	4.287	68.5	17.2	201.1	0.217	9.68	507.2	1.26
150	4.76	917.0	632.2	4.313	68.4	17.3	186.4	0.203	10.26	486.6	1.17
160	6.18	907.0	675.4	4.346	68.3	17.3	173.6	0.191	10.87	466.0	1.10
170	7.92	897.3	719.3	4.380	67.9	17.3	162.8	0.181	11.52	443.4	1.05
180	10.03	886.9	763.3	4.417	67.4	17.2	153.0	0.173	12.21	422.8	1.00
190	12.55	876.0	807.8	4.459	67.0	17.1	144.2	0.165	12.96	400.2	0.96
200	15.55	863.0	852.8	4.505	66.3	17.0	136.4	0.158	13.77	376.7	0.93
210	19.08	852.3	897.7	4.555	65.5	16.9	130.5	0.153	14.67	354.1	0.91
220	23.20	840.3	943.7	4.614	64.5	16.6	124.6	0.148	15.67	331.6	0.89
230	27.98	827.3	990.2	4.681	63.7	16.4	119.7	0.145	16.80	310.0	0.88
240	33.48	813.6	1037.5	4.756	62.8	16.2	114.8	0.141	18.08	285.5	0.87
250	39.78	799.0	1085.7	4.844	61.8	15.9	109.9	0.137	19.55	261.9	0.86
260	46.94	784.0	1135.7	4.949	60.5	15.6	105.9	0.135	21.27	237.4	0.87
270	55.05	767.9	1185.7	5.070	59.0	15.1	102.0	0.133	23.31	214.8	0.88
280	64.19	750.7	1236.8	5.230	57.4	14.6	98.1	0.131	25.79	191.3	0.90
290	74.45	732.3	1290.0	5.485	55.8	13.9	94.2	0.129	28.84	168.7	0.93
300	85.92	712.5	1344.9	5.736	54.0	13.2	91.2	0.128	32.73	144.2	0.97
310	98.70	691.1	1402.2	6.071	52.3	12.5	88.3	0.128	37.85	120.7	1.03
320	112.90	667.1	1462.1	6.574	50.6	11.5	85.3	0.128	44.91	98.10	1.11
330	128.65	640.2	1526.2	7.244	48.4	10.4	81.4	0.127	55.31	76.71	1.22
340	146.08	610.1	1594.8	8.165	45.7	9.17	77.5	0.127	72.10	56.70	1.39
350	165.37	574.4	1671.4	9.504	43.0	7.88	72.6	0.126	103.7	38.16	1.60
360	186.74	528.0	1761.5	13.984	39.5	5.36	66.7	0.126	182.9	20.21	2.35
370	210.53	450.5	1892.5	40.321	33.7	1.86	56.9	0.126	676.7	4.709	6.79

此表引自杨世铭、陶文铨主编《传热学》（第四版），2007。

附表 B7　干饱和水蒸气的热物性

t/℃	$p\times10^{-5}$/Pa	ρ''/kg/m³	h''/kJ/kg	r/kJ/kg	c_p/kJ/(kg·K)	$\lambda\times10^2$/W/(m·K)	$a\times10^3$/m²/h	$\eta\times10^6$/Pa·s	$\nu\times10^6$/m²/s	Pr
0	0.00611	0.004847	2501.6	2501.6	1.8543	1.83	7313.0	8.022	1655.01	0.815
10	0.01227	0.009396	2520.0	2477.7	1.8594	1.88	3881.3	8.424	896.54	0.831
20	0.02338	0.01729	2538.0	2454.3	1.8661	1.94	2167.2	8.84	509.90	0.847
30	0.04241	0.03037	2556.5	2430.9	1.8744	2.00	1265.1	9.218	303.53	0.863
40	0.07375	0.05116	2574.5	2407.0	1.8853	2.06	768.45	9.620	188.04	0.883
50	0.12335	0.08302	2592.0	2382.7	1.8987	2.12	483.59	10.022	120.72	0.896
60	0.19920	0.1302	2609.6	2358.4	1.9155	2.19	315.55	10.424	80.07	0.913
70	0.3116	0.1982	2626.8	2334.1	1.9364	2.25	210.57	10.817	54.57	0.930
80	0.4736	0.2933	2643.5	2309.0	1.9615	2.33	145.53	11.219	38.25	0.947
90	0.7011	0.4235	2660.3	2283.1	1.9921	2.40	102.22	11.621	27.44	0.966
100	1.0130	0.5977	2676.2	2257.1	2.0281	2.48	73.57	12.023	20.12	0.984
110	1.4327	0.8265	2691.3	2229.9	2.0704	2.56	53.83	12.425	15.03	1.00
120	1.9854	1.122	2705.9	2202.3	2.1198	2.65	40.15	12.798	11.41	1.02
130	2.7013	1.497	2719.7	2173.8	2.1763	2.76	30.46	13.170	8.80	1.04
140	3.614	1.967	2733.1	2144.1	2.2408	2.85	23.28	13.543	6.89	1.06
150	4.760	2.548	2745.3	2113.1	2.3145	2.97	18.10	13.896	5.45	1.08
160	6.181	3.260	2756.6	2081.3	2.3974	3.08	14.20	14.249	4.37	1.11
170	7.920	4.123	2767.1	2047.8	2.4911	3.21	11.25	14.612	3.54	1.13
180	10.027	5.160	2776.3	2013.0	2.5958	3.36	9.03	14.965	2.90	1.15
190	12.551	6.397	2784.2	1976.6	2.7126	3.51	7.29	15.298	2.39	1.18
200	15.549	7.864	2790.9	1938.5	2.8428	3.68	5.92	15.651	1.99	1.21
210	19.077	9.593	2796.4	1898.3	2.9877	3.87	4.86	15.995	1.67	1.24
220	23.198	11.62	2799.7	1856.4	3.1497	4.07	4.00	16.338	1.41	1.26
230	27.976	14.00	2801.8	1811.6	3.3310	4.30	3.32	16.701	1.19	1.29
240	33.478	16.76	2802.2	1764.7	3.5366	4.54	2.76	17.073	1.02	1.33
250	39.776	19.99	2800.6	1714.4	3.7723	4.84	2.31	17.446	0.873	1.36
260	46.943	23.73	2796.4	1661.3	4.0470	5.18	1.94	17.848	0.752	1.40
270	55.058	28.10	2789.7	1604.8	4.3735	5.55	1.63	18.280	0.651	1.44
280	64.202	33.19	2780.5	1543.7	4.7675	6.00	1.37	18.750	0.565	1.49
290	74.461	39.16	2767.5	1477.5	5.2528	6.55	1.15	19.270	0.492	1.54
300	85.927	46.19	2751.1	1405.9	5.8632	7.22	0.96	19.839	0.430	1.61
310	98.700	54.54	2730.2	1327.6	6.6503	8.06	0.80	20.691	0.380	1.71
320	112.89	64.60	2703.8	1241.0	7.7217	8.65	0.62	21.691	0.336	1.94
330	128.63	76.99	2670.3	1143.8	9.3613	9.61	0.48	23.093	0.300	2.24
340	146.05	92.76	2626.0	1030.8	12.2108	10.70	0.34	24.692	0.266	2.82
350	165.35	113.6	2567.8	895.6	17.1504	11.90	0.22	26.594	0.234	3.83
360	186.75	144.1	2485.3	721.4	25.1162	13.70	0.14	29.193	0.203	5.34
370	210.54	201.1	2342.9	452.0	76.9157	16.60	0.04	33.989	0.169	15.7
374.15	221.20	315.5	2107.2	0.0	∞	23.79	0.0	44.992	0.143	∞

此表引自杨世铭、陶文铨主编《传热学》(第四版),2007。

附表 B8　金属材料的密度、比热容和导热系数

材料名称	20℃			导热系数 λ/[W/(m·K)]									
	密度	比热容	导热系数	温度/℃									
	ρ kg/m³	c_p J/(kg·K)	λ W/(m·K)	−100	0	100	200	300	400	600	800	1000	1200
纯铝	2710	902	236	243	236	240	238	234	228	215			
杜拉铝(96Al−4Cu,微量 Mg)	2790	881	169	124	160	188	188	193					
铝合金(92Al−8Mg)	2610	904	107	86	102	123	148						
铝合金(87Al−13Si)	2660	871	162	139	158	173	176	180					
铍	1850	1785	219	382	218	170	145	129	118				
纯铜	8930	386	398	421	401	393	389	384	379	366	352		
铝青铜(90Cu−10Al)	8360	420	56		49	57	66						
青铜(89Cu−11Sn)	8800	343	24.8		24	28.4	33.2						
黄铜(70Cu−30Zn)	8440	377	109	90	106	131	143	145	148				
铜合金(60Cu−40Ni)	8920	410	22.2	19	22.2	23.4							
黄金	19300	127	315	331	318	313	310	305	300	287			
纯铁	7870	455	81.1	96.7	83.5	72.1	63.5	56.5	50.3	39.4	29.6	29.4	31.6
阿姆口铁	7860	455	73.2	82.9	74.7	67.5	61.0	54.8	49.9	38.6	29.3	29.3	31.1
灰铸铁($w_c \approx 3\%$)	7570	470	39.2		28.5	32.4	35.8	37.2	36.6	20.8	19.2		
碳钢($w_c \approx 0.5\%$)	7840	465	49:8		50.5	47.5	44.8	42.0	39.4	34.0	29.0		
碳钢($w_c \approx 1.0\%$)	7790	470	43.2		43.0	42.8	42.2	41.5	40.6	36.7	32.2		
碳钢($w_c \approx 1.5\%$)	7750	470	36.7		36.8	36.6	36.2	35.7	34.7	31.7	27.8		
铬钢($w_{Cr} \approx 5\%$)	7830	460	36.1		36.3	35.2	34.7	33.5	31.4	28.0	27.2	27.2	27.2
铬钢($w_{Cr} \approx 13\%$)	7740	460	26.8		26.5	27.0	27.0	27.0	27.6	28.4	29.0	29.0	
铬钢($w_{Cr} \approx 17\%$)	7710	460	22		22	22.2	22.6	22.6	23.3	24.0	24.8	25.5	
铬钢($w_{Cr} \approx 26\%$)	7650	460	22.6		22.6	23.8	25.5	27.2	28.5	31.8	35.1	38	
铬镍钢(18−20Cr/8−12Ni)	7820	460	15.2	12.2	14.7	16.6	18.0	19.4	20.8	23.5	26.3		
铬镍钢(17−19Cr/9−13Ni)	7830	460	14.7	11.8	14.3	16.1	17.5	18.8	20.2	22.8	25.5	28.2	30.9
镍钢($w_{Ni} \approx 1\%$)	7900	460	45.5	40.8	45.2	46.8	46.1	44.1	41.2	35.7			
镍钢($w_{Ni} \approx 3.5\%$)	7910	460	36.5	30.7	36.0	38.8	39.7	39.2	37.8				
镍钢($w_{Ni} \approx 25\%$)	8030	460	13.0										
镍钢($w_{Ni} \approx 35\%$)	8110	460	13.8	10.9	13.4	15.4	17.1	18.6	20.1	23.1			
镍钢($w_{Ni} \approx 44\%$)	8190	460	15.8		15.7	16.1	16.5	16.9	17.1	17.8	18.4		
镍钢($w_{Ni} \approx 50\%$)	8260	460	19.6	17.3	19.4	20.5	21.0	21.1	21.3	22.5			
锰钢($w_{Mn} \approx 12-13\%, w_{Ni} \approx 3\%$)	7800	487	13.6			14.8	16.0	17.1	18.3				
锰钢($w_{Mn} \approx 0.4\%$)	7860	440	51.2			51.0	50.0	47.0	43.5	35.5	27		
钨钢($w_W \approx 5-6\%$)	8070	436	18.7		18.4	19.7	21.0	22.3	23.6	24.9	26.3		
铅	11340	128	35.3	37.2	35.5	34.3	32.8	31.5					
镁	1730	1020	156	160	157	154	152	150					
钼	9590	255	138	146	139	135	131	127	123	116	109	103	93.7
镍	8900	444	91.4	144	94	82.8	74.2	67.3	64.6	69.0	73.3	77.6	81.9
铂	21450	133	71.4	73.3	71.5	71.6	72.0	72.8	73.6	76.6	80.0	84.2	88.9
银	10500	234	427	431	428	422	415	407	399	384			
锡	7310	228	67	75	68.2	63.2	60.9						
钛	4500	520	22	23.3	22.4	20.7	19.9	19.5	19.4	19.9			
铀	19070	116	27.4	24.3	7	29.1	31.1	33.4	35.7	40.6	45.6		
锌	7140	388	121	123	122	117	112						
锆	6570	276	22.9	26.5	23.2	21.8	21.2	20.9	21.4	22.3	24.5	26.4	28.0
钨	19350	134	179	204	182	166	153	142	134	125	119	114	110

此表引自杨世铭、陶文铨主编《传热学》(第四版),2007。

附表 B9 保温和建筑及其他材料的密度和导热系数

材料名称	温度 $t/℃$	密度 $\rho/\text{kg/m}^3$	导热系数 $\lambda/\{\text{W}/(\text{m}\cdot\text{K})\}$
膨胀珍珠岩散料	25	60～300	0.021～0.062
沥青膨胀珍珠岩	31	233～282	0.069～0.076
磷酸盐膨胀珍珠岩制品	20	200～250	0.044～0.052
水玻璃膨胀珍珠岩制品	20	200～300	0.056～0.065
岩棉制品	20	80～150	0.035～0.038
膨胀蛭石	20	100～130	0.051～0.07
沥青蛭石板管	20	350～400	0.081～0.10
石棉粉	22	744～1400	0.099～0.19
石棉砖	21	384	0.099
石棉绳		590～730	0.10～0.21
石棉绒		35～230	0.055～0.077
石棉板	30	770～1045	0.10～0.14
碳酸镁石棉灰		240～490	0.077～0.086
硅藻土石棉灰		280～380	0.085～0.11
粉煤灰砖	27	458～589	0.12～0.22
矿渣棉	30	207	0.058
玻璃丝	33	120～492	0.058～0.07
玻璃棉毡	28	18.4～38.3	0.043
软木板	20	105～437	0.044～0.079
木丝纤维板	25	245	0.048
稻草浆板	20	325～365	0.068～0.084
麻秆板	25	108～147	0.056～0.11
甘蔗板	20	282	0.067～0.072
葵芯板	20	95.5	0.05
玉米梗板	22	25.2	0.065
棉花	20	117	0.049
丝	20	57.7	0.036
锯木屑	20	179	0.083
硬泡沫塑料	30	29.5～56.3	0.041～0.048
软泡沫塑料	30	41～162	0.043～0.056
铝箔间隔层(5层)	21		0.042
红砖(营造状态)	25	1860	0.87
红砖	35	1560	0.49
松木(垂直木纹)	15	496	0.15

材料名称	温度 $t/℃$	密度 $\rho/\mathrm{kg/m^3}$	导热系数 $\lambda/\{\mathrm{W/(m \cdot K)}\}$
松木(平行木纹)	21	527	0.35
水泥	30	1900	0.30
混凝土板	35	1930	0.79
耐酸混凝土板	30	2250	1.5~1.6
黄沙	30	1580~1700	0.28~0.34
泥土	20		0.83
瓷砖	37	2090	1.1
玻璃	45	2500	0.65~0.71
聚苯乙烯	30	24.7~37.8	0.04~0.043
花岗石		2643	1.73~3.98
大理石		2499~2707	2.70
云母		290	0.58
水垢	65		1.31~3.14
冰	0	913	2.22
黏土	27	1460	1.3

此表引自杨世铭、陶文铨主编《传热学》(第四版),2007。

附表 B10 几种常用材料的法向黑度

材料	温度/℃	法向黑度 ε_n	材料	温度/℃	法向黑度 ε_n
磨光的铝	50~500	0.04~0.06	雪	0	0.8
磨光的金	200~600	0.02~0.03	光滑氧化皮钢板	20	0.82
磨光的银	200~600	0.02~0.03	耐火砖	500~1000	0.8~0.9
磨光的铜	20	0.03	木材	20	0.8~0.92
磨光的黄铜	38	0.05	红砖(粗糙)	20	0.88~0.93
磨光的铬	150	0.058	碳化硅涂料	1010~1400	0.82~0.92
严重氧化的铝	50~500	0.2~0.3	上釉的瓷器	20	0.93
无光泽的黄铜	38	0.22	油毛毡	20	0.93
磨光的铁	400~1000	0.14~0.38	抹灰的墙	20	0.94
镀锌的铁皮	38	0.23	玻璃	38,85	0.94
灰色氧化的铅	38	0.28	石棉纸	40~400	0.94~0.93
氧化的铜	50	0.6~0.7	各色油漆	100	0.92~0.96
铬镍合金	52~1034	0.64~0.76	灯黑	20~400	0.95~0.97
氧化的钢	200~600	0.8	水(厚>0.1mm)	0~100	0.96
氧化的铁	125~525	0.78~0.82	锅炉炉渣	0~1000	0.97~0.7

附表 B11 饱和水与饱和水蒸气的热力性质(按温度排列)

温度	压力	比体积		焓		汽化潜热	熵	
		液体	蒸汽	液体	蒸汽		液体	蒸汽
t	p	v'	v''	h'	h''	r	s'	s''
℃	MPa	$\dfrac{m^3}{kg}$	$\dfrac{m^3}{kg}$	$\dfrac{kJ}{kg}$	$\dfrac{kJ}{kg}$	$\dfrac{kJ}{kg}$	$\dfrac{kJ}{kg \cdot K}$	$\dfrac{kJ}{kg \cdot K}$
0	0.0006112	0.00100022	206.154	−0.05	2500.51	2500.6	−0.0002	9.1544
0.01	0.0006117	0.00100021	206.012	0.00	2500.53	2500.5	0.0000	9.1541
1	0.0006571	0.00100018	192.464	4.18	2502.35	2498.2	0.0153	9.1278
2	0.0007059	0.00100013	179.787	8.39	2504.19	2495.8	0.0306	9.1014
3	0.0007580	0.00100009	168.041	12.61	2506.03	2493.4	0.0459	9.0752
4	0.0008135	0.00100008	157.151	16.82	2507.87	2491.1	0.0611	9.0493
5	0.0008725	0.00100008	147.048	21.02	2509.71	2488.7	0.0763	9.0236
6	0.0009325	0.00100010	137.670	25.22	2511.55	2486.3	0.0913	8.9982
7	0.0010019	0.00100014	128.961	29.42	2513.39	2484.0	0.1063	8.9730
8	0.0010728	0.00100019	120.868	33.62	2515.23	2481.6	0.1213	8.9480
9	0.0011480	0.00100026	113.342	37.81	2517.06	2479.3	0.1362	8.9233
10	0.0012279	0.00100034	106.341	42.00	2518.90	2476.9	0.1510	8.8988
11	0.0013126	0.00100043	99.825	46.19	2520.74	2474.5	0.1658	8.8745
12	0.0014025	0.00100054	93.756	50.38	2522.57	2472.2	0.1805	8.8504
13	0.0014977	0.00100066	88.101	54.57	2524.41	2469.8	0.1952	8.8265
14	0.0015985	0.00100080	82.828	58.76	2526.24	2467.5	0.2098	8.8029
15	0.0017053	0.00100094	77.910	62.95	2528.07	2465.1	0.2243	8.7794
16	0.0018183	0.00100110	73.320	67.13	2529.90	2462.8	0.2388	8.7562
17	0.0019377	0.00100127	69.034	71.32	2531.72	2460.4	0.2533	8.7331
18	0.0020640	0.00100145	65.029	75.50	2533.55	2458.1	0.2677	8.7103
19	0.0021975	0.00100165	61.287	79.68	2535.37	2455.7	0.2820	8.6877
20	0.0023385	0.00100185	57.786	83.86	2537.20	2453.3	0.2963	8.6652
22	0.0026444	0.00100229	51.445	92.23	2540.84	2448.6	0.3247	8.6210
24	0.0029846	0.00100276	45.884	100.59	2544.47	2443.9	0.3530	8.5774
26	0.0033625	0.00100328	40.997	108.95	2548.10	2439.2	0.3810	8.5347
28	0.0037814	0.00100383	36.694	117.32	2551.73	2434.4	0.4089	8.4927
30	0.0042451	0.00100442	32.899	125.68	2555.35	2429.7	0.4366	8.4514
35	0.0056263	0.00100605	25.222	146.59	2564.38	2417.8	0.5050	8.3511
40	0.0073811	0.00100789	19.529	167.50	2573.36	2405.9	0.5723	8.2551
45	0.0095897	0.00100993	15.2636	188.42	2582.30	2393.9	0.6386	8.1630
50	0.0123446	0.00101216	12.0365	209.33	2591.19	2381.9	0.7038	8.0745
55	0.015752	0.00101455	9.5723	230.24	2600.02	2369.8	0.7680	7.9896
60	0.019933	0.00101713	7.6740	251.15	2608.79	2357.6	0.8312	7.9080
65	0.025024	0.00101986	6.1992	272.08	2617.48	2345.4	0.8935	7.8295
70	0.031178	0.00102276	5.0443	293.01	2626.10	2333.1	0.9550	7.7540
75	0.038565	0.00102582	4.1330	313.96	2634.63	2320.7	1.0156	7.6812

温度	压力	比体积		焓		汽化潜热	熵	
		液体	蒸汽	液体	蒸汽		液体	蒸汽
t	p	v'	v''	h'	h''	r	s'	s''
℃	MPa	$\dfrac{m^3}{kg}$	$\dfrac{m^3}{kg}$	$\dfrac{kJ}{kg}$	$\dfrac{kJ}{kg}$	$\dfrac{kJ}{kg}$	$\dfrac{kJ}{kg\cdot K}$	$\dfrac{kJ}{kg\cdot K}$
80	0.047376	0.00102903	3.4086	334.93	2643.06	2308.1	1.0753	7.6112
85	0.057818	0.00103240	2.8288	355.92	2651.40	2295.5	1.1343	7.5436
90	0.070121	0.00103593	2.3616	376.94	2659.63	2282.7	1.1926	7.4783
95	0.084533	0.00103961	1.9827	397.98	2667.73	2269.7	1.2501	7.4154
100	0.101325	0.00104344	1.6736	419.06	2675.71	2256.6	1.3069	7.3545
110	0.143243	0.00105156	1.2106	461.33	2691.26	2229.9	1.4186	7.2386
120	0.198483	0.00106031	0.89219	503.76	2706.18	2202.4	1.5277	7.1297
130	0.270018	0.00106968	0.66873	546.38	2720.39	2174.0	1.6346	7.0272
140	0.361190	0.00107972	0.50900	589.21	2733.81	2144.6	1.7393	6.9302
150	0.47571	0.00109046	0.39286	632.28	2746.35	2114.1	1.8420	6.8381
160	0.61766	0.00110193	0.30709	675.62	2757.92	2082.3	1.9429	6.7502
170	0.79147	0.00111420	0.24283	719.25	2768.42	2049.2	2.0420	6.6661
180	1.00193	0.00112732	0.19403	763.22	2777.74	2014.5	2.1396	6.5852
190	1.25417	0.00114136	0.15650	807.56	2785.80	1978.2	2.2358	6.5071
200	1.55366	0.00115641	0.12732	852.34	2792.47	1940.1	2.3307	6.4312
210	1.90617	0.00117258	0.10438	897.62	2797.65	1900.0	2.4245	6.3571
220	2.31783	0.0011900	0.086157	943.46	2801.20	1857.7	2.5175	6.2846
230	2.79505	0.00120882	0.071553	989.95	2803.00	1813.0	2.6096	6.2130
240	2.34459	0.00122922	0.059743	1037.2	2802.88	1765.7	2.7013	6.1422
250	3.97351	0.00125145	0.050112	1085.3	2800.66	1715.4	2.7926	6.0716
260	4.68923	0.00127579	0.042195	1134.3	2796.14	1661.8	2.8837	6.0007
270	5.49956	0.00130262	0.035637	1184.5	2789.05	1604.5	2.9751	5.9292
280	6.41273	0.00133242	0.030165	1236.0	2779.08	1543.1	3.0668	5.8564
290	7.43746	0.00136582	0.025565	1289.1	2765.81	1476.7	3.1594	5.7817
300	8.58308	0.00140369	0.021669	1344.0	2748.71	1404.7	3.2533	5.7042
310	9.8597	0.00144728	0.018343	1401.2	2727.01	1325.9	3.3490	5.6226
320	11.278	0.00149844	0.015479	1461.2	2699.72	1238.5	3.4475	5.5356
330	12.851	0.00156008	0.012987	1524.9	2665.30	1140.1	3.5500	5.4408
340	14.593	0.00163728	0.010790	1593.7	2621.32	1027.6	3.6586	5.3345
350	16.521	0.00174008	0.008812	1670.3	2563.39	893.0	3.7773	5.2104
360	18.657	0.00189423	0.006958	1761.1	2481.68	720.6	3.9155	5.0536
370	21.033	0.00221480	0.004982	1891.7	2338.79	447.1	4.1125	4.8076
371	21.286	0.00227969	0.004735	1911.8	2314.11	402.3	4.1429	4.7674
372	21.542	0.00236530	0.004451	1936.1	2282.99	346.9	4.1796	4.7173
373	21.802	0.00249600	0.004087	1968.8	2237.98	269.2	4.2292	4.6458

临界参数：$p_c = 22.064MPa$，$h_c = 2085.9kJ/kg$，$v_c = 0.003106m^3/kg$，$s_c = 4.4092kJ/(kg\cdot K)$，$t_c = 373.99℃$

此表引自严家禄编著《工程热力学》(第三版)，2001。

附表 B12　饱和水与饱和水蒸气的热力性质（按压力排列）

压力	温度	比体积		焓		汽化潜热	熵	
		液体	蒸汽	液体	蒸汽		液体	蒸汽
p	t	v'	v''	h'	h''	r	s'	s''
MPa	℃	$\dfrac{m^3}{kg}$	$\dfrac{m^3}{kg}$	$\dfrac{kJ}{kg}$	$\dfrac{kJ}{kg}$	$\dfrac{kJ}{kg}$	$\dfrac{kJ}{kg \cdot K}$	$\dfrac{kJ}{kg \cdot K}$
0.0010	6.9491	0.0010001	129.185	29.21	2513.29	2484.1	0.1056	8.9735
0.0020	17.5403	0.0010014	67.008	73.58	2532.71	2459.1	0.2611	8.7220
0.0030	24.1142	0.0010028	45.666	101.07	2544.68	2443.6	0.3546	8.5758
0.0040	28.9533	0.0010041	34.796	121.30	2553.45	2432.2	0.4221	8.4725
0.0050	32.8793	0.0010053	28.191	137.72	2560.55	2422.8	0.4761	8.3930
0.0060	36.1663	0.0010065	23.738	151.47	2566.48	2415.0	0.5208	8.3283
0.0070	38.9967	0.0010075	20.528	163.31	2571.56	2408.3	0.5589	8.2737
0.0080	41.5075	0.0010085	18.102	173.81	2576.06	2402.3	0.5924	8.2266
0.0090	43.7901	0.0010094	16.204	183.36	2580.15	2396.8	0.6226	8.1854
0.010	45.7988	0.0010103	14.673	191.76	2583.72	2392.0	0.6490	8.1481
0.015	53.9705	0.0010140	10.022	225.93	2598.21	2372.3	0.7548	8.0065
0.020	60.0650	0.0010172	7.6497	251.43	2608.90	2357.5	0.8320	7.9068
0.025	64.9726	0.0010198	6.2047	271.96	2617.43	2345.5	0.8932	7.8298
0.030	69.1041	0.0010222	5.2296	289.26	2624.56	2335.3	0.9440	7.7671
0.040	75.8720	0.0010264	3.9939	317.61	2636.10	2318.5	1.0260	7.6688
0.050	81.3388	0.0010299	3.2409	340.55	2645.31	2304.8	1.0912	7.5928
0.060	85.9496	0.0010331	2.7324	359.91	2652.97	2293.1	1.1454	7.5310
0.070	89.9556	0.0010359	2.3654	376.75	2659.55	2282.8	1.1921	7.4789
0.080	93.5107	0.0010385	2.0876	391.71	2665.33	2273.6	1.2330	7.4339
0.090	96.7121	0.0010409	1.8698	405.20	2670.48	2265.3	1.2696	7.3943
0.10	99.634	0.0010432	1.6943	417.52	2675.14	2257.6	1.3028	7.3589
0.12	104.810	0.0010473	1.4287	439.37	2683.26	2243.9	1.3609	7.2978
0.14	109.318	0.0010510	1.2368	458.44	2690.22	2231.8	1.4110	7.2462
0.16	113.326	0.0010544	1.09159	475.42	2696.29	2220.9	1.4552	7.2016
0.18	116.941	0.0010576	0.97767	490.76	2701.69	2210.9	1.4946	7.1623
0.20	120.240	0.0010605	0.88585	504.78	2706.53	2201.7	1.5303	7.1272
0.25	127.444	0.0010672	0.71879	535.47	2716.83	2181.4	1.6075	7.0528
0.30	133.556	0.0010732	0.60587	561.58	2725.26	2163.7	1.6721	6.9921
0.35	138.891	0.0010786	0.52427	584.45	2732.37	2147.9	1.7278	6.9407
0.40	143.642	0.0010835	0.46246	604.87	2738.49	2133.6	1.7769	6.8961
0.45	147.939	0.0010882	0.41396	623.38	2743.85	2120.5	1.8210	6.8567
0.50	151.867	0.0010925	0.37486	640.35	2748.59	2108.2	1.8610	6.8214
0.60	158.863	0.0011006	0.31563	670.67	2756.66	2086.0	1.9315	6.7600
0.70	164.983	0.0011079	0.27281	697.32	2763.29	2066.0	1.9925	6.7079
0.80	170.444	0.0011148	0.24037	721.20	2768.86	2047.7	2.0464	6.6625
0.90	175.389	0.0011212	0.21491	742.90	2773.59	2030.7	2.0948	6.6222
1.00	179.916	0.0011272	0.19438	762.84	2777.67	2014.8	2.1388	6.5859

压力	温度	比体积		焓		汽化潜热	熵	
		液体	蒸汽	液体	蒸汽		液体	蒸汽
p	t	v'	v''	h'	h''	r	s'	s''
MPa	℃	$\frac{m^3}{kg}$	$\frac{m^3}{kg}$	$\frac{kJ}{kg}$	$\frac{kJ}{kg}$	$\frac{kJ}{kg}$	$\frac{kJ}{kg \cdot K}$	$\frac{kJ}{kg \cdot K}$
1.10	184.100	0.0011330	0.17747	781.35	2781.21	1999.9	2.1792	6.5529
1.20	187.995	0.0011385	0.16328	798.64	2784.29	1985.7	2.2166	6.5225
1.30	191.644	0.0011438	0.15120	814.89	2786.99	1972.1	2.2515	6.4944
1.40	195.078	0.0011489	0.14079	830.24	2789.37	1959.1	2.2841	6.4683
1.50	198.327	0.0011538	0.13172	844.82	2791.46	1946.6	2.3149	6.4437
1.60	201.410	0.0011586	0.12375	858.69	2793.29	1934.6	2.3440	6.4206
1.70	204.346	0.0011633	0.11668	871.96	2794.91	1923.0	2.3715	6.3988
1.80	207.151	0.0011679	0.11037	884.67	2796.33	1911.7	2.3979	6.3781
1.90	209.838	0.0011723	0.104707	896.88	2797.58	1900.7	2.4230	6.3583
2.00	212.417	0.0011767	0.099588	908.64	2798.66	1890.0	2.4471	6.3395
2.20	217.289	0.0011851	0.090700	930.97	2800.41	1869.4	2.4924	6.3041
2.40	221.829	0.0011933	0.083244	951.91	2801.67	1849.8	2.5344	6.2714
2.60	226.085	0.0012013	0.076898	971.67	2802.51	1830.8	2.5736	6.2409
2.80	230.096	0.0012090	0.071427	990.41	2803.01	1812.6	2.6105	6.2123
3.00	233.893	0.0012166	0.066662	1008.2	2803.19	1794.9	2.6454	6.1854
3.50	242.597	0.0012348	0.057054	1049.6	2802.51	1752.9	2.7250	6.1238
4.00	250.394	0.0012524	0.049771	1087.2	2800.53	1713.4	2.7962	6.0688
5.00	263.980	0.0012862	0.039439	1154.2	2793.64	1639.5	2.9201	5.9724
6.00	275.625	0.0013190	0.032440	1213.3	2783.82	1570.5	3.0266	5.8885
7.00	285.869	0.0013515	0.027371	1266.9	2771.72	1504.8	3.1210	5.8129
8.00	295.048	0.0013843	0.023520	1316.5	2757.70	1441.2	3.2066	5.7430
9.00	303.385	0.0014177	0.020485	1363.1	2741.92	1378.9	3.2854	5.6771
10.0	311.037	0.0014522	0.018026	1407.2	2724.46	1317.2	3.3591	5.6139
11.0	318.118	0.0014881	0.015987	1449.6	2705.34	1255.7	3.4287	5.5525
12.0	324.715	0.0015260	0.014263	1409.7	2684.50	1193.8	3.4952	5.4920
13.0	330.894	0.0015662	0.012780	1530.8	2661.80	1131.0	3.5594	5.4318
14.0	336.707	0.0016097	0.011486	1570.4	2637.07	1066.7	3.6220	5.3711
15.0	342.196	0.0016571	0.010340	1609.8	2610.01	1000.2	3.6836	5.3091
16.0	347.396	0.0017099	0.009311	1649.4	2580.21	930.8	3.7451	5.2450
17.0	352.334	0.0017701	0.008373	1690.0	2547.01	857.1	3.8073	5.1776
18.0	357.034	0.0018402	0.007503	1732.0	2509.45	777.4	3.8715	5.1051
19.0	361.514	0.0019258	0.006679	1776.9	2465.87	688.9	3.9395	5.0250
20.0	365.789	0.0020379	0.005870	1827.2	2413.05	585.9	4.0153	4.9322
21.0	369.868	0.0022073	0.005012	1889.2	2341.67	452.4	4.1088	4.8124
22.0	373.752	0.0027040	0.003684	2013.0	2084.02	71.0	4.2969	4.4066

此表引自严家禄编著《工程热力学》(第三版),2001。

附表 B13 未饱和水与过热水蒸气的热力性质

p	0.001MPa			0.005MPa		
	$\{t_s\}_{℃}=6.949$ $\{v'\}_{m^3/kg}=0.0010001,\ \{v''\}_{m^3/kg}=129.185$ $\{h'\}_{kJ/kg}=29.21,\ \{h''\}_{kJ/kg}=2513.3$ $\{s'\}_{kJ/(kg\cdot K)}=0.1056,\ \{s''\}_{kJ/(kg\cdot K)}=8.9735$			$\{t_s\}_{℃}=32.879$ $\{v'\}_{m^3/kg}=0.0010053,\ \{v''\}_{m^3/kg}=28.191$ $\{h'\}_{kJ/kg}=137.72,\ \{h''\}_{kJ/kg}=2560.6$ $\{s'\}_{kJ/(kg\cdot K)}=0.4761,\ \{s''\}_{kJ/(kg\cdot K)}=8.3930$		
t	v	h	s	v	h	s
℃	m^3/kg	kJ/kg	$kJ(kg\cdot K)$	m^3/kg	kJ/kg	$kJ/(kg\cdot K)$
0	0.0010002	0.05	0.0002	0.0010002	0.05	0.0002
10	130.598	2519.0	8.9938	0.0010003	42.01	0.1510
20	135.226	2537.7	9.0588	0.0010018	83.87	0.2963
40	144.475	2575.2	9.1823	28.854	2574.0	8.4366
60	153.717	2612.7	9.2984	30.712	2611.8	8.5537
80	162.956	2650.3	9.4080	32.566	2649.7	8.6639
100	172.192	2688.0	9.5120	34.418	2687.5	8.7682
120	181.426	2725.9	9.6109	36.269	2725.5	8.8674
140	190.660	2764.0	9.7054	38.118	2763.7	8.9620
160	199.893	2802.3	9.7959	39.967	2802.0	9.0526
180	209.126	2840.7	9.8827	41.815	2840.5	9.1396
200	218.358	2879.4	9.9662	43.662	2879.2	9.2232
220	227.590	2918.3	10.0468	45.510	2918.2	9.3038
240	236.821	2957.5	10.1246	47.357	2957.3	9.3816
260	246.053	2996.8	10.1998	49.204	2996.7	9.4569
280	255.284	3036.4	10.2727	51.051	3036.3	9.5298
300	264.515	3076.2	10.3434	52.898	3076.1	9.6005
350	287.592	3176.8	10.5117	57.514	3176.7	9.7688
400	310.669	3278.9	10.6692	62.131	3278.8	9.9264
450	333.746	3382.4	10.8176	66.747	3382.4	10.0747
500	356.823	3487.5	10.9581	71.362	3487.5	10.2153
550	379.900	3594.4	11.0912	75.978	3594.4	10.3493
600	402.976	3703.4	11.2206	80.594	3703.4	10.4778

续　表

p	0.01MPa			0.1MPa		
	$\{t_s\}_{℃}=45.799$ $\{v'\}_{m^3/kg}=0.0010103$, $\{v''\}_{m^3/kg}=14.673$ $\{h'\}_{kJ/kg}=191.76$, $\{h''\}_{kJ/kg}=2583.7$ $\{s'\}_{kJ/(kg\cdot K)}=0.6490$, $\{s''\}_{kJ/(kg\cdot K)}=8.1481$			$\{t_s\}_{℃}=99.634$ $\{v'\}_{m^3/kg}=0.0010431$, $\{v''\}_{m^3/kg}=1.6943$ $\{h'\}_{kJ/kg}=417.52$, $\{h''\}_{kJ/kg}=2675.1$ $\{s'\}_{kJ/(kg\cdot K)}=1.3028$, $\{s''\}_{kJ/(kg\cdot K)}=7.3589$		
t	v	h	s	v	h	s
℃	m³/kg	kJ/kg	kJ(kg·K)	m³/kg	kJ/kg	kJ/(kg·K)
0	0.0010002	−0.04	−0.0002	0.0010002	0.05	−0.0002
10	0.0010003	42.01	0.1510	0.0010003	42.10	0.1510
20	0.0010018	83.87	0.2963	0.0010018	83.96	0.2963
40	0.0010079	167.51	0.5723	0.0010078	167.59	0.5723
60	15.336	2610.8	8.2313	0.0010171	251.22	0.8312
80	16.268	2648.9	8.3422	0.0010290	334.97	1.0753
100	17.196	2686.9	8.4471	1.6961	2675.9	7.3609
120	18.124	2725.1	8.5466	1.7931	2716.3	7.4665
140	19.050	2763.3	8.6414	1.8889	2756.2	7.5654
160	19.976	2801.7	8.7322	1.9838	2795.8	7.6590
180	20.901	2840.2	8.8192	2.0783	2835.3	7.7482
200	21.826	2879.0	8.9029	2.1723	2874.8	7.8334
220	22.750	2918.0	8.9835	2.2659	2914.3	7.9152
240	23.674	2957.1	9.0614	2.3594	2953.9	7.9940
260	24.598	2996.5	9.1367	2.4527	2993.7	8.0701
280	25.522	3036.2	9.2097	2.5458	3033.6	8.1436
300	26.446	3076.0	9.2805	3.6388	3073.8	8.2148
350	28.755	3176.6	9.4488	2.8709	3174.9	8.3840
400	31.063	3278.7	9.6064	3.1027	3277.3	8.5422
450	33.372	3382.3	9.7548	3.3342	3381.2	8.6909
500	35.680	3487.4	9.8953	3.5656	3486.5	8.8317
550	37.988	3594.3	10.0293	3.7968	3593.5	8.9659

续　表

p	0.5MPa			1MPa		
	$\{t_s\}_{℃}=151.867$ $\{v'\}_{m^3/kg}=0.0010925$，$\{v''\}_{m^3/kg}=0.37490$ $\{h'\}_{kJ/kg}=640.35$，$\{h''\}_{kJ/kg}=2748.6$ $\{s'\}_{kJ/(kg \cdot K)}=1.8610$，$\{s''\}_{kJ/(kg \cdot K)}=6.8214$			$\{t_s\}_{℃}=179.916$ $\{v'\}_{m^3/kg}=0.0011272$，$\{v''\}_{m^3/kg}=0.19440$ $\{h'\}_{kJ/kg}=762.84$，$\{h''\}_{kJ/kg}=2777.7$ $\{s'\}_{kJ/(kg \cdot K)}=2.1388$，$\{s''\}_{kJ/(kg \cdot K)}=6.5859$		
t	v	h	s	v	h	s
℃	m³/kg	kJ/kg	kJ(kg · K)	m³/kg	kJ/kg	kJ/(kg · K)
0	0.0010000	0.46	−0.0001	0.0009997	0.97	−0.0001
10	0.0010001	42.49	0.1510	0.0009999	42.98	0.1509
20	0.0010016	84.33	0.2962	0.0010014	84.80	0.2961
40	0.0010077	167.94	0.5721	0.0010074	168.38	0.5719
60	0.0010169	251.56	0.8310	0.0010167	251.98	0.8307
80	0.0010288	335.29	1.0750	0.0010286	335.69	1.0747
100	0.0010432	419.36	1.3066	0.0010430	419.74	1.3062
120	0.0010601	503.97	1.5275	0.0010599	504.32	1.5270
140	0.0010796	589.30	1.7392	0.0010793	589.62	1.7386
160	0.38358	2767.2	6.8647	0.0011017	675.84	1.9424
180	0.40450	2811.7	6.9651	0.19443	2777.9	6.5864
200	0.42487	2854.9	7.0585	0.20590	2827.3	6.6931
220	0.44485	2897.3	7.1462	0.21686	2874.2	6.7903
240	0.46455	2939.2	7.2295	0.22745	2919.6	6.8804
260	0.48404	2980.8	7.3091	0.23779	2963.8	6.9650
280	0.50336	3022.2	7.3853	0.24793	3007.3	7.0451
300	0.52255	3063.6	7.4588	0.25793	3050.4	7.1216
350	0.57012	3167.0	7.6319	0.28247	3157.0	7.2999
400	0.61729	3271.1	7.7924	0.30658	3263.1	7.4638
420	0.63608	3312.9	7.8537	0.31615	3305.6	7.5260
440	0.65483	3354.9	7.9135	0.32568	3348.2	7.5866
450	0.66420	3376.0	7.9428	0.33043	3369.6	7.6163
460	0.67356	3397.2	7.9719	0.33518	3390.9	7.6456
480	0.69226	3439.6	8.0289	0.34465	3433.8	7.7033
500	0.71094	3482.2	8.0848	0.35410	3476.8	7.7597
550	0.75755	3589.9	8.2198	0.37764	3585.4	7.8958
600	0.80408	3699.6	8.3491	0.40109	3695.7	8.0259

p	3MPa			5MPa		
	$\{t_s\}_{℃}=233.893$ $\{v'\}_{m^3/kg}=0.0012166,\quad \{v''\}_{m^3/kg}=0.066700$ $\{h'\}_{kJ/kg}=1008.2,\quad \{h''\}_{kJ/kg}=2803.2$ $\{s'\}_{kJ/(kg \cdot K)}=2.6454,\quad \{s''\}_{kJ/(kg \cdot K)}=6.1854$			$\{t_s\}_{℃}=263.980$ $\{v'\}_{m^3/kg}=0.0012861,\quad \{v''\}_{m^3/kg}=0.039400$ $\{h'\}_{kJ/kg}=1154.2,\quad \{h''\}_{kJ/kg}=2793.6$ $\{s'\}_{kJ/(kg \cdot K)}=2.9200,\quad \{s''\}_{kJ/(kg \cdot K)}=5.9724$		
t	v	h	s	v	h	s
℃	m^3/kg	kJ/kg	$kJ(kg \cdot K)$	m^3/kg	kJ/kg	$kJ/(kg \cdot K)$
0	0.0009987	3.01	0.0000	0.0009977	5.04	0.0002
10	0.0009989	44.92	0.1507	0.0009979	46.87	0.1506
20	0.0010005	86.68	0.2957	0.0009996	88.55	0.2952
40	0.0010066	170.15	0.5711	0.0010057	171.92	0.5704
60	0.0010158	253.66	0.8296	0.0010149	255.34	0.8286
80	0.0010276	337.28	1.0734	0.0010267	338.87	1.0721
100	0.0010420	421.24	1.3047	0.0010410	422.75	1.3031
120	0.0010587	505.73	1.5252	0.0010576	507.14	1.5234
140	0.0010781	590.92	1.7366	0.0010768	592.23	1.7345
160	0.0011002	677.01	1.9400	0.0010988	678.19	1.9377
180	0.0011256	764.23	2.1369	0.0011240	765.25	2.1342
200	0.0011549	852.93	2.3284	0.0011529	853.75	2.3253
220	0.0011891	943.65	2.5162	0.0011867	944.21	2.5125
240	0.068184	2823.4	6.2250	0.0012266	1037.3	2.6976
260	0.072828	2884.4	6.3417	0.0012751	1134.3	2.8829
280	0.077101	2940.1	6.4443	0.042228	2855.8	6.0864
300	0.081226	2992.4	6.5371	0.045301	2923.3	6.2064
350	0.090520	3114.4	6.7414	0.051932	3067.4	6.4477
400	0.099352	3230.1	6.9199	0.057804	3194.9	6.6446
420	0.102787	3275.4	6.9864	0.060033	3243.6	6.7159
440	0.106180	3320.5	7.0505	0.062216	3291.5	6.7840
450	0.107864	3343.0	7.0817	0.063291	3315.2	6.8170
460	0.109540	3365.4	7.1125	0.064358	3338.8	6.8494
480	0.112870	3410.1	7.1728	0.066469	3385.6	6.9125
500	0.116174	3454.9	7.2314	0.068552	3432.2	6.9735
550	0.124349	3566.9	7.3718	0.073664	3548.0	7.1187
600	0.132427	3679.9	7.5051	0.078675	3663.9	7.2553

续　表

p	7MPa			10MPa		
	$\{t_s\}_{℃}=285.869$ $\{v'\}_{m^3/kg}=0.0013515,\quad \{v''\}_{m^3/kg}=0.027400$ $\{h'\}_{kJ/kg}=1266.9,\quad \{h''\}_{kJ/kg}=2771.7$ $\{s'\}_{kJ/(kg\cdot K)}=3.1210,\quad \{s''\}_{kJ/(kg\cdot K)}=5.8129$			$\{t_s\}_{℃}=311.037$ $\{v'\}_{m^3/kg}=0.0014522,\quad \{v''\}_{m^3/kg}=0.018000$ $\{h'\}_{kJ/kg}=1407.2,\quad \{h''\}_{kJ/kg}=2724.5$ $\{s'\}_{kJ/(kg\cdot K)}=3.3591,\quad \{s''\}_{kJ/(kg\cdot K)}=5.6139$		
t	v	h	s	v	h	s
℃	m^3/kg	kJ/kg	$kJ/(kg\cdot K)$	m^3/kg	kJ/kg	$kJ/(kg\cdot K)$
0	0.0009967	7.07	0.0003	0.0009952	10.09	0.0004
10	0.0009970	48.80	0.1504	0.0009956	51.7	0.1500
20	0.0009986	90.42	0.2948	0.0009973	93.22	0.2942
40	0.0010048	173.69	0.5696	0.0010035	176.34	0.5684
60	0.0010140	257.01	0.8275	0.0010127	259.53	0.8259
80	0.0010258	340.46	1.0708	0.0010244	342.85	1.0688
100	0.0010399	424.25	1.3016	0.0010385	426.51	1.2993
120	0.0010565	508.55	1.5216	0.0010549	510.68	1.5190
140	0.0010756	593.54	1.7325	0.0010738	595.50	1.7294
160	0.0010974	679.37	1.9353	0.0010953	681.16	1.9319
180	0.0011223	766.28	2.1315	0.0011199	767.84	2.1275
200	0.0011510	854.59	2.3222	0.0011481	855.88	2.3176
220	0.0011842	944.79	2.5089	0.0011807	945.71	2.5036
240	0.0012235	1037.6	2.6933	0.0012190	1038.0	2.6870
260	0.0012710	1134.0	2.8776	0.0012650	1133.6	2.8698
280	0.0013307	1235.7	3.0648	0.0013222	1234.2	3.0549
300	0.029457	2837.5	5.9291	0.0013975	1342.3	3.2469
350	0.035225	3014.8	6.2265	0.022415	2922.1	5.9423
400	0.039917	3157.3	6.4465	0.026402	3095.8	6.2109
450	0.044143	3286.2	6.6314	0.029735	3240.5	6.4184
500	0.048110	3408.9	6.7954	0.032750	3372.8	6.5954
520	0.049649	3457.0	6.8569	0.033900	3423.8	6.6605
540	0.051166	3504.8	6.9164	0.035027	3474.1	6.7232
550	0.051917	3528.7	6.9456	0.035582	3499.1	6.7537
560	0.052664	3552.4	6.9743	0.036133	3523.9	6.7837
580	0.054147	3600.0	7.0306	0.037222	3573.3	6.8423
600	0.055617	3647.5	7.0857	0.038297	3622.5	6.8992

续　表

p	14MPa			20MPa		
	$\{t_s\}_{℃}=336.707$ $\{v'\}_{m^3/kg}=0.0016097,\quad\{v''\}_{m^3/kg}=0.011500$ $\{h'\}_{kJ/kg}=1570.4,\quad\{h''\}_{kJ/kg}=2637.1$ $\{s'\}_{kJ/(kg\cdot K)}=3.6220,\quad\{s''\}_{kJ/(kg\cdot K)}=5.3711$			$\{t_s\}_{℃}=365.789$ $\{v'\}_{m^3/kg}=0.0020379,\quad\{v''\}_{m^3/kg}=0.0058702$ $\{h'\}_{kJ/kg}=1827.2,\quad\{h''\}_{kJ/kg}=2413.1$ $\{s'\}_{kJ/(kg\cdot K)}=4.0153,\quad\{s''\}_{kJ/(kg\cdot K)}=4.9322$		
t	v	h	s	v	h	s
℃	m^3/kg	kJ/kg	$kJ(kg\cdot K)$	m^3/kg	kJ/kg	$kJ/(kg\cdot K)$
0	0.0009933	14.10	0.0005	0.0009904	20.08	0.0006
10	0.0009938	55.55	0.1496	0.0009911	61.29	0.1488
20	0.0009955	96.95	0.2932	0.0009929	102.50	0.2919
40	0.0010018	179.86	0.5669	0.0009992	185.13	0.5645
60	0.0010109	262.88	0.8239	0.0010084	267.90	0.8207
80	0.0010226	346.04	1.0663	0.0010199	350.82	1.0624
100	0.0010365	429.53	1.2962	0.0010336	434.06	1.2917
120	0.0010527	513.52	1.5155	0.0010496	517.79	1.5103
140	0.0010714	598.14	1.7254	0.0010679	602.12	1.7195
160	0.0010926	683.56	1.9273	0.0010886	687.20	1.9206
180	0.0011167	769.96	2.1223	0.0011121	773.19	2.1147
200	0.0011443	857.63	2.3116	0.0011389	860.36	2.3029
220	0.0011761	947.00	2.4966	0.0011695	949.07	2.4865
240	0.0012132	1038.6	2.6788	0.0012051	1039.8	2.6670
260	0.0012574	1133.4	2.8599	0.0012469	1133.4	2.8457
280	0.0013117	1232.5	3.0424	0.0012974	1230.7	3.0249
300	0.0013814	1338.2	3.2300	0.0013605	1333.4	3.2072
350	0.013218	2751.2	5.5564	0.0016645	1645.3	3.7275
400	0.017218	3001.1	5.9436	0.0099458	2816.8	5.5520
450	0.020074	3174.2	6.1919	0.0127013	3060.7	5.9025
500	0.022512	3322.3	6.3900	0.0147681	3239.3	6.1415
520	0.023418	3377.9	6.4610	0.0155046	3303.0	6.2229
540	0.024295	3432.1	6.5285	0.0162067	3364.0	6.2989
550	0.024724	3458.7	6.5611	0.0165471	3393.7	6.3552
560	0.025147	3485.2	6.5931	0.0168811	3422.9	6.3705
580	0.25978	3537.5	6.6551	0.0175328	3480.3	6.4385
600	0.026792	3589.1	6.7149	0.0181655	3536.3	6.5035

续　表

p	25MPa			30MPa		
t	v	h	s	v	h	s
℃	m³/kg	kJ/kg	kJ(kg・K)	m³/kg	kJ/kg	kJ/(kg・K)
0	0.0009880	25.01	0.0006	0.0009857	29.92	0.0005
10	0.0009888	66.04	0.1481	0.0009866	70.77	0.1474
20	0.0009908	107.11	0.2907	0.0009887	111.71	0.2895
40	0.0009972	189.51	0.5626	0.0009951	193.87	0.5606
60	0.0010063	272.08	0.8182	0.0010042	276.25	0.8156
80	0.0010177	354.80	1.0593	0.0010155	358.78	1.0562
100	0.0010313	437.85	1.2880	0.0010290	441.64	1.2844
120	0.0010470	521.36	1.5061	0.0010445	524.95	1.5019
140	0.0010650	605.46	1.7147	0.0010622	608.82	1.7100
160	0.0010854	690.27	1.9152	0.0010822	693.36	1.9098
180	0.0011084	775.94	2.1085	0.0011048	778.72	2.1024
200	0.0011345	862.71	2.2959	0.0011303	865.12	2.2890
220	0.0011643	950.91	2.4785	0.0011593	952.85	2.4706
240	0.0011986	1041.0	2.6575	0.0011925	1042.3	2.6485
260	0.0012387	1133.6	2.8346	0.0012311	1134.1	2.8239
280	0.0012866	1229.6	3.0113	0.0012766	1229.0	2.9985
300	0.0013453	1330.3	3.1901	0.0013317	1327.9	3.1742
350	0.0015981	1623.1	3.6788	0.0015522	1608.0	3.6420
400	0.0060014	2578.0	5.1386	0.0027929	2150.6	4.4721
450	0.0091666	2950.5	5.6754	0.0067363	2822.1	5.4433
500	0.0111229	3164.1	5.9614	0.0086761	3083.3	5.7934
520	0.0117897	3236.1	6.0534	0.0093033	3165.4	5.8982
540	0.0124156	3303.8	6.1377	0.0098825	3240.8	5.9921
550	0.0127161	3336.4	6.1775	0.0101580	3276.6	6.0359
560	0.0130095	3368.2	6.2160	0.0104254	3311.4	6.0780
580	0.0135778	3430.2	6.2895	0.0109397	3378.5	6.1576
600	0.0141249	3490.2	6.3591	0.0114310	3442.9	6.2321

注:粗水平线之上为未饱和水,粗水平线之下为过热水蒸气。

此表引自严家禄编著《工程热力学》(第三版),2001。

附表 B14　R134a(CH_2FCF_3)饱和热力性质(按温度排列)

$t/℃$	$p_s/$ kPa	$v''/$ (m^3/kg $\times 10^{-3}$)	$v'/$ (m^3/kg $\times 10^{-3}$)	$h''/$ (kJ/kg)	$h'/$ (kJ/kg)	$s''/$ [kJ/ (kg·K)]	$s'/$ [kJ/ (kg·K)]	$e''_x/$ (kJ/kg)	$e'_x/$ (kJ/kg)
−85.00	2.56	5899.997	0.64884	345.37	94.12	1.8702	0.5348	−112.877	34.014
−80.00	3.87	4045.366	0.65501	348.41	99.89	1.8535	0.5668	−104.855	30.243
−75.00	5.72	2816.477	0.66106	351.48	105.68	1.8379	0.5974	−97.131	26.914
−70.00	8.27	2004.070	0.66719	354.57	111.46	1.8239	0.6272	−89.867	23.818
−65.00	11.72	1442.296	0.67327	357.68	117.38	1.8107	0.6562	−82.815	21.091
−60.00	16.29	1055.363	0.67947	360.81	123.37	1.7987	0.6847	−76.104	18.584
−55.00	22.24	785.161	0.68583	363.95	129.42	1.7878	0.7127	−69.740	16.266
−50.00	29.90	593.412	0.69238	367.10	135.54	1.7782	0.7405	−63.706	14.122
−45.00	39.58	454.926	0.69916	370.25	141.72	1.7695	0.7678	−57.971	12.145
−40.00	51.69	353.529	0.70619	373.40	147.96	1.7618	0.7949	−52.521	10.329
−35.00	66.63	278.087	0.71348	376.54	154.26	1.7549	0.8216	−47.328	8.671
−30.00	84.85	221.302	0.72105	379.67	160.62	1.7488	0.8479	−42.382	7.168
−25.00	106.86	177.937	0.72892	382.79	167.04	1.7434	0.8740	−37.656	5.815
−20.00	133.18	144.450	0.73712	385.89	173.52	1.7387	0.8997	−33.138	4.611
−15.00	164.36	118.481	0.74572	388.97	180.04	1.7346	0.9253	−28.847	3.528
−10.00	201.00	97.832	0.75463	392.01	186.63	1.7309	0.9504	−24.704	2.614
−5.00	243.71	81.304	0.76388	395.01	193.29	1.7276	0.9753	−20.709	1.858
0.00	293.14	68.164	0.77365	397.98	200.00	1.7248	1.0000	−16.915	1.203
5.00	349.96	57.470	0.78384	400.90	206.78	1.7223	1.0244	−13.258	0.701
10.00	414.88	48.721	0.79453	403.76	213.63	1.7201	1.0486	−9.740	0.331
15.00	488.60	41.532	0.80577	406.57	220.55	1.7182	1.0727	−6.363	0.091
20.00	571.88	35.576	0.81762	409.30	227.55	1.7165	1.0965	−3.120	−0.018
25.00	665.49	30.603	0.83017	411.96	234.63	1.7149	1.1202	−0.001	0.000
30.00	770.21	26.424	0.84347	414.52	241.80	1.7135	1.1437	2.995	0.148
35.00	886.87	22.899	0.85768	416.99	249.07	1.7121	1.1672	5.868	0.419
40.00	1016.32	19.893	0.87284	419.34	256.44	1.7108	1.1906	8.629	0.828
45.00	1159.45	17.320	0.88919	421.55	263.94	1.7093	1.2139	11.274	1.364
50.00	1317.19	15.112	0.90694	423.62	271.57	1.7078	1.2373	13.795	2.031
55.00	1490.52	13.203	0.92634	425.51	279.36	1.7061	1.2607	16.195	2.834
60.00	1680.47	11.538	0.94775	427.18	287.33	1.7041	1.2842	18.471	3.780
65.00	1888.17	10.080	0.97175	428.61	295.51	1.7016	1.3080	20.612	4.869
70.00	2114.81	8.788	0.99902	429.70	303.94	1.6986	1.3321	22.609	6.119
75.00	2361.75	7.638	1.03073	430.38	312.71	1.6948	1.3568	24.440	7.539
80.00	2630.48	6.601	1.06869	430.53	321.92	1.6898	1.3822	26.073	9.158
85.00	2922.80	5.647	1.11621	429.86	331.74	1.6829	1.4089	27.454	11.014
90.00	3240.89	4.751	1.18024	427.99	342.54	1.6732	1.4379	28.483	13.189
95.00	3587.80	3.851	1.27926	423.70	355.23	1.6574	1.4714	28.900	15.883
100.00	3969.25	2.779	1.53410	412.19	375.04	1.6230	1.5234	27.656	20.192
101.00	4051.31	2.382	1.96810	404.50	392.88	1.6018	1.5707	26.276	23.917
101.15	4064.00	1.969	1.96850	393.07	393.07	1.5712	1.5712	23.976	23.976

此表引自傅秦生主编《热工基础与应用》(第二版),2007。

附表 B15　R134a(CH₂FCF₃)饱和热力性质(按压力排列)

$p_s/$ kPa	$t/℃$	$v''/$ (m³/kg ×10⁻³)	$v'/$ (m³/kg ×10⁻³)	$h''/$ (kJ/kg)	$h'/$ (kJ/kg)	$s''/$ [kJ/ (kg·K)]	$s'/$ [kJ/ (kg·K)]	$e''_x/$ (kJ/kg)	$e'_x/$ (kJ/kg)
10.00	−67.32	1676.284	0.67044	356.24	114.63	1.8166	0.6428	−86.039	22.331
20.00	−56.74	868.908	0.68352	362.86	127.30	1.7915	0.7030	−71.922	17.053
30.00	−49.94	591.338	0.69247	367.14	135.62	1.7780	0.7408	−63.631	14.095
40.00	−44.81	450.539	0.69942	370.37	141.95	1.7692	0.7688	−57.762	12.074
50.00	−40.64	364.782	0.70527	373.00	147.16	1.7627	0.7914	−53.199	10.553
60.00	−37.08	306.836	0.71041	375.24	151.64	1.7577	0.8105	−49.457	9.342
80.00	−31.25	234.033	0.71913	378.90	159.04	1.7503	0.8414	−43.593	7.528
100.00	−26.45	189.737	0.72667	381.89	165.15	1.7451	0.8665	−39.050	6.157
120.00	−22.37	159.324	0.73319	384.42	170.43	1.7409	0.8875	−35.262	5.165
140.00	−18.82	137.972	0.73920	386.63	175.04	1.7378	0.9059	−32.146	4.306
160.00	−15.64	121.490	0.74461	388.58	179.20	1.7351	0.9220	−29.390	3.654
180.00	−12.79	108.637	0.74955	390.31	182.95	1.7328	0.9364	−26.969	3.130
200.00	−10.14	98.326	0.75438	391.93	186.45	1.7310	0.9497	−24.813	2.636
250.00	−4.35	79.485	0.76517	395.41	194.16	1.7273	0.9786	−20.221	1.750
300.00	0.63	66.694	0.77492	398.36	200.85	1.7245	1.0031	−16.447	1.132
350.00	5.00	57.477	0.78383	400.90	206.77	1.7223	1.0244	−13.260	0.701
400.00	8.93	50.444	0.79220	403.16	212.16	1.7206	1.0435	−10.478	0.399
450.00	12.44	45.016	0.79992	405.14	217.00	1.7191	1.0604	−8.064	0.205
500.00	15.72	40.612	0.80744	406.96	221.55	1.7180	1.0761	−5.892	0.066
550.00	18.75	36.955	0.81461	408.62	225.79	1.7169	1.0906	−3.914	−0.003
600.00	21.55	33.870	0.82129	410.11	229.74	1.7158	1.1038	−2.104	0.006
650.00	24.21	31.327	0.82813	411.54	233.50	1.7152	1.1164	−0.483	−0.012
700.00	26.72	29.081	0.83465	412.85	237.09	1.7144	1.1283	1.045	0.038
800.00	31.32	25.428	0.84714	415.18	243.71	1.7131	1.1500	3.771	0.208
900.00	35.50	22.569	0.85911	417.22	249.80	1.7120	1.1695	6.154	0.459
1000.00	39.39	20.228	0.87091	419.05	255.53	1.7109	1.1877	8.303	0.773
1200.00	46.31	16.708	0.89371	422.11	265.93	1.7089	1.2201	11.948	1.526
1400.00	52.48	14.130	0.91633	424.58	275.42	1.7069	1.2489	15.002	2.413
1600.00	57.94	12.198	0.93864	426.52	284.01	1.7049	1.2745	17.547	3.371
1800.00	62.92	10.664	0.96140	428.04	292.07	1.7027	1.2981	19.737	4.396
2000.00	67.56	9.398	0.98526	429.21	299.80	1.7002	1.3203	21.656	5.490
2200.00	71.74	8.375	1.00948	429.99	306.95	1.6974	1.3406	23.265	6.592
2400.00	75.72	7.482	1.03576	430.45	314.01	1.6941	1.3604	24.689	7.761
2600.00	79.42	6.714	1.06391	430.54	320.83	1.6904	1.3792	25.896	8.960
2800.00	82.93	6.036	1.09510	430.28	327.59	1.6861	1.3977	26.919	10.214
3000.00	86.25	5.421	1.13032	429.55	334.34	1.6809	1.4159	27.752	11.525
3200.00	89.39	4.860	1.17107	428.32	341.14	1.6746	1.4342	28.381	12.900
3400.00	92.33	4.340	1.21992	426.45	348.12	1.6670	1.4527	28.784	14.357
4064.00	101.15	1.969	1.96850	393.07	393.07	1.5712	1.5712	23.976	23.976

此表引自傅秦生主编《热工基础与应用》(第二版),2007。

附表 B16　R134a(CH₂FCF₃)过热蒸汽热力性质

t/℃	p=0.05MPa(t_s=−40.64℃) v/(m³/kg)	h/(kJ/kg)	s/[kJ/(kg·K)]	p=0.10MPa(t_s=−26.45℃) v/(m³/kg)	h/(kJ/kg)	s/[kJ/(kg·K)]	t/℃	p=0.15MPa(t_s=−17.20℃) v/(m³/kg)	h/(kJ/kg)	s/[kJ/(kg·K)]	p=0.20MPa(t_s=−10.14℃) v/(m³/kg)	h/(kJ/kg)	s/[kJ/(kg·K)]
−20.0	0.40477	388.69	1.8282	0.19379	383.10	1.7510	−10.0	0.13584	393.63	1.7607	0.09998	392.14	1.7329
−10.0	0.42195	396.49	1.8584	0.20742	395.08	1.7975	0.0	0.14203	401.93	1.7916	0.10486	400.63	1.7646
0.0	0.43898	404.43	1.8880	0.21633	403.20	1.8282	10.0	0.14813	410.32	1.8218	0.10961	409.17	1.7953
10.0	0.45586	412.53	1.9171	0.22508	411.44	1.8578	20.0	0.15410	418.81	1.8512	0.11426	417.79	1.8252
20.0	0.47273	420.79	1.9458	0.23379	419.81	1.8868	30.0	0.16002	427.42	1.8801	0.11881	426.51	1.8545
30.0	0.48945	429.21	1.9740	0.24242	428.32	1.9154	40.0	0.16586	436.17	1.9085	0.12332	435.34	1.8831
40.0	0.50617	437.79	2.0019	0.25094	436.98	1.9435	50.0	0.17168	445.05	1.9365	0.12775	444.30	1.9113
50.0	0.52281	446.53	2.0294	0.25945	445.79	1.9712	60.0	0.17742	454.08	1.9640	0.13215	453.39	1.9390
60.0	0.53945	455.43	2.0565	0.26793	454.76	1.9985	70.0	0.18313	463.25	1.9911	0.13652	462.62	1.9663
70.0	0.55602	464.50	2.0833	0.27637	463.88	2.0255	80.0	0.18883	472.57	2.0179	0.14086	471.98	1.9932
80.0	0.57258	473.73	2.1098	0.28477	473.15	2.0521	90.0	0.19449	482.04	2.0443	0.14516	481.50	2.0197
90.0	0.58906	483.12	2.1360	0.29313	482.58	2.0784	100.0	0.20016	491.66	2.0704	0.14945	491.15	2.0460

t/℃	p=0.25MPa(t_s=−4.35℃) v/(m³/kg)	h/(kJ/kg)	s/[kJ/(kg·K)]	p=0.30MPa(t_s=0.63℃) v/(m³/kg)	h/(kJ/kg)	s/[kJ/(kg·K)]	t/℃	p=0.40MPa(t_s=8.93℃) v/(m³/kg)	h/(kJ/kg)	s/[kJ/(kg·K)]	p=0.50MPa(t_s=15.72℃) v/(m³/kg)	h/(kJ/kg)	s/[kJ/(kg·K)]
0.0	0.08253	399.30	1.7427				20.0	0.05433	413.51	1.7578	0.04227	411.22	1.7336
10.0	0.08647	408.00	1.7740	0.07103	406.81	1.7560	30.0	0.05689	422.70	1.7886	0.04445	420.68	1.7653
20.0	0.09031	416.76	1.8044	0.07434	415.70	1.7868	40.0	0.05939	431.92	1.8185	0.04656	430.12	1.7960
30.0	0.09406	425.58	1.8340	0.07756	424.64	1.8168	50.0	0.06183	441.20	1.8477	0.04860	439.58	1.8257
40.0	0.09777	434.51	1.8630	0.08072	433.66	1.8461	60.0	0.06420	450.56	1.8762	0.05059	449.09	1.8547
50.0	0.10141	443.54	1.8914	0.08381	442.77	1.8747	70.0	0.06655	460.02	1.9042	0.05253	458.68	1.8830
60.0	0.10498	452.69	1.9192	0.08688	451.99	1.9028	80.0	0.06886	469.59	1.9316	0.05444	468.36	1.9108
70.0	0.10854	461.98	1.9467	0.08989	461.33	1.9305	90.0	0.07114	479.28	1.9587	0.05632	478.14	1.9382
80.0	0.11207	471.39	1.9738	0.09288	470.80	1.9576	100.0	0.07341	489.09	1.9854	0.05817	488.04	1.9651
90.0	0.11557	480.95	2.0004	0.09583	480.40	1.9844	110.0	0.07564	499.03	2.0117	0.06000	498.05	1.9915
100.0	0.11904	490.64	2.0268	0.09875	490.13	2.0109	120.0	0.07786	509.11	2.0376	0.06183	508.19	2.0177
110.0	0.12250	500.48	2.0528	0.10168	500.00	2.0370	130.0	0.08006	519.31	2.0632	0.06363	518.46	2.0435

t/℃	p=0.60MPa(t_s=21.55℃) v/(m³/kg)	h/(kJ/kg)	s/[kJ/(kg·K)]	p=0.70MPa(t_s=26.72℃) v/(m³/kg)	h/(kJ/kg)	s/[kJ/(kg·K)]	t/℃	p=0.80MPa(t_s=31.32℃) v/(m³/kg)	h/(kJ/kg)	s/[kJ/(kg·K)]	p=0.90MPa(t_s=35.50℃) v/(m³/kg)	h/(kJ/kg)	s/[kJ/(kg·K)]
30.0	0.03613	418.58	1.7452	0.03013	416.37	1.7270	40.0	0.02718	424.31	1.7435	0.02355	422.19	1.7287
40.0	0.03798	428.26	1.7766	0.03183	426.32	1.7593	50.0	0.02867	434.41	1.7753	0.02494	432.57	1.7613
50.0	0.03977	437.91	1.8070	0.03344	436.19	1.7904	60.0	0.03009	444.45	1.8059	0.02626	442.81	1.7925
60.0	0.04149	447.58	1.8364	0.03498	446.04	1.8204	70.0	0.03145	454.47	1.8355	0.02752	453.00	1.8227
70.0	0.04317	457.31	1.8652	0.03648	455.91	1.8496	80.0	0.03277	464.52	1.8644	0.02874	463.19	1.8519
80.0	0.04482	467.10	1.8933	0.03794	465.82	1.8780	90.0	0.03406	474.62	1.8926	0.02992	473.40	1.8804
90.0	0.04644	476.99	1.9209	0.03936	475.81	1.9059	100.0	0.03531	484.79	1.9202	0.03106	483.67	1.9083
100.0	0.04802	486.97	1.9480	0.04076	485.89	1.9333	110.0	0.03654	495.04	1.9473	0.03219	494.01	1.9375
110.0	0.04959	497.06	1.9747	0.04213	496.06	1.9602	120.0	0.03775	505.39	1.9740	0.03329	504.43	1.9625
120.0	0.05113	507.27	2.0010	0.04348	506.33	1.9867	130.0	0.03895	515.84	2.0002	0.03438	514.95	1.9889
130.0	0.05266	517.59	2.0270	0.04483	516.72	2.0128	140.0	0.04013	526.40	2.0261	0.03544	525.57	2.0150
140.0	0.05417	528.04	2.0526	0.04615	527.23	2.0385							

$t/℃$	$v/$ (m^3/kg)	$h/$ (kJ/kg)	$s/$ $[kJ/(kg·K)]$	$v/$ (m^3/kg)	$h/$ (kJ/kg)	$s/$ $[kJ/(kg·K)]$	$t/℃$	$v/$ (m^3/kg)	$h/$ (kJ/kg)	$s/$ $[kJ/(kg·K)]$	$v/$ (m^3/kg)	$h/$ (kJ/kg)	$s/$ $[kJ/(kg·K)]$
	$p=1.0MPa(t_s=39.39℃)$			$p=1.1MPa(t_s=42.99℃)$				$p=1.2MPa(t_s=46.31℃)$			$p=1.3MPa(t_s=49.44℃)$		
40.0	0.02061	419.97	1.7145				50.0	0.01739	426.53	1.7233	0.01559	424.30	1.7113
50.0	0.02194	430.64	1.7481	0.01947	428.64	1.7355	60.0	0.01854	437.55	1.7569	0.01673	435.65	1.7459
60.0	0.02319	441.12	1.7800	0.02066	439.37	1.7682	70.0	0.01962	448.33	1.7888	0.01778	446.68	1.7785
70.0	0.02437	451.49	1.8107	0.02178	449.93	1.7994	80.0	0.02064	458.99	1.8194	0.01875	475.52	1.8096
80.0	0.02551	461.82	1.8404	0.02285	460.42	1.8296	90.0	0.02161	469.60	1.8490	0.01968	468.28	1.8397
90.0	0.02660	472.16	1.8692	0.02388	470.89	1.8588	100.0	0.02255	480.19	1.8778	0.02057	478.99	1.8688
100.0	0.02766	482.53	1.8974	0.02488	481.37	1.8873	110.0	0.02346	490.81	1.9059	0.02144	489.72	1.8972
110.0	0.02870	492.96	1.9250	0.02587	491.89	1.9151	120.0	0.02434	501.48	1.9334	0.02227	500.47	1.9249
120.0	0.02971	503.46	1.9520	0.02679	502.48	1.9424	130.0	0.02521	512.21	1.9603	0.02309	511.28	1.9520
130.0	0.03071	514.05	1.9787	0.02771	513.14	1.9692	140.0	0.2606	523.02	1.9868	0.02388	522.16	1.9787
140.0	0.03169	524.73	2.0048	0.02862	523.88	1.9955	150.0	0.02689	533.92	2.0129	0.02467	533.12	2.0049
150.0	0.03265	535.52	2.0306	0.02951	534.72	2.0214							

$t/℃$	$v/$ (m^3/kg)	$h/$ (kJ/kg)	$s/$ $[kJ/(kg·K)]$	$v/$ (m^3/kg)	$h/$ (kJ/kg)	$s/$ $[kJ/(kg·K)]$	$t/℃$	$v/$ (m^3/kg)	$h/$ (kJ/kg)	$s/$ $[kJ/(kg·K)]$	$v/$ (m^3/kg)	$h/$ (kJ/kg)	$s/$ $[kJ/(kg·K)]$
	$p=1.4MPa(t_s=52.48℃)$			$p=1.5MPa(t_s=55.23℃)$				$p=1.6MPa(t_s=57.94℃)$			$p=1.7MPa(t_s=60.45℃)$		
60.0	0.01516	433.66	1.7351	0.01379	431.57	1.7245	60.0	0.01256	429.36	1.7139			
70.0	0.01618	444.96	1.7685	0.01479	443.17	1.7588	70.0	0.01356	441.32	1.7493	0.01247	439.37	1.7398
80.0	0.01713	456.01	1.8003	0.01572	454.45	1.7912	80.0	0.01447	452.84	1.7824	0.01336	451.17	1.7738
90.0	0.01802	466.92	1.8308	0.01658	465.54	1.8222	90.0	0.01532	464.11	1.8139	0.01419	462.65	1.8058
100.0	0.01888	477.77	1.8602	0.01741	476.52	1.8520	100.0	0.01611	475.25	1.8441	0.01497	473.94	1.8365
110.0	0.01970	488.60	1.8889	0.01819	487.47	1.8810	110.0	0.01687	486.31	1.8734	0.01570	485.14	1.8661
120.0	0.02050	499.45	1.9168	0.01895	498.41	1.9092	120.0	0.01760	497.36	1.9018	0.01641	496.29	1.8948
130.0	0.02127	510.34	1.9442	0.01969	509.38	1.9367	130.0	0.01831	508.41	1.9296	0.01709	507.43	1.9228
140.0	0.02202	521.28	1.9710	0.02041	520.40	1.9637	140.0	0.01900	519.50	1.9568	0.01775	518.60	1.9502
150.0	0.02276	532.30	1.9973	0.02111	531.48	1.9902	150.0	0.01966	530.65	1.9834	0.01839	529.81	1.9770

$t/℃$	$v/$ (m^3/kg)	$h/$ (kJ/kg)	$s/$ $[kJ/(kg·K)]$	$v/$ (m^3/kg)	$h/$ (kJ/kg)	$s/$ $[kJ/(kg·K)]$	$t/℃$	$v/$ (m^3/kg)	$h/$ (kJ/kg)	$s/$ $[kJ/(kg·K)]$	$v/$ (m^3/kg)	$h/$ (kJ/kg)	$s/$ $[kJ/(kg·K)]$
	$p=2.0MPa(t_s=67.57℃)$			$p=3.0MPa(t_s=86.26℃)$				$p=4.0MPa(t_s=100.35℃)$			$p=5.0MPa$		
70.0	0.00975	432.85	1.7112				60.0				0.00092	285.68	1.2700
80.0	0.01065	445.76	1.7483				70.0				0.00096	301.31	1.3163
90.0	0.01146	457.99	1.7824	0.00585	436.84	1.7011	80.0				0.00100	317.85	1.3638
100.0	0.01219	469.84	1.8146	0.00669	452.92	1.7448	90.0				0.00108	335.94	1.4143
110.0	0.01288	481.47	1.8454	0.00737	467.11	1.7824	100.0				0.00122	357.51	1.4728
120.0	0.01352	492.97	1.8750	0.00796	480.41	1.8166	110.0	0.00424	445.56	1.7112	0.00171	394.74	1.5711
130.0	0.01415	504.40	1.9037	0.00850	493.22	1.8488	120.0	0.00498	463.93	1.7586	0.00289	437.91	1.6825
140.0	0.01474	515.82	1.9317	0.00899	505.72	1.8794	130.0	0.00554	479.52	1.7977	0.00363	461.41	1.7416
150.0	0.01532	527.24	1.9590	0.00946	518.04	1.9089	140.0	0.00603	493.90	1.8330	0.00417	479.51	1.7859
							150.0	0.00647	507.59	1.8657	0.00462	495.48	1.8241
							160.0	0.00687	520.87	1.8967	0.00502	510.34	1.8588
							170.0	0.00725	533.88	1.9264	0.00537	524.53	1.8912

此表引自傅秦生主编《热工基础与应用》(第二版),2007。